微课堂学电脑

会声会影视频编辑与后期制作(微课版)

李　军　编著

清华大学出版社

北　京

内容简介

本书是"微课堂学电脑"系列丛书的一个分册，以通俗易懂的语言、精挑细选的实用技巧、翔实生动的操作案例，介绍了使用会声会影编辑视频的方法。全书共分为12章，主要内容包括基本操作、应用素材库与视频模板、捕获与添加素材、编辑与调整媒体素材、剪辑与精修视频素材、制作视频转场特效、添加与删除视频滤镜、视频覆叠与遮罩、制作视频字幕特效、制作视频音乐特效和影片的输出与共享等方面的知识、技巧及应用案例。

本书适用于学习视频编辑的初学者、数码影片爱好者阅读与学习，包括广大DV爱好者、数码工作者、影像工作者、数码家庭用户以及视频编辑处理人员，同时也可作为高等院校专业课教材和培训机构的辅导教材。

图书在版编目(CIP)数据

会声会影视频编辑与后期制作：微课版/李军编著. —北京：清华大学出版社，2020.7
(微课堂学电脑)
ISBN 978-7-302-55640-4

Ⅰ. ①会… Ⅱ. ①李… Ⅲ. ①视频编辑软件 Ⅳ. ①TP317.53

中国版本图书馆CIP数据核字(2020)第101046号

责任编辑：魏 莹
封面设计：杨玉兰
责任校对：王明明
责任印制：沈 露
出版发行：清华大学出版社
网 址：http://www.tup.com.cn, http://www.wqbook.com
地 址：北京清华大学学研大厦A座 邮 编：100084
社 总 机：010-62770175 邮 购：010-62786544
投稿与读者服务：010-62776969, c-service@tup.tsinghua.edu.cn
质量反馈：010-62772015, zhiliang@tup.tsinghua.edu.cn
印 装 者：清华大学印刷厂
经 销：全国新华书店
开 本：185mm×260mm 印 张：17 字 数：410千字
版 次：2020年7月第1版 印 次：2020年7月第1次印刷
定 价：49.80元

产品编号：086289-01

致读者

“微课堂学电脑”系列丛书立足于“全新的阅读与学习体验”，整合电脑和手机同步视频课程推送功能，提供了全程学习与工作技术指导服务，汲取了同类图书作品的成功经验，帮助读者从图书开始学习基础知识，进而通过微信公众号和互联网站进一步深入学习与提高。

我们力争打造一个线上和线下互动交流的立体化学习模式，为您量身定做一套完美的学习方案，为您奉上一道丰盛的学习盛宴！创造一个全方位多媒体互动的全景学习模式，是我们一直以来的心愿，也是我们不懈追求的动力，愿我们为您奉献的图书和视频课程可以成为您步入神奇电脑世界的钥匙，并祝您在最短时间内能够学有所成、学以致用。

➢➢ 这是一本与众不同的书

“微课堂学电脑”系列丛书汇聚作者 20 年技术之精华，是读者学习电脑知识的新起点，是您迈向成功的第一步！本系列丛书涵盖电脑应用各个领域，为各类初、中级读者提供全面的学习与交流平台，适合学习电脑操作的初、中级读者，也可作为大中专院校、各类电脑培训班的教材。热切希望通过我们的努力能满足读者的需求，不断提高我们的服务水平，进而达到与读者共同学习、共同提高的目的。

- **全新的阅读模式**：看起来不累，学起来不烦琐，用起来更简单。
- **进阶式学习体验**：基础知识+专题课堂+实践经验与技巧+有问必答。
- **多样化学习方式**：看书学、上网学、用手机自学。
- **全方位技术指导**：PC 网站+手机网站+微信公众号+QQ 群交流。
- **多元化知识拓展**：免费赠送配套视频教学课程、素材文件、PPT 课件。
- **一站式 VIP 服务**：在官方网站免费学习各类技术文章和更多的视频课程。

➢➢ 全新的阅读与学习体验

我们秉承“打造最优秀的图书、制作最优秀的电脑学习软件、提供最完善的学习与工作指导”的原则，在本系列图书编写过程中，聘请电脑操作与教学经验丰富的教师和来自工作一线的技术骨干倾力合作编著，为您系统化地学习和掌握相关知识与技术奠定扎实的基础。

1．循序渐进的高效学习模式

本套图书特别注重读者学习习惯和实践工作应用，针对图书的内容与知识点，设计了更加贴近读者学习的教学模式,采用“**基础知识学习+专题课堂+实践经验与技巧+有问必答**”的教学模式，帮助读者从初步了解到掌握再到实践应用，循序渐进地成为电脑应用高手与行业精英。

2．简洁明了的教学体例

为便于读者学习和阅读本书，我们聘请专业的图书排版与设计师，根据读者的阅读习惯，精心设计了赏心悦目的版式，全书图案精美、布局美观。在编写图书的过程中，注重内容起点低、操作上手快、讲解言简意赅，读者不需要复杂的思考，即可快速掌握所学的知识与内容。同时针对知识点及各个知识版块的衔接，科学地划分章节，知识点分布由浅入深，符合读者循序渐进与逐步提高的学习习惯，从而使学习达到事半功倍的效果。

(1) **本章要点**：以言简意赅的语言，清晰地表述了本章即将介绍的知识点，读者可以有目的地学习与掌握相关知识。

(2) **基础知识**：主要讲解本章的基础知识、应用案例和具体知识点。读者可以在大量的实践案例练习中，不断提高操作技能和积累经验。

(3) **专题课堂**：对于软件功能和实际操作应用比较复杂的知识，或者难以理解的内容，进行更为详尽的讲解，帮助读者拓展、提高与掌握更多的技巧。

(4) **实践经验与技巧**：主要介绍的内容为与本章内容相关的实践操作经验及技巧，读者通过学习，可以不断提高自己的实践操作能力和水平。

➤➤ 图书产品和读者对象

“微课堂学电脑”系列丛书涵盖电脑应用各个领域，为各类初、中级读者提供了全面的学习与交流平台，帮助读者轻松实现对电脑技能的了解、掌握和提高。本系列图书具体书目如下：

- 《Adobe Audition CS6 音频编辑入门与应用》
- 《计算机组装·维护与故障排除》
- 《After Effects CC 入门与应用》
- 《Premiere CC 视频编辑入门与应用》
- 《Flash CC 中文版动画设计与制作》
- 《Excel 2013 电子表格处理》

- 《Excel 2013 公式 · 函数与数据分析》
- 《Dreamweaver CC 中文版网页设计与制作》
- 《AutoCAD 2016 中文版入门与应用》
- 《电脑入门与应用(Windows 7+Office 2013 版)》
- 《Photoshop CC 中文版图像处理》
- 《Word · Excel · PowerPoint 2013 三合一高效办公应用》
- 《淘宝开店 · 装修 · 管理与推广》
- 《计算机常用工具软件入门与应用》
- 《会声会影视频编辑与后期制作》(微课版)
- 《Photoshop CC 图像编辑/调色/人像/抠图/修图/特效/合成》

➢➢ 完善的售后服务与技术支持

为了帮助您顺利学习、高效就业，如果您在学习与工作中遇到疑难问题，欢迎与我们及时交流与沟通，我们将全程免费答疑。希望我们的工作能够让您更加满意，希望我们的指导能够为您带来更大的收获，希望我们可以成为志同道合的朋友！

我们为读者准备了与本书相关的配套视频课程、学习素材、PPT 课件资源和在线学习资源，敬请访问作者官方网站“文杰书院”免费获取。

最后，感谢您对本系列图书的支持，我们将再接再厉，努力为读者奉献更加优秀的图书。衷心地祝愿您能早日成为电脑高手！

编　者

前言

“会声会影 2019”是一款操作简单、功能强悍的 DV、HDV 影片剪辑软件，不仅完全符合家庭或个人所需的影片剪辑功能，甚至可以挑战专业级的影片剪辑软件，因此受到广大用户的喜爱。为了帮助读者快速掌握与应用“会声会影 2019”软件的操作要领，以便在日常工作中学以致用，编者精心地编写了本书。

一、购买本书能学到什么？

本书为读者快速地掌握“会声会影 2019”提供了一个崭新的学习与实践平台，无论从基础知识安排还是实践应用能力的训练，都充分地考虑了用户的需求，快速达到理论知识与应用能力的同步提高。本书在编写过程中根据读者的学习习惯，采用由浅入深、由易到难的方式讲解，读者还可以通过扫描二维码获取赠送的配套多媒体视频课程。全书结构清晰，内容丰富，主要包括以下 4 个方面的内容。

1. 基础入门

第 1 章和第 2 章，分别介绍了关于视频影片编辑基础和“会声会影 2019”入门与操作等方面的知识与方法。

2. 素材的应用

第 3 章至第 6 章，全面介绍了素材库的应用、捕获图像和视频素材、添加与编辑媒体素材以及剪辑与精修视频素材方面的知识与技巧。

3. 视频与音频特效

第 7 章至第 11 章，详细介绍了视频转场的应用、视频滤镜的应用、视频覆叠与创意合成、添加与制作字幕和添加与编辑音频等方面的方法与技巧。

4. 合成影片的技巧

本书第 12 章详细讲解了输出设置、创建并保存视频文件、输出部分影片和输出到其他设备方面的知识。

二、如何获取本书的学习资源？

为帮助读者高效、快捷地学习本书知识点，我们不但为读者准备了与本书知识点有关的配套素材文件，而且还设计并制作了精品视频教学课程，同时还为教师准备了 PPT 课件资源。购买本书的读者，可以通过以下途径获取相关的配套学习资源。

1. 从清华大学出版社官方网站直接下载

读者可以使用电脑网络浏览器，打开清华大学出版社官方网站，搜索本书书名，在打开的本书专属服务网页中免费下载本书 PPT 课件资源和素材文件。

2. 扫描书中二维码获取

通过扫描本书中的二维码可以直接获取配书视频课程。读者在学习本书过程中，使用手机微信的扫一扫功能，扫描本书标题左下角的二维码，在打开的视频播放页面中可以在线观看视频课程，也可以下载并保存到手机中离线观看。

本书由文杰书院组织编写，参与本书编写工作的有李军、袁帅、文雪、李强、高桂华等。我们真切希望读者在阅读本书之后，可以开阔视野，增长实践操作技能，并从中学习和总结操作的经验和规律，达到灵活运用的水平。

鉴于编者水平有限，书中疏漏和考虑不周之处在所难免，热忱欢迎读者予以批评、指正，以便我们日后能为您编写更好的图书。

编　者

目录

第 1 章

视频编辑基础知识

本章要点

- ❖ 会声会影的主要特点与新增功能
- ❖ 数字视频技术入门
- ❖ 数字视频编辑基础
- ❖ 视频编辑常识

本章主要介绍会声会影的特点与新增功能、数字视频技术入门、数字视频编辑基础和视频编辑常识方面的知识与技巧，在本章的最后还针对实际的工作需求，讲解了 DV 的选购技巧、会声会影 2019 的应用领域和编辑器的基本流程。通过对本章内容的学习，读者可以掌握视频编辑基础方面的知识，为深入学习会声会影 2019 的知识奠定基础。

Section 1.1 会声会影的主要特点与新增功能

会声会影是一款功能强大的视频编辑软件，主要功能包括剪辑与合并视频、制作视频、屏幕录制、光盘制作等，无须专业的视频编辑知识，任何人都能快速上手，而且可以免费试用，同时会声会影还为用户提供了丰富多样的模板素材。

1.1.1 会声会影的主要特点

会声会影的英文名为Corel VideoStudio，具有图像抓取和编修功能，可以抓取、转换MV、DV、V8、TV和实时记录抓取画面文件，并提供超过100多种的编制功能与效果，可导出多种常见的视频格式，甚至可以直接制作成DVD和VCD光盘。下面介绍会声会影的主要特点。

- 会声会影操作简单，适合家庭日常使用，从拍摄到分享具有完整的影片编辑流程解决方案，新增处理速度加倍。
- 它不仅符合家庭或个人所需的影片剪辑功能，甚至可以挑战专业级的影片剪辑软件。适合普通大众使用，操作简单易懂，界面简洁明快。该软件具有成批转换功能与捕获格式完整的特点，虽然无法与EDIUS、Adobe Premiere、Adobe After Effects和Sony Vegas等专业视频处理软件媲美，但以简单易用、功能丰富的特点赢得了良好的口碑，在国内的普及度较高。
- 影片制作向导模式，只要3个步骤就可快速做出DV影片，入门新手也可以在短时间内体验影片剪辑；同时会声会影编辑模式从捕获、剪接、转场、特效、覆叠、字幕、配乐到刻录，可全方位剪辑出好莱坞级的家庭电影。
- 其成批转换功能与捕获格式完整支持，让剪辑影片更快、更有效率；画面特写镜头与对象创意覆叠，可随意作出新奇百变的创意效果；支持配乐大师与杜比AC3，让影片配乐更精准、更立体；同时还提供酷炫的128组影片转场、37组视频滤镜、76种标题动画等丰富效果。

知识拓展

会声会影官网目前有会声会影2018专业版、会声会影2019专业版两个版本。根据视频制作软件经验来说，在电脑系统支持的情况下，版本越新的越好用。新手在选择下载哪个会声会影版本时首先要考虑的是自己电脑的配置，因为越高版本的软件对电脑配置的需求就越高。会声会影2018专业版支持Windows 10/8/7、32位操作系统；而会声会影2019则支持Windows 10/8/7、64位操作系统。会声会影每一版本的更新都会增加许多新功能，不仅如此还会修复之前版本的一些漏洞，使软件的运行更加稳定。

1.1.2 会声会影 2019 的新增功能

可将照片和视频转换为令人惊叹的电影，会声会影因其易用性和创新性而备受青睐，会声会影 2019 更是增加了许多有趣的新功能，从而扩展了这些特性。下面详细介绍会声会影 2019 的新增功能。

1 新增无缝转场与色彩矫正效果

使用无缝转场效果只需对齐相似的颜色或对象，即可在图像之间创建平滑而巧妙的过渡效果。

色彩矫正效果可以提升色彩并校正照片中的色彩。主要作用包括：通过全新、直观的控制，微调高光、饱和度与清晰度等参数；使用色调、饱和度和白平衡控制(包括自动调整)显示视频中的颜色；匹配两个剪辑之间的照明，预热视频的色调等。

2 新增镜头校正工具

解决由广角或动作摄像头拍摄产生的变形或鱼眼问题。从 GoPro 相机的预设开始，然后使用校正工具进行微调。

3 新增智能代理编辑功能

处理大型高分辨率视频文件时，享受快速的编辑体验。智能代理编辑功能创建低分辨率工作文件进行编辑，然后在渲染视频时恢复原始高分辨率文件。

4 新增标准化音频、音频闪避功能

当编辑来自不同来源的音频时，标准化音频功能可以轻松平衡所选剪辑或整个轨道中的音频水平，以保持音频处于一致的水平。

当处理音乐和对话时，音频闪避功能自动降低背景音，使叙述和对话清晰，并通过音频控制进行调整。

5 新增双窗口控件功能

使用新的双窗口控件可以同时查看库，预览窗格和编辑器模式，甚至可以分离窗口以跨多个屏幕无缝工作。

6 新增智能指南功能

使用新的 Smart Guide 对齐工具将对象对齐到位。在预览窗口拖动媒体并使用标记来帮助用户对齐。

Section 1.2 数字视频技术入门

进入21世纪，数字技术的不断发展，影片编辑早已由直接剪接胶片演变至借助计算机进行数字化编辑的阶段。但是无论通过怎样的方法来编辑视频，其实质都是组接视频片段的过程。本节将详细介绍数字视频技术方面的知识。

1.2.1 电视制式

在电视系统中，发送端将视频信息以电信号形式进行发送，电视制式便是在其间实现图像、伴音及其他信号正常传输与重现的方法与技术标准，因此也称为电视标准。目前，应用最为广泛的彩色电视制式主要有3种类型，分别是NTSC制式、PAL制式和SECAM制式。下面详细介绍这3种制式。

1 NTSC制式

NTSC(National Television System Committee，国家电视系统委员会)制式由美国国家电视标准委员会制定，主要应用于美国、加拿大、日本、韩国、菲律宾以及中国台湾等国家和地区。由于采用了正交平衡调幅的技术方式，因此NTSC制式也称为正交平衡调幅制电视信号标准，其优点是视频播出端的接收电路较为简单。但由于NTSC制式存在相位容易失真、色彩不太稳定(易偏色)等缺点，因而此类电视都会提供一个手动控制的色调电路供用户选择使用。

符合NTSC制式的视频播放设备至少拥有525行扫描线，分辨率为720×480的电视线，工作时采用的是隔行扫描方式来进行播放，帧速率为29.97fps，因此每秒约可以播放60场画面。

2 PAL制式

PAL 制式是在 NTSC 制式基础上研制出来的一种改进方案，英文全称为 Phase Alteration Line(逐行倒相)。其目的主要是为了克服NTSC制式对相位失真的敏感性。PAL制式的原理是将电视信号内的两个色差信号分别采用逐行倒相和正交调制的方法进行传送。这样，当信号在传输过程中出现相位失真时，便会由于相邻两行信号的相位相反而起到互相补偿的作用，从而有效地克服了因相位失真而引起的色彩变化。此外，PAL制式在传输时受多径接收而出现彩色重影的影响也较小。不过，PAL制式的编/解码器较NTSC制式的相应设备要复杂许多，信号处理也较麻烦，接收设备的造价也较高。

PAL制式也采用了隔行扫描的方式进行播放，共有625行扫描线，分辨率为720×576

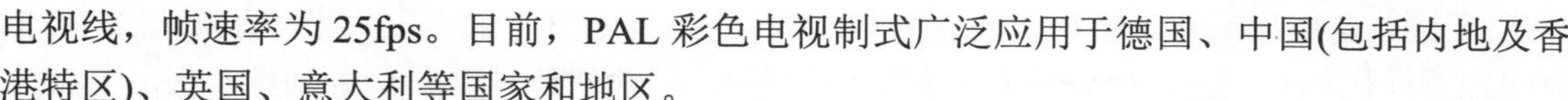

电视线，帧速率为 25fps。目前，PAL 彩色电视制式广泛应用于德国、中国(包括内地及香港特区)、英国、意大利等国家和地区。

3 SECAM 制式

SECAM 意为“顺序传送彩色信号与存储恢复彩色信号制”，又称“塞康制”，是由法国在 1966 年制定的一种彩色电视制式，法文全称为 Séquentiel couleur à mémoire。与 PAL 制式相同的是，该制式也克服了 NTSC 制式相位易失真的缺点，但在色度信号的传输与调制方式上却与前两者有着较大差别。总体来说，SECAM 制式的特点是彩色效果好、抗干扰能力强，但兼容性相对较差。

在使用中，SECAM 制式同样采用了隔行扫描的方式进行播放，共有 625 行扫描线，分辨率为 720×576 电视线，帧速率则与 PAL 制式相同。目前，该制式主要应用于俄罗斯、法国、埃及、罗马尼亚等国家。

知识拓展

不同国家和地区的 PAL 制式电视信号也存在一定的差别。例如，我国内地采用的是 PAL-D 制式，英国、中国香港和澳门地区使用的是 PAL-I 制式，新加坡则使用的是 PAL-B/G 或 D/K 制式等。

1.2.2 高清视频技术解析

高清视频技术，即“High Definition”，意为“高分辨率”。由于视频画面的分辨率越高，视频所呈现出的画面也就越清晰，因此“高清视频”代表的便是高清晰度、高画质的视觉享受。

目前，将视频以画面清晰度来界定，大致可分为普通清晰度、标准清晰度和高清晰度这 3 种层次。

1.2.3 数字视频压缩技术

数字视频压缩是指通过特定的压缩技术，将某个视频格式的文件转换成另一种视频格式文件的方式。目前视频流传输中最为重要的编/解码标准有国际电联的 H.261、H.263 以及国际标准化组织运动图像专家组的 MPEG 系列标准。本节详细介绍数字视频压缩技术方面的知识。

1 H.261 标准

H.261 标准是为 ISDN(Integrated Services Digital Network，综合业务数字网)而设计，主要针对实时编码和解码设计，压缩和解压缩的信号延时不超过 150ms。

H.261 标准主要采用运动补偿的帧间预测、DCT(Discrete Cosine Transform，离散余弦

变换)变换、自适应量化、熵编码等压缩技术。只有 I 帧(指帧内编码帧或关键帧)和 P 帧(指帧间预测编码帧)，没有 B 帧(指双向预测编码帧)，运动估计精度只精确到像素级。支持两种常用的图像扫描格式，分别是 QCIF(Quarter Common Intermediate Format，四分之一通用中间格式)和 CIF(Common Intermediate Format，通用中间格式)。

2 H.263 标准

H.263 标准是甚低码率的图像编码国际标准，它一方面以 H.261 为基础，以混合编码为核心，其基本原理框图和 H.261 十分相似，原始数据和码流组织也相似；另一方面，H.263 也吸收了 MPEG 等其他一些国际标准中有效、合理的部分，如半像素精度的运动估计、PB 帧预测等，使它性能优于 H.261。H.263 与 H.261 相比较，有以下几个差别。

- H.263 的运动补偿使用半像素精度，而 H.261 则用全像素精度和循环滤波。
- 数据流层次结构的某些部分在 H.263 中是可选的，使得编/解码可以拥有更低的数据率或更好的纠错能力。
- H.263 包含 4 个可协商的选项以改善性能。

3 MPEG 标准

MPEG(Moving Pictures Experts Group，动态图像专家组)标准是由 ISO(国际标准化组织)所制定并发布的视频、音频、数据压缩技术，目前有 MPEG-1、MPEG-2、MPEG-4、MPEG-7 及 MPEG-21 等多个版本。下面详细介绍 MPEG 方面的知识。

- MPEG-1：是专为 CD 光盘所定制的一种视频和音频压缩格式，其特点是随机访问，拥有灵活的帧率、运动补偿可跨越多个帧等；不足之处在于压缩比不够大，且图像质量较差，最大清晰度仅为 352×288。
- MPEG-2：其设计目的是为了提高视频数据传输率。MPEG-2 能够提供 3～10Mb/s 的数据传输率，在 NTSC 制式下可流畅地输出 720×486 分辨率的画面。
- MPEG-4：是一种为满足数字电视、交互式绘图应用、交互式多媒体等多方面内容整合及压缩需求而制定的国际标准。MPEG-4 旨在为多媒体通信及应用环境提供标准的算法及工具，从而建立起一种能够被多媒体等领域普遍采用的统一格式。
- MPEG-7：其目标是产生一种描述多媒体内容数据的标准，满足实时、非实时以及推拉应用的需求。
- MPEG-21：致力于为多媒体传输和使用定义一个标准化的、可互操作的和高度自动化的开放框架，使其可以为用户提供更丰富的信息。MPEG-21 标准其实就是一些关键技术的集成，通过这种集成环境对全球数字媒体资源进行增强管理。

1.2.4 流媒体技术

流媒体技术又称流式媒体技术。流媒体技术就是把连续的影像和声音信息经过压缩处理后送到网站服务器，让用户一边下载一边观看、收听，而不要等整个压缩文件下载到自己的计算机上才可以观看的网络传输技术。

该技术先在使用者端的计算机上创建一个缓冲区，在播放前预先下载一段数据作为缓冲，在网络实际连线速度小于播放所耗的速度时，播放程序就会取用一小段缓冲区内的数据，这样可以避免播放的中断，也使得播放品质得以保证。

Section 1.3 数字视频编辑基础

使用影像录制设备获取视频后，用户通常还要对其进行剪接、重新编排等一系列处理，这个操作过程统称为视频编辑操作；而当用户以数字方式完成这一任务时，整个过程便称为数字视频编辑。

1.3.1 线性编辑与非线性编辑

在电影、电视的发展过程中，视频节目的制作先后经历了“物理剪辑”“电子编辑”和“数字编辑”3 个不同的发展阶段，其编辑方式也先后出现了线性编辑和非线性编辑。下面分别详细介绍线性编辑与非性线编辑方面的知识。

1 线性编辑

线性编辑是电视节目的传统编辑方式，是一种需要按时间顺序从头至尾进行编辑的节目制作方式，它所依托的是以一维时间轴为基础的线性记录载体，如磁带编辑系统。素材在磁带上按时间顺序排列，这种编辑方式要求编辑人员首先编辑素材的第一个镜头，结尾的镜头最后编辑，这就意味着编辑人员必须对一系列镜头的组接做出确切的判断，事先做好构思，一旦编辑完成，就不能轻易改变这些镜头的组接顺序。因为对编辑带的任何改动，都会直接影响到记录在磁带上信号的真实地址的重新安排，从改动点以后直至结尾的所有部分都将受到影响，需要重新编一次或者进行复制。

线性编辑具有以下优点。

- 可以很好地保护原来的素材，能多次使用。
- 不损伤磁带，能发挥磁带随意录、随意抹去的特点，降低制作成本。
- 能保持同步与控制信号的连续性，组接平稳，不会出现信号不连续的情况。
- 可以迅速而准确地找到最适当的编辑点，正式编辑前可预先检查，编辑后可立刻观看编辑效果，发现不妥可马上修改。
- 声音与图像可以做到完全吻合，还可各自分别进行修改。

线性编辑具有以下缺点。

- 线性编辑系统只能在一维的时间轴上按照镜头的顺序一段一段地搜索，不能跳跃进行，因此素材的选择很费时间，影响了编辑效率。
- 模拟信号经多次复制，信号严重衰减，声画质量降低。

- 线性编辑难以对半成品完成随意的插入或删除等操作。
- 线性编辑系统连线复杂，有视频线、音频线、控制线、同步机，构成复杂，可靠性相对降低，经常出现不匹配的现象。
- 较为生硬的操作界面限制制作人员创造性的发挥。

2 非线性编辑

传统的线性视频编辑是按照信息记录顺序，从磁带中重放视频数据来进行编辑，需要较多的外部设备，如放映机、录像机、特技发生器、字幕机，工作流程十分复杂。非线性编辑是指剪切、复制和粘贴素材时无须在存储介质上对其进行重新安排的视频编辑方式。非线性编辑在编辑视频的同时，还能实现诸多处理效果，如添加视觉特技、更改视觉效果等操作的视频编辑方式。现在绝大多数的电视/电影制作机构都采用了非线性编辑系统。

非线性编辑(简称非编)系统是计算机技术和电视数字化技术的结晶。它使电视制作的设备由分散到简约，制作速度和画面效果均有很大提高，非线性编辑具有以下特点。

- 信号质量高：使用非线性编辑系统，无论用户如何处理或者编辑，复制多少次，信号质量都是始终如一的。当然，由于信号的压缩与解压缩编码，多少会存在质量损失，但与“线性编辑”相比，损失大大减小。
- 制作水平高：在非线性编辑系统中，大量的素材都存储在硬盘上，可以随时调用，不必费时费力地逐帧寻找。素材的搜索极其容易，使整个编辑过程就像文字处理一样，既灵活又方便。
- 设备寿命长：非线性编辑系统对传统设备的高度集成，使后期制作所需的设备降至最少，有效地节约了投资。而且由于是非线性编辑，用户避免了磁鼓的大量磨损，使得录像设备的寿命大大延长。
- 便于升级：非线性编辑系统，所采用的是易于升级的开放式结构，支持许多第三方的硬件、软件。通常，功能的增加只需通过软件的升级就能实现。
- 网络化：非线性编辑系统可充分利用网络方便地传输数码视频，实现资源共享，还可利用网络上的计算机协同创作，对数码视频资源进行管理、查询。

1.3.2 非线性编辑系统的构成

非线性编辑系统的构成主要靠软件与硬件两方面的共同支持。目前，一套完整的非线性编辑系统，其硬件部分至少应包括一台多媒体计算机，此外还需要非线性编辑视频卡、IEEE 1394 卡以及其他专用板卡和外围设备等，如图 1-1 所示。

其中，视频卡用于采集和输出模拟视频，也就是担负着模拟视频与数字视频之间相互转换的功能，如图 1-2 所示。

图 1-1

图 1-2

知识拓展

从软件上看，非线性编辑系统主要由非线性编辑软件、图像处理软件、二维动画软件、三维动画软件和音频处理软件等构成。

Section 1.4 专题课堂——视频编辑常识

在使用会声会影 2019 软件制作视频影片之前，用户首先需要了解视频编辑常识，包括视频编辑常用术语、常用的视频格式和常用的音频格式等，为编辑视频打下基础。下面介绍视频编辑常识方面的知识。

1.4.1 视频编辑术语

在使用会声会影编辑视频之前，用户需要掌握一些常见的视频编辑术语，以方便日后的正常操作。下面将详细介绍视频编辑常用术语方面的知识。

- 帧。影片是由一张张连续的图片组成的，每幅图片就是一帧，PAL 制式的帧速率为每秒钟 25 帧，NTSC 制式的帧速率为每秒钟 30 帧。
- 场景。场景是按连续条件绑定在一起的一系列帧。在会声会影中，每个场景都是用基于录制日期和时间的“按场景分割”功能所捕获的。
- 扫描方式。扫描方式可分为“逐行扫描”和“隔行扫描”两种。逐行扫描比隔行扫描拥有更稳定的显示效果。目前，只有家用电视仍然采用隔行扫描方式。
- 像素。像素是用来计算数码影像的单位，图像无限放大后，会发现图像是由许多小方块组成的，这些小方块就是像素，一幅图像的像素越高，其色彩越丰富，越能表达图像真实的颜色。

- 分辨率。分辨率是指屏幕图像的精密度，指显示器所显示的像素数量。屏幕的分辨率越高，屏幕显示区域越大，屏幕中的对象越小。屏幕的分辨率越低，屏幕显示区域越小，屏幕中的对象越大。
- 宽高比。宽高比是给定图像或图片的宽度与高度的关系。保持或维持宽高比是指当图像或图片的宽度或高度发生变化时，维持大小关系的过程。
- 颜色模式。颜色模式是将某种颜色表现为数字形式的模型，或者说是一种记录图像颜色的方式，如 RGB 模式、CMYK 模式、HSB 模式、Lab 颜色模式、位图模式等。
- 链接。链接是一种在另一个程序中存储以前保存的信息，而不会显著影响最终文件大小的方法。链接有另一个优点，即用户可以在原始程序中修改原始文件，更改将自动反映到其所链接的程序中。
- 流。通过这种技术可以在下载大文件的同时播放该文件。流通常用于较大的音频和视频文件。
- 模拟。模拟是指一种非数字的信号。多数 VCR(视频短片)、电台/电视广播、AV 输入/输出、S-VIDEO 和立体声都使用模拟信号。模拟源的信息必须经过数字化才能在计算机上使用。
- 旁白。旁白是指视频或影片中的叙述。
- 时间码。视频文件的时间码是视频中位置的数字呈现方法。时间码可用于进行非常精确的编辑。
- 时间轴。时间轴是影片按时间顺序排列的图形化呈现。素材在时间轴上的相对大小可使用户精确掌握媒体素材的长度。
- 视频滤镜。视频滤镜是更改视频素材显示效果的方法。
- 数据速率。数据速率是指每秒钟从计算机的一个位置传送到另一个位置的数据量。在数字视频中，源的数据速率非常重要。
- 素材。素材是影片的一小段或一部分。素材可以是音频、视频、静态图像或标题。
- 素材库。素材库是所有媒体素材的储存库。用户可以将视频、音频、标题或色彩素材存储在素材库中，并可以即时检索这些素材，以便在项目中使用。
- 外挂程序。外挂程序可以为程序添加更多的功能和效果。在会声会影中，外挂程序使得程序能够自动识别捕获设备以及用于不同目的的输出视频。
- 效果。在会声会影中，效果是两个视频素材之间，由计算机生成的特殊转场。
- 修整。修整是指编辑或修剪影片素材的过程。计算机视频可以逐帧修整。
- 渲染。渲染是将项目中的源文件生成最终影片的过程。
- 压缩。压缩是指通过删除冗余数据使文件变小。几乎所有数字视频都经过某种方式的压缩。压缩是通过编/解码器实现的。
- 帧速率。帧速率是指视频中每秒的帧数。
- 智能渲染。智能渲染技术仅渲染项目中发生变化的部分，而无须重新渲染整个项目，从而实现快速预览。
- 转场效果。转场是一种在两个视频素材之间进行排序的方法，如从一个素材淡化到另一个素材中。在会声会影中，有各种特殊转场可供使用，称为“效果”。

1.4.2 常用视频格式

随着视频编码技术的不断发展，使得视频文件的格式种类也变得极为丰富。为了更好地编辑影片，用户必须熟悉各种常见的视频格式，以便在编辑影片时能够灵活使用不同格式的视频素材。下面将详细介绍常用视频格式方面的知识。

1 MPEG/MPG/DAT 格式

MPEG/MPG/DAT 类型的视频文件都是由 MPEG 编码技术压缩而成的视频文件，被广泛应用于 VCD/DVD 和 HDTV 的视频编辑与处理等方面。其中，VCD 内的视频文件由 MPEG 1 编码技术压缩而成(刻录软件会自动将 MPEG 1 编码的视频文件转换为 DAT 格式)，DVD 内的视频文件则由 MPEG 2 压缩而成。

2 MOV 格式

这是由 Apple 公司所研发的一种视频格式，是基于 QuickTime 音/视频软件的配套格式。MOV 格式不仅能够在 Apple 公司所生产的 Mac 机上进行播放，还可以在基于 Windows 操作系统的 QuickTime 软件播放文件，MOV 格式也逐渐成为使用较为频繁的视频文件格式。

3 AVI 格式

AVI(Audio Video Interleaved，音频视频交错格式)是由微软公司所研发的视频格式。其优点是允许影像的视频部分和音频部分交错在一起同步播放，调用方便、图像质量好；缺点是文件体积过于庞大。

4 ASF 格式

ASF(Advanced Streaming Format，高级流格式)是微软公司为了和现在的 Real Networks 竞争而开发出来的一种可直接在网上观看视频节目的文件压缩格式。ASF 使用了 MPEG 4 压缩算法，其压缩率和图像的质量都很不错。

5 WMV 格式

WMV(Windows Media Video，视窗媒体视频)是一种可在互联网上实时传播的视频文件类型，其主要优点在于可扩充的媒体类型、本地或网络回放、可伸缩的媒体类型、流的优先级化、多语言支持、可扩展性等。

6 RM/RMVB 格式

RM/RMVB 是按照 Real Networks 公司所制定的音频/视频压缩规范而创建的视频文件格式。RM 格式的视频文件只适于本地播放，而 RMVB 除了能够进行本地播放外，还可通过互联网进行流式播放，使用户只需进行短时间的缓冲，便可不间断地长时间欣赏影视节目。

1.4.3 常用音频格式

在使用会声会影编辑影片的过程中，用户可以使用音频来丰富视频编辑的效果。下面将详细介绍常用音频格式方面的知识。

1 WAVE 格式

WAVE(*.WAV)是微软公司开发的一种声音文件格式，用于保存 Windows 平台的音频信息资源，支持 MSADPCM、CCITT A LAW 等多种压缩算法，同时也支持多种音频位数、采样频率和声道。标准格式的 WAV 文件采用 44.1kHz 的采样频率，速率为 88kb/s，16 位量化位数，是各种音频文件中音质最好的，同时它的体积也是最大的。

2 AIFF 格式

AIFF(Audio Interchange File Format，音频交换文件格式)，是一种文件格式存储的数字音频(波形)的数据，AIFF 应用于个人电脑及其他电子音响设备以存储音乐数据。AIFF 支持 ACE2、ACE8、MAC3 和 MAC6 压缩，支持 16 位 44.1kHz 的立体声。

3 MP3 格式

MP3 是一种采用了有损压缩算法的音频文件格式。由于 MP3 在采用心理声学编码技术的同时结合了人们的听觉原理，因此剔除了某些人耳分辨不出的音频信号，从而实现了高达 1∶12 或 1∶14 的压缩比。

此外，MP3 还可以根据不同需要采用不同的采样率进行编码，如 96kb/s、112kb/s、128kb/s 等。其中，使用 128kb/s 采样率所获得 MP3 的音质非常接近于 CD 音质，但其大小仅为 CD 音乐的 1/10，因此成为目前最为流行的一种音乐文件。

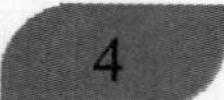

4 WMA 格式

WMA 是微软公司推出的与 MP3 格式齐名的一种新的音频格式。由于 WMA 在压缩比和音质方面都超过了 MP3，更是远胜于 RA(Real Audio)，即使在较低的采样频率下也能产生较好的音质。

5 OggVorbis 格式

OggVorbis 是一种新的音频压缩格式，类似于 MP3 等现有的音乐格式。但有一点不同的是，它是完全免费、开放和没有专利限制的。Vorbis 是这种音频压缩机制的名字，而 Ogg 则是一个计划的名字，该计划意图设计一个完全开放性的多媒体系统。目前该计划只实现了 OggVorbis 这一部分。

OggVorbis 文件的扩展名是*.OGG。这种文件的设计格式是非常先进的。这种文件格式可以不断地进行大小和音质的改良，而不影响旧有的编码器或播放器。

6 AMR 格式

AMR(Adaptive Multi-Rate，自适应多速率编码)，主要用于移动设备的音频，压缩比较大，但相对其他的压缩格式质量比较差，由于多用于人声、通话，效果还是很不错的。

7 MIDI 格式

MIDI(Musical Instrument Digital Interface，音乐设备数字接口)格式被经常玩音乐的人使用，MIDI 允许数字合成器和其他设备交换数据。MID 文件格式由 MIDI 继承而来。MID 文件并不是一段录制好的声音，而是记录声音的信息，然后再告诉声卡如何再现音乐的一组指令。这样一个 MIDI 文件每存 1 分钟的音乐只用 5～10KB。MID 文件主要用于原始乐器作品与流行歌曲的业余表演、游戏音轨及电子贺卡等。*.mid 文件重放的效果完全依赖声卡的档次。*.mid 格式的最大用处是在电脑作曲领域。*.mid 文件可以用作曲软件写出，也可以通过声卡的 MIDI 口把外接音序器演奏的乐曲输入电脑里，制成*.mid 文件。

专家解读

人耳所能听到的声音，最低的频率是从 20Hz 起一直到最高频率 20kHz，20kHz 以上人耳是听不到的，因此音频文件格式的最大带宽是 20kHz，故而采样速率需要介于 40～50kHz 之间，而且对每个样本需要更多的量化比特数。

Section 1.5 实践经验与技巧

在本节的学习过程中，将侧重介绍和讲解与本章知识点有关的实践经验与技巧，主要内容将包括 DV 的选购技巧、会声会影 2019 的应用领域、编辑器的基本流程等方面的知识与操作技巧。

1.5.1 DV 的选购技巧

一部影片成功与否，与其拍摄的质量有着很大的关联，所以在拍摄一部影片之前，选购一部好的 DV 设备至关重要，本节将详细介绍 DV 选购技巧方面的知识。

选购一部 DV 设备，用户应从 DV 品牌、价格与外观及性能指标等方面入手，从而选择一部满意的 DV 设备来完成用户日常拍摄的操作。

1 DV 的品牌

一般来说，有品牌价值的 DV 设备，在使用过程和售后服务中，都是有所保障的，但也要根据个人的需要、产品的测评和性价比等方面来购买 DV。

目前的数码摄像机市场，主流的品牌主要有索尼、松下、佳能、JVC 和三星等，其他品牌如日立、夏普和三洋的产品也是不错的，但其市场占有率还是不能同前五个品牌相比，所以用户在选购时，应根据个人经济条件、喜好选择不同品牌的 DV 设备。

2 价格与外观

数码摄像机(DV)可分为旅游娱乐消费类的中低端产品和专业级或发烧级的高端产品。目前 2000～5000 元之间为入门级产品，虽然功能相对较少，但自动化程度较高，操作比较简单。5000～8000 元之间为中端产品，这档产品除了比低档产品体积小便于旅游携带以外，功能也有所增加。而高端的产品定价在 8500 元以上，主要供专业人士和发烧友使用。

一般情况下，用于日常拍摄的摄像机只要基本功能全面即可，作为一种娱乐时尚消费品，选购数码摄像机除了应注意其性能之外，外观和体积也比较重要，但最主要的还是要选择具有较高性价比的机型。数码摄像机的外观如图 1-3 所示。

图 1-3

3 性能指标

购买 DV 设备的过程中，性能指标也是购买 DV 的重要因素，一部 DV 的性能指标，主要从 CCD(Charge Coupled Device，电荷耦合器件)、镜头、LCD(Liquid Crystal Display，液晶显示器)监视器、快门速度及照度、声音输入、模拟输入和电池待机时间等方面入手，下面将详细介绍 DV 性能指标方面的知识。

➢ CCD：是 DV 摄像机最重要的部件之一，也是决定 DV 摄像机图像质量的基本元素。目前流行的 DV 有 3CCD 与单 CCD 两种，3CCD 的每一片 CCD 掌管三原色光红、绿、蓝的一种，这样会比单 CCD 的颜色效果还原得更好，得到更自然的颜色和更宽的视觉对比度。

- 镜头：选择镜头一定要看它的光学指标，一般在 16～20 之间。一般的 DV 机器都有增距或广角的外接镜头配件可以作为补充。镜头的手动变焦也是必需功能之一，往往自动变焦在 LCD 看着没有问题，在拍摄后回放时已经追悔莫及。
- LCD 监视器：这种翻盖式随机监视器可以任意旋转角度。LCD 的大小及像素也是 DV 机价格决定因素之一。
- 快门速度及照度：一般高档的 DV 有多档快门可以选择，这样可以获得更多的影像效果。照度指标对于暗部拍摄起决定作用，对纪录作品有更大的意义。
- 声音输入：DV 机随机话筒录制的声音是不能令人满意的，专业的话筒杆加专业指向性话筒是 DV 声音输入最好的选择。
- 模拟输入：音/视频模拟输入的好处是将整个 DV 变成一个灵活的中介系统。这样，方便用户将能找到的素材都通过 DV 机间接输入电脑。
- 电池待机时间：电池待机时间对于影片的拍摄时长起着非常重要的作用。

一点即通

在买 DV 前先要搞清楚自己对 DV 的期望是什么？买它的主要目的是什么？DV 配件按需选择大容量电池是必需的，最好选购 5 小时待机 3 小时拍摄时间的电池，三脚架和广角镜可作考虑。对于拍摄新手来说，参考本节的选购标准基本可满足需求。

1.5.2　会声会影 2019 的应用领域

会声会影 2019 因其功能强大、操作简单等特点，被越来越多地应用到各个领域。下面介绍会声会影 2019 应用领域方面的知识。

1　制作珍藏光盘

使用会声会影 2019，用户可以十分方便地将制作好的视频创建成光盘，方便用户珍藏留念，如图 1-4 所示。

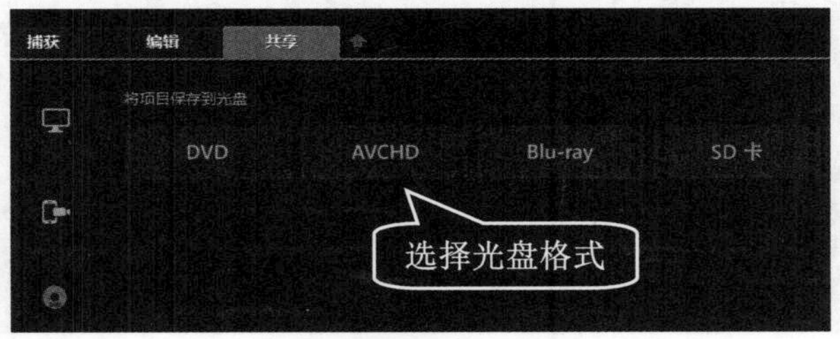

图 1-4

2　输出 3D 视频文件

在会声会影 2019 中，用户可以将相应的视频文件输出为 3D 视频文件，主要包括

MPEG-2 格式、WMV 格式和 AVC 格式等，用户可根据实际情况选择相应的视频格式进行视频文件的输出操作，如图 1-5 所示。

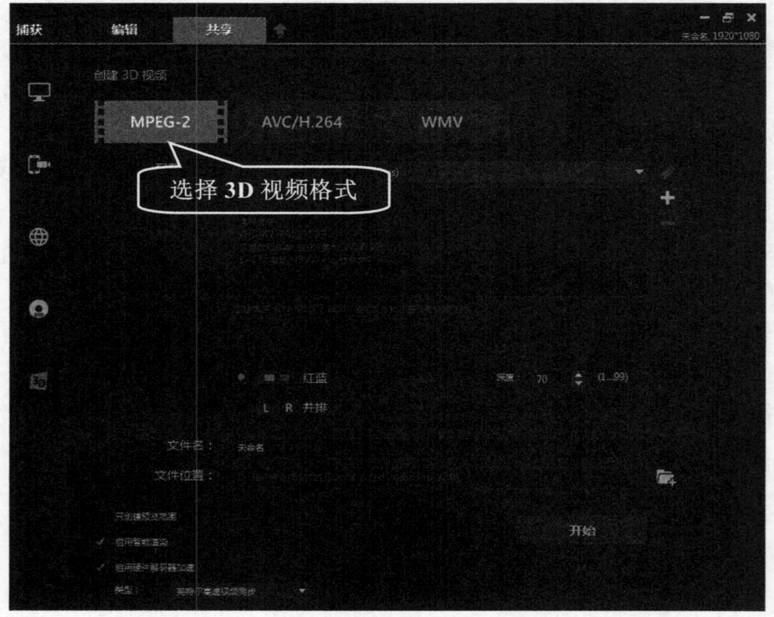

图 1-5

3 输出网络视频

使用会声会影 2019，用户可以将制作好的视频文件发布到网络中，与亲友共同分享，如图 1-6 所示。

图 1-6

4 输出文件并保存到可移动设备或摄像机中

使用会声会影 2019，用户可以将文件输出，保存到可移动设备或摄像机，如图 1-7 所示。

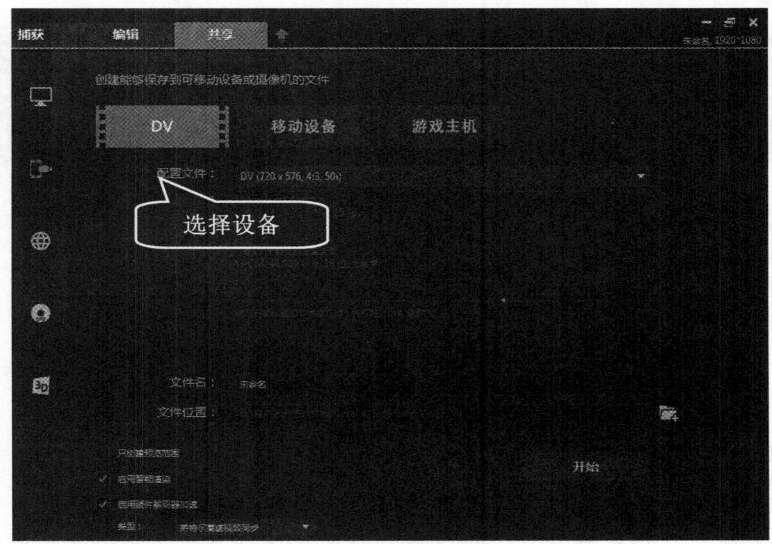

图 1-7

1.5.3 编辑器的基本流程

会声会影 2019 主要通过“捕获”“编辑”和“共享”3 个步骤来完成影片的编辑工作，如图 1-8 所示。

在制作影片时首先要捕获视频素材，然后修整素材，排列各素材的顺序，应用转场并添加覆叠、标题、背景音乐等。这些元素被安排在不同的轨上，对某一处轨进行修改或编辑时不会影响到其他的轨，如图 1-9 所示。

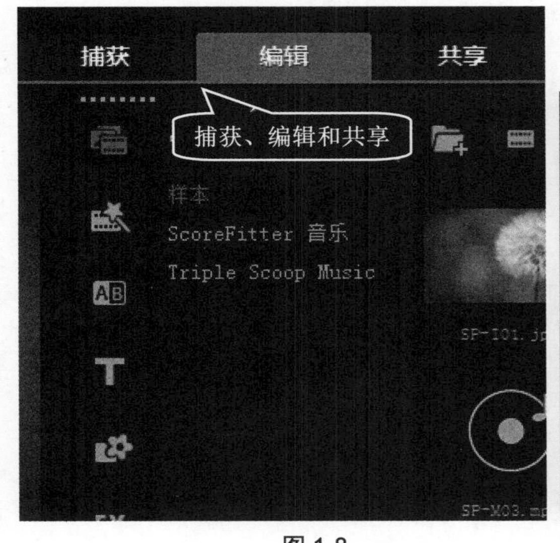

图 1-8

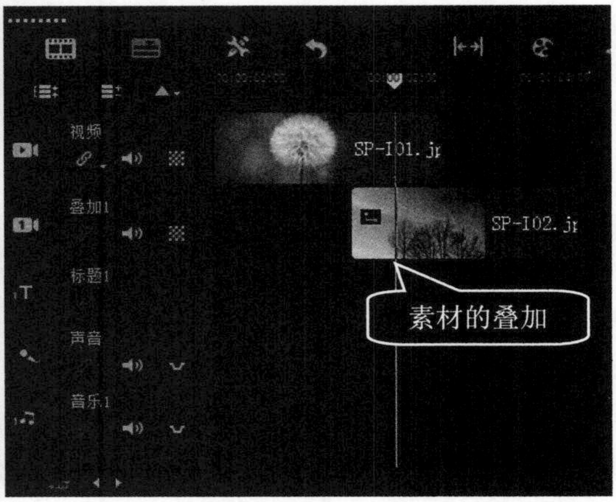

图 1-9

Section 1.6 思考与练习

1. 填空题

(1) 应用最为广泛的彩色电视制式主要有 3 种类型，分别是__________、__________和 SECAM 制式。

(2) 在目前，将视频以画面清晰度来界定，大致可分为__________、__________和高清晰度 3 种层次。

2. 判断题

(1) 非线性编辑系统的构成，主要靠软件与硬件两方面的共同支持。目前，一套完整的非线性编辑系统，其硬件部分至少应包括一台多媒体计算机，此外还需要非线性编辑视频卡、IEEE 1394 卡以及其他专用板卡和外围设备等。 ( )

(2) 影片是由一张张连续的图片组成的，每幅图片就是一个场景，PAL 制式每秒钟播放 25 个场景，NTSC 制式每秒钟播放 30 个场景。 ( )

3. 思考题

(1) AVI 视频格式的优、缺点分别是什么？

(2) 会声会影 2019 新增的功能有哪些？

第2章

会声会影基础入门

- 会声会影的工作界面
- 项目的基本操作

本章主要介绍了启动会声会影的工作界面和项目的基本操作方面的知识与技巧，在本章的最后还针对实际的工作需求，讲解了设置参数属性、设置项目属性、新建 HTML5 项目和打开混音器视图的方法。通过对本章内容的学习，读者可以掌握会声会影 2019 基础入门方面的知识，为深入学习会声会影 2019 知识奠定基础。

Section 2.1 会声会影的工作界面

在使用会声会影 2019 制作影片之前，用户首先需要对会声会影 2019 的工作界面有所了解。会声会影 2019 的工作界面由菜单栏、步骤面板、选项面板、素材库、预览窗口和导览面板以及时间轴等部分组成。

2.1.1 菜单栏

会声会影 2019 的菜单栏包含【文件】、【编辑】、【工具】、【设置】和【帮助】5 个菜单，这些菜单提供了不同的命令集，如图 2-1 所示。

图 2-1

- 【文件】菜单：在该菜单中可以进行一些项目的操作，如新建、打开和保存等。
- 【编辑】菜单：在该菜单中包含一些编辑命令，如【撤销】、【重复】、【复制】和【粘贴】等。
- 【工具】菜单：在该菜单中可以对视频进行多样的编辑，如使用会声会影的 DV 转 DVD 向导功能可以对视频文件进行编辑并刻录成光盘。
- 【设置】菜单：在该菜单中可以设置项目文件的基本参数、查看项目文件的属性、使用智能代理管理器以及使用章节点管理器等。
- 【帮助】菜单：在该菜单中可以获取相关的软件帮助信息，包括使用指南、视频教学课程、新增功能、入门指南以及检查更新等内容。

2.1.2 步骤面板

会声会影 2019 将影片制作过程简化为 3 个简单步骤，分别为捕获、编辑和共享 3 个步骤。单击步骤面板中的标签，可在步骤之间切换，如图 2-2 所示。

图 2-2

- 【捕获】标签：代表将文件录制或导入到用户计算机的硬盘驱动器中的步骤。该步骤允许用户捕获和导入视频、照片和音频素材。

- 【编辑】标签：所代表的步骤和时间轴是会声会影 2019 的核心。用户可以通过该步骤排列、编辑、修整视频素材并为其添加效果。
- 【共享】标签：所代表的步骤可以将用户完成的影片导出到磁盘、DVD 或 Web 上。

2.1.3 选项面板

在会声会影 2019 中，选项面板会随程序的模式和正在执行的步骤发生变化。选项面板可能包含一个或两个选项卡。每个选项卡中的控制和选项都不相同，具体取决于所选素材。图 2-3 所示为选择【标题】选项时的选项面板。

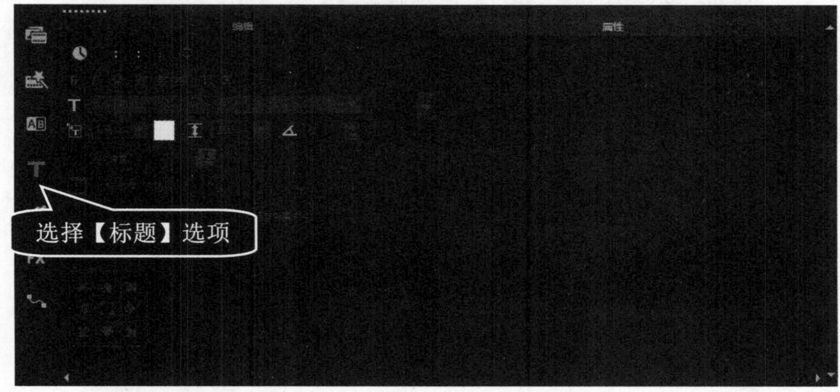

图 2-3

2.1.4 素材库

在会声会影 2019 中，素材库中存储了制作影片所需的全部内容，如视频、照片、即时项目、转场、标题、滤镜、Flash 动画、图形和音频文件等。图 2-4 所示为【图形】选项的素材库。

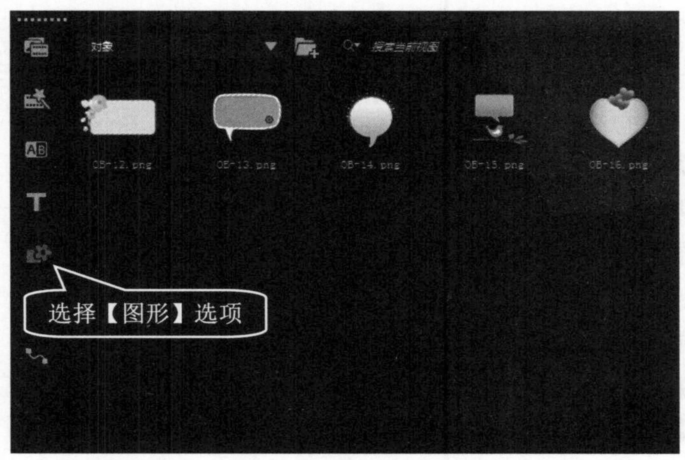

图 2-4

知识拓展：素材库的使用

在会声会影 2019 中，选择【编辑】标签，同时【素材库】会显示视频素材的缩略图，用户可以通过拖曳素材至项目时间轴的方法为文件添加素材。

2.1.5 预览窗口和导览面板

在会声会影 2019 中，导览面板会提供一些用于回放和精确修整素材的按钮。使用导览面板可以移动所选素材或项目，使用修整标记和滑轨可以编辑素材，如图 2-5 所示。

图 2-5

导览面板中各按钮及选项的功能如下

- 【滑轨】按钮：单击并拖动滑轨按钮，可以浏览素材，其停顿位置的图片显示在当前预览窗口中。
- 【修整标记】按钮：单击该按钮，可以修整、编辑和剪辑视频素材。
- 【项目/素材模式】按钮：用于指定预览整个项目或只预览所选素材。
- 【播放修整后的素材】按钮：单击该按钮，播放修整后的项目、视频或音频素材。按住 Shift 键的同时单击该按钮，可以播放整个素材。
- 【起始】按钮：单击该按钮，可以将时间线移至视频的起始位置。
- 【上一帧】按钮：单击该按钮，可以将时间线移至视频的上一帧位置，在预览窗口中显示上一帧视频的画面效果。
- 【下一帧】按钮：单击该按钮，可以将时间线移至视频的下一帧位置，在预览窗口中显示下一帧视频的画面效果。
- 【结束】按钮：单击该按钮，可以将时间线移至视频的结束位置。
- 【重复】按钮：单击该按钮，可以使视频重复播放。
- 【系统音量】按钮：单击该按钮，拖动弹出的滑动条，可以调整素材的音频音

量，同时也会调整扬声器的音量。

- 【更改项目宽高比】下拉按钮：单击该下拉按钮，在弹出的下拉列表中提供了6 种更改项目比例的选项，选择相应的选项图标，在预览窗口中可以将项目更改为相应的播放比例。
- 【变形工具】下拉按钮：单击该按钮，在弹出的下拉列表中提供了两种变形方式，选择不同的选项图标，即可对素材进行裁剪变形。
- 【开始标记】按钮：单击该按钮，可以标记素材的起始点。
- 【结束标记】按钮：单击该按钮，可以标记素材的结束点。
- 【根据滑轨位置分割素材】按钮：将鼠标指针定位到需要分割的位置，单击该按钮，即可将所选的素材剪切为两段。
- 【扩大】按钮：单击该按钮，可以在较大的窗口中预览项目或素材。
- 【时间码】微调框：通过指定确定的时间，可以直接跳到项目所选素材的特定位置。

2.1.6 时间轴

在会声会影 2019 中，时间轴是用户组合视频项目中要使用的媒体素材的位置，它是整个项目编辑的关键窗口，如图 2-6 所示。

图 2-6

在时间轴面板上方的工具栏中，各工具按钮及选项的功能如下。

- 【故事板视图】按钮：单击该按钮，可以切换至故事板视图。
- 【时间轴视图】按钮：单击该按钮，可以切换至时间轴视图。
- 【自定义工具栏】按钮：单击该按钮，可以打开工具栏面板，在面板中用户可以管理时间轴工具栏中的相应工具。
- 【撤销】按钮：单击该按钮，可以撤销前一步的操作。
- 【重复】按钮：单击该按钮，可以重复前一步的操作。
- 【滑动】按钮：单击该按钮，可以调整剪辑的进入和退出帧。
- 【录制/捕获选项】按钮：单击该按钮，弹出【录制/捕获选项】对话框，可以进行定格动画、屏幕捕获及快照等操作。

- 【混音器】按钮：单击该按钮，可以进入混音器视图。
- 【自动音乐】按钮：单击该按钮，可以打开【自动音乐】选项面板，在面板中可以设置相应选项以自动播放音乐。
- 【运动追踪】按钮：单击该按钮，可以制作视频的运动追踪效果。
- 【字幕编辑器】按钮：单击该按钮，可以在视频画面中创建字幕效果。
- 【多相机编辑器】按钮：单击该按钮，可以在播放视频素材的同时进行动态剪辑、合成操作。
- 【重新映射时间】按钮：单击该按钮，可以重新调整视频的播放速度、播放方向。
- 【遮罩创建器】按钮：单击该按钮，可以创建视频的遮罩效果。
- 【摇动和缩放】按钮：单击该按钮，可以创建视频的摇动和缩放效果。
- 【3D 标题编辑器】按钮：单击该按钮，可以制作 3D 标题字幕效果。
- 【分屏模板创建器】按钮：单击该按钮，可以创建多屏同框、兼容分屏效果。
- 【放大/缩小】滑块：向左拖曳滑块，可以缩小项目显示；向右拖曳滑块，可以放大项目显示。
- 【将项目调到时间轴窗口大小】按钮：单击该按钮，可以将项目文件调整到时间轴窗口大小。
- 【项目区间】显示框00:00:05:000：该显示框中的数值显示了当前项目的区间大小。

在时间轴面板的左侧，默认情况下包含 5 条轨道，分别为视频轨、覆叠轨、标题轨、声音轨和音乐轨，各轨道相关功能如下。

- 视频轨：在视频轨中可以插入视频素材与图片素材，还可以对视频素材与图片素材进行相应的编辑、修剪及管理等操作。
- 覆叠轨：在覆叠轨中可以制作相应的覆叠特效。覆叠功能是会声会影 2019 中提供的一种视频编辑技巧。简单地说，“覆叠”就是画面的叠加，在屏幕上同时显示多个画面效果。
- 标题轨：在标题轨中可以创建多个标题字幕效果与单个标题字幕效果。字幕是以各种字体、样式、动画等形式出现在屏幕上的中外文字的总称，字幕设计与书写是视频编辑的艺术手段之一。
- 声音轨：在声音轨中可以插入相应的背景声音素材，并添加相应的声音特效。在编辑影片的过程中，除了画面外，声音效果是影片的另一个非常重要的因素。
- 音乐轨：在音乐轨中也可以插入相应的音乐素材，它是除声音轨以外另一个添加音乐素材的轨道。

为了方便用户查看和编辑影片，会声会影提供了两种视图模式，分别为故事板视图和时间轴视图，下面将分别予以详细介绍。

1 故事板视图

单击【故事板视图】按钮，即可切换到故事板视图中。每个缩略图都代表一张照片、一个视频素材或一个转场。缩略图是按其在项目中的位置显示的，用户可以拖动缩略图重新进行排列。每个素材的区间都显示在各缩略图的底部，如图 2-7 所示。

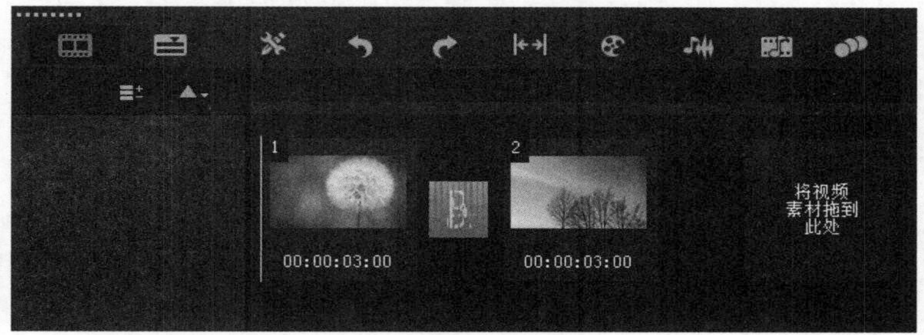

图 2-7

2 时间轴视图

单击【时间轴视图】按钮，即可切换到时间轴视图中。时间轴视图可以准确地显示事件发生的时间和位置，还可以粗略浏览不同媒体素材的内容。时间轴视图的素材可以是视频文件、静态图像、声音文件、音乐文件或者转场效果，也可以是彩色背景或标题。在时间轴视图中，故事板被水平分割成视频轨、覆叠轨、标题轨、声音轨及音乐轨 5 个不同的轨，如图 2-8 所示。单击相应的按钮，可以切换到它们所代表的轨，以便选择和编辑相应的素材。

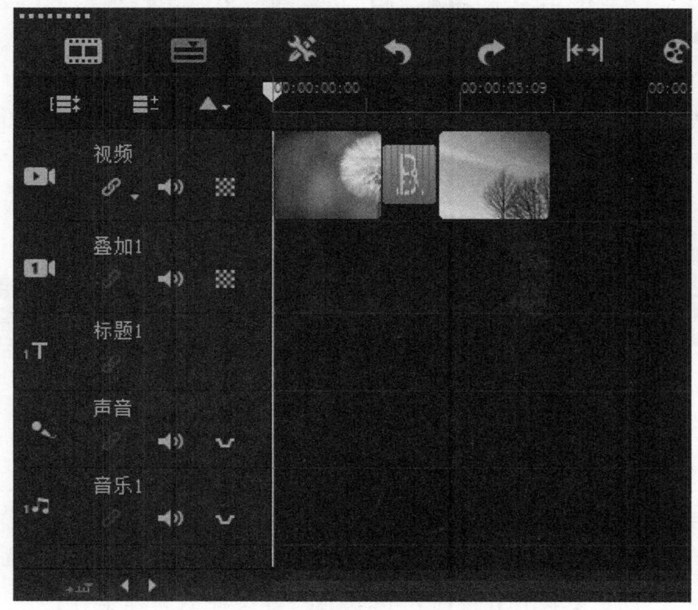

图 2-8

Section 2.2 专题课堂——项目的基本操作

了解了会声会影的工作界面后，用户即可进行项目文件的基本操作，如新建项目文件、打开项目文件、保存项目文件、将文件保存为智能包和自动保存文件等。本节将详细介绍项目文件的基本操作方面的知识。

2.2.1 新建项目文件

在运行会声会影编辑器时，程序会自动建立一个新的项目文件，如果是第一次使用会声会影编辑器，新项目将使用会声会影的初始默认设置；否则新项目将使用上次使用的项目设置。下面将详细介绍新建项目文件的操作方法。

操作步骤 >> **Step by Step**

第 1 步　在菜单栏中，*1.* 选择【文件】菜单项，*2.* 在弹出的下拉菜单中选择【新建项目】命令，如图 2-9 所示。

图 2-9

第 2 步　通过以上步骤即可完成新建项目文件的操作，如图 2-10 所示。

图 2-10

专家解读

当用户正在编辑的文件没有进行保存操作时，在新建项目的过程中，会弹出提示对话框，提示用户是否保存当前文档。单击【是】按钮，即可保存项目文件；单击【否】按钮，将不保存项目文件；单击【取消】按钮，将取消项目文件的新建操作。

2.2.2　打开项目文件

在打开项目文件时，既可以在保存位置上双击文件直接打开，也可以在打开的会声会影软件中使用【打开项目】命令来打开。下面详细介绍使用【打开项目】命令来打开文件的操作方法。

操作步骤 >> Step by Step

第 1 步　在菜单栏中，*1.* 选择【文件】菜单项，*2.* 在弹出的下拉菜单中选择【打开项目】命令，如图 2-11 所示。

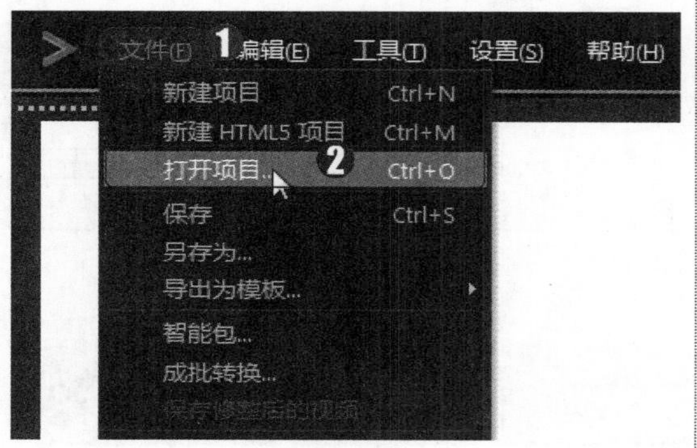

图 2-11

第 2 步　弹出【打开】对话框，*1.* 选择项目所在位置，*2.* 选中文件，*3.* 单击【打开】按钮，如图 2-12 所示。

图 2-12

第 3 步　在预览窗口可以看到打开的项目文件。通过以上步骤即可完成打开项目文件的操作，如图 2-13 所示。

图 2-13

■ 指点迷津

除了使用【文件】→【打开项目】菜单命令外，用户还可以按 Ctrl+O 组合键，同样可以弹出【打开】对话框，选择准备打开的项目文件。

2.2.3　保存项目文件

在使用会声会影对素材进行编辑后，为了方便下次使用或继续编辑，可以将该项目保存到电脑中。下面将详细介绍保存项目文件的操作方法。

操作步骤 >> Step by Step

第 1 步 在菜单栏中，***1.*** 选择【文件】菜单项，***2.*** 在弹出的下拉菜单中选择【另存为】命令，如图 2-14 所示。

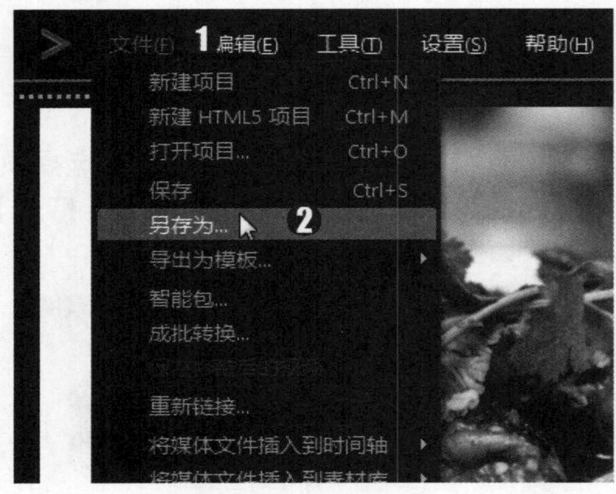

图 2-14

第 2 步 弹出【另存为】对话框，***1.*** 选择项目保存位置，***2.*** 在【文件名】文本框中输入名称，***3.*** 单击【保存】按钮即可完成保存项目文件的操作，如图 2-15 所示。

图 2-15

2.2.4 保存为智能包

在会声会影中保存的项目文件，如果素材文件更改存放位置，软件将无法与素材取得链接，为了避免这种情况的发生，用户可以将文件保存为智能包。下面将详细介绍将文件保存为智能包的操作方法。

操作步骤 >> Step by Step

第 1 步 在菜单栏中，***1.*** 选择【文件】菜单项，***2.*** 在弹出的下拉菜单中选择【智能包】命令，如图 2-16 所示。

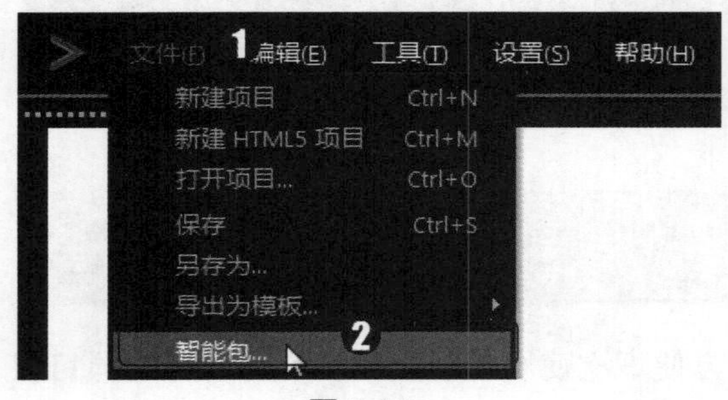

图 2-16

第 2 步 弹出 Corel VideoStudio 对话框，单击【是】按钮，如图 2-17 所示。

图 2-17

第 3 步 弹出【另存为】对话框，***1.*** 选择项目保存位置，***2.*** 在【文件名】文本框中输入名称，***3.*** 单击【保存】按钮，如图 2-18 所示。

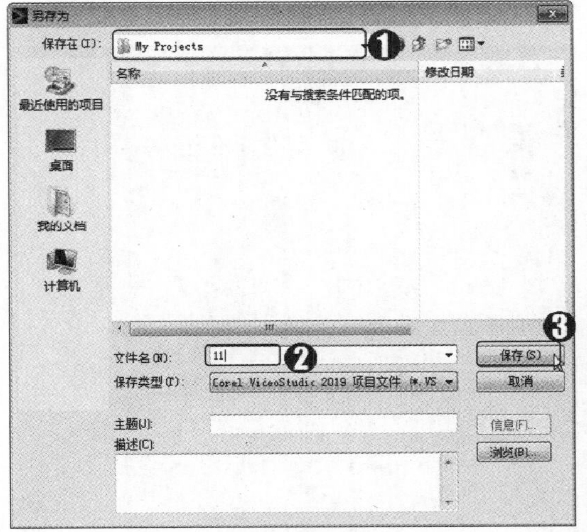

图 2-18

第 4 步 弹出【智能包】对话框，***1.*** 在【文件夹路径】文本框中输入路径，***2.*** 在【项目文件夹名】文本框中输入名称，***3.*** 在【项目文件名】文本框中输入名称，***4.*** 单击【确定】按钮即可完成将项目保存为智能包的操作，如图 2-19 所示。

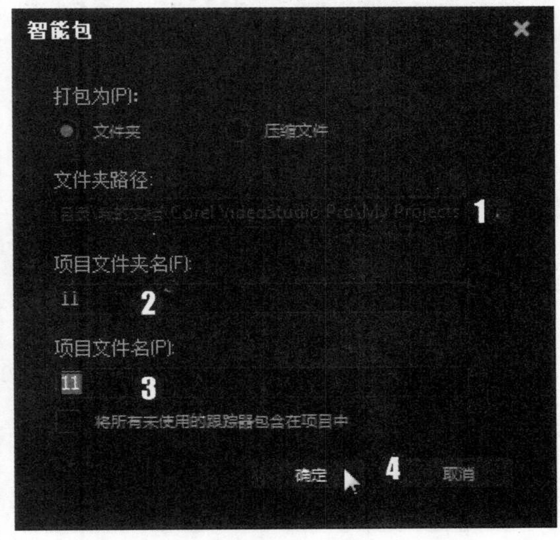

图 2-19

专家解读

用户除了可以将项目保存为智能包文件外，还可以将项目保存为压缩文件，执行【文件】→【智能包】菜单命令，打开【智能包】对话框，选中【压缩文件】单选按钮，然后在下方设置压缩文件的参数，设置完成后单击【确定】按钮即可。

Section 2.3 实践经验与技巧

在本节的学习过程中，将侧重介绍和讲解与本章知识点有关的实践经验与技巧，主要内容将包括设置系统参数属性、设置项目属性、新建 HTML 5 项目的方法以及混音器视图的相关知识。

2.3.1 设置参数属性

在会声会影 2019 中，适当地设置【参数选择】属性，可以在输入、编辑素材时节省大量的时间，从而提高工作效率。下面将详细介绍设置【参数选择】属性的操作方法。

操作步骤 >> Step by Step

第 1 步 创建项目文件后，*1.* 选择【设置】菜单项，*2.* 在弹出的下拉菜单中选择【参数选择】命令，如图 2-20 所示。

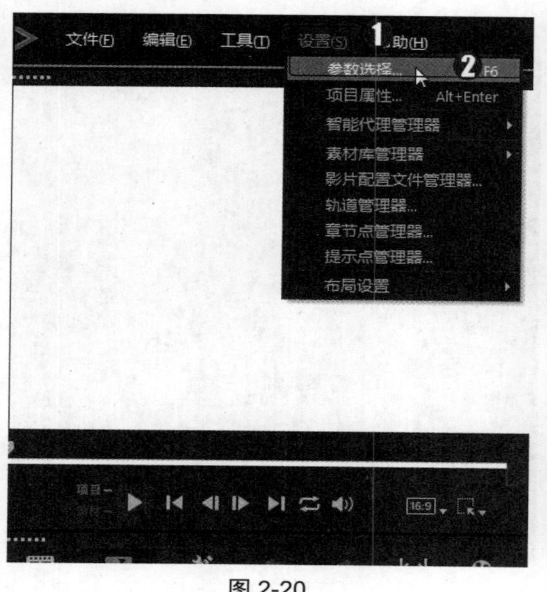

图 2-20

第 2 步 弹出【参数选择】对话框，用户即可在该对话框中设置常规、编辑、捕获、性能和界面布局等选项的属性，如图 2-21 所示。

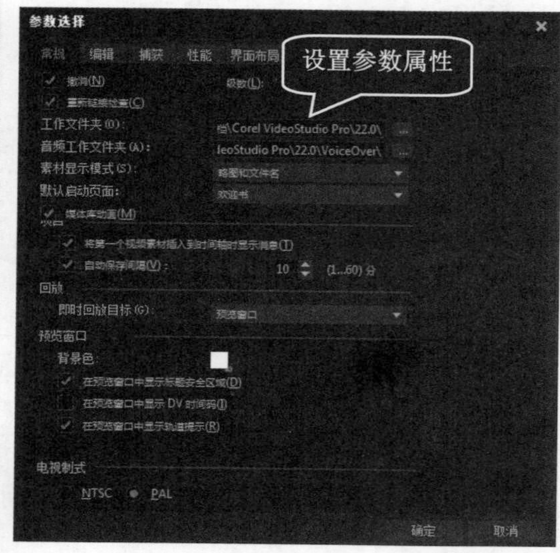

图 2-21

➢ 【常规】选项卡：可以设置一些基本的文件操作属性。

➢ 【编辑】选项卡：可以设置所有效果和素材的质量，还可以调整插入的图像/色彩素材的默认区间以及转场、淡入/淡出效果的默认区间。

➢ 【捕获】选项卡：可以设置与视频捕获相关的参数。

➢ 【性能】选项卡：可以设置是否启用智能代理的功能。

➢ 【界面布局】选项卡：可以设置软件界面的布局效果。

2.3.2 设置项目属性

项目属性包括项目文件信息、项目模板属性、文件格式、自定义压缩、视频设置及音频等设置。下面将详细介绍设置常规属性方面的知识。

操作步骤 >> Step by Step

第 1 步 创建项目文件后，*1.* 选择【设置】菜单项，*2.* 在弹出的下拉菜单中选择【项目属性】命令，如图 2-22 所示。

第 2 步 弹出【项目属性】对话框，用户即可在该对话框中设置项目的属性，如图 2-23 所示。

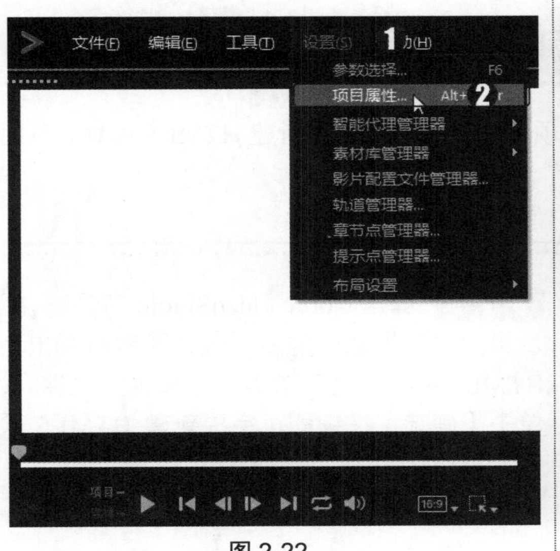

图 2-22

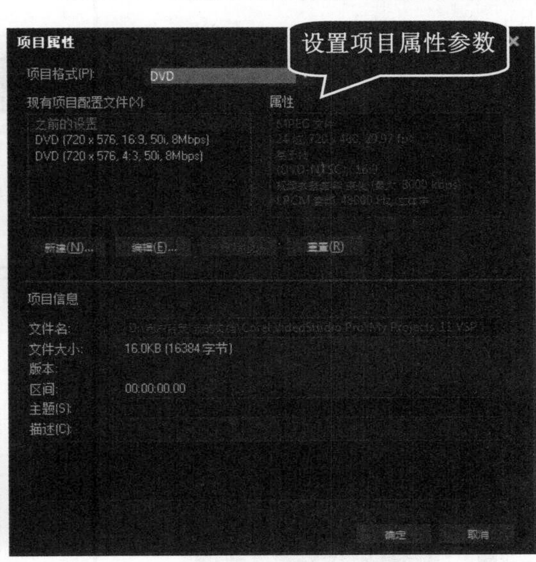

图 2-23

一点即通

在会声会影 2019 中，在键盘上按 Alt+Enter 组合键，用户同样可以快速打开【项目属性】对话框。

- 【项目信息】选项组：显示与项目相关的各种信息，如文件大小、名称等。
- 【现有项目配置文件】选项组：显示项目使用的视频文件格式和其他属性。
- 【项目格式】选项组：单击其下拉按钮，会弹出下拉列表，里面有一些关于项目格式的选项，用户可以选择相关选项来更改项目格式，如图 2-24 所示。
- 按钮选项组：包括【新建】按钮、【编辑】按钮、【删除】按钮和【重置】按钮，单击【新建】按钮，系统会弹出【编辑配置文件选项】对话框，可以新建一个项目配置文件；单击【编辑】按钮，系统会弹出【编辑配置文件选项】对话框，可以设置视频和音频，并对所选文件格式进行压缩；单击【删除】按钮，可以删除项目配置文件；单击【重置】按钮，系统会弹出 Corel VideoStudio 对话框，清理自定义配置文件。

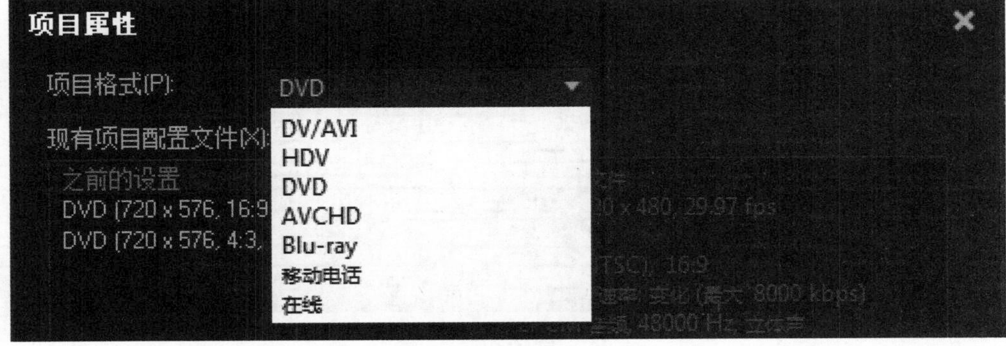

图 2-24

2.3.3 新建 HTML 5 项目

在会声会影 2019 中，用户除了可以新建项目文件外，还可以新建 HTML5 项目。下面介绍新建 HTML5 项目的方法。

操作步骤 >> **Step by Step**

第 1 步 在菜单栏中，***1.*** 选择【文件】菜单项，***2.*** 在弹出的下拉菜单中选择【新建 HTML5 项目】命令，如图 2-25 所示。

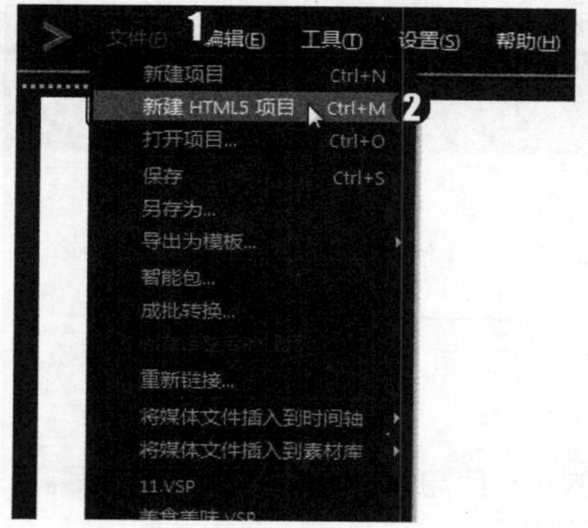

图 2-25

第 2 步 弹出 Corel VideoStudio 对话框，提示用户“背景轨中的所有效果和素材导出为 HTML5 格式后将被渲染为一个视频文件。”，单击【确定】按钮即可完成新建 HTML5 项目的操作，如图 2-26 所示。

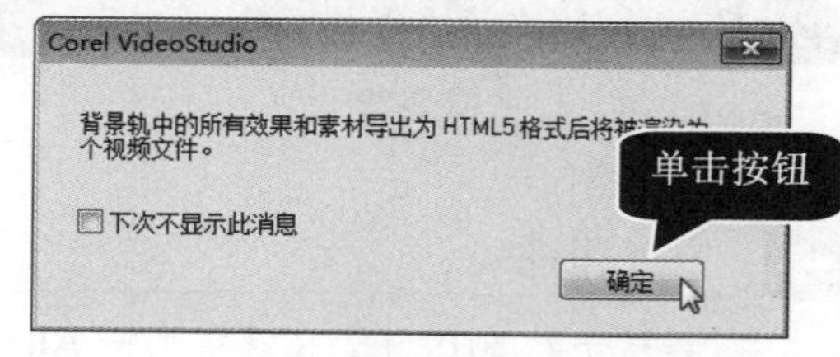

图 2-26

■ **指点迷津**

按 Ctrl+M 组合键也可以快速完成新建 HTML5 项目的操作。

2.3.4 混音器视图

混音器视图是通过单击时间轴面板上方工具栏中的【混音器】按钮来进行切换的。用户通过混音面板可以实时地调整项目中音频轨的音量，也可以调整音频轨中特定点的音量，如图 2-27 所示。

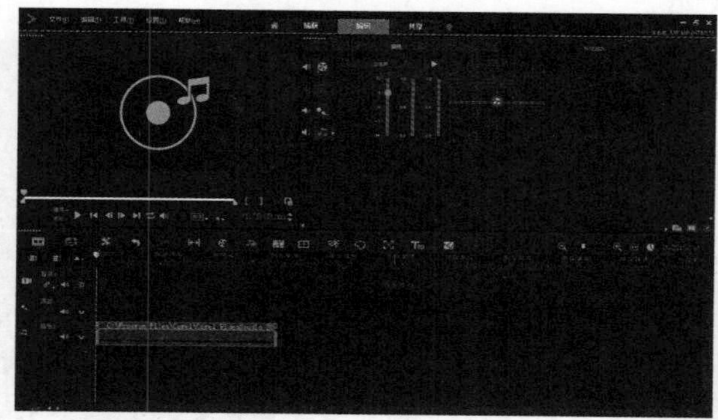

图 2-27

Section 2.4 思考与练习

通过对本章内容的学习，读者可以掌握会声会影 2019 基础入门的知识以及一些常见的操作方法，在本节中将针对本章知识点进行相关知识测试，以达到巩固与提高的目的。

1. 填空题

(1) 会声会影 2019 菜单栏包含__________、编辑、__________、设置和__________ 5 个菜单项，这些菜单提供了不同的命令集。

(2) 在会声会影 2019 中，素材库中存储了制作影片所需的全部内容，如视频、照片、即时项目、__________、标题、__________、Flash 动画、图形和__________文件等。

(3) 在会声会影 2019 中，导览面板会提供一些用于回放和精确修整素材的按钮。使用导览面板可以__________所选素材或项目，使用修整标记和滑轨可以__________素材。

2. 判断题

(1) 【帮助】菜单可以为用户获取相关的软件帮助信息，包括使用指南、视频教学课程、新增功能、入门指南以及检查更新等内容。 (　　)

(2) 用户可以通过步骤面板中的【编辑】选项卡排列、编辑、修整视频素材并为其添加效果。 (　　)

(3) 在会声会影 2019 中，选项面板不会随程序的模式和正在执行的步骤发生变化。 (　　)

3. 思考题

(1) 在会声会影 2019 中如何创建项目文件？

(2) 在会声会影 2019 中如何将文件保存为智能包？

(3) 在会声会影 2019 中如何保存项目文件？

第 3 章

应用素材库与视频模板

- 操作素材库
- 管理素材库
- 应用图像和视频模板
- 应用即时项目模板

本章主要介绍了操作素材库、管理素材库、应用图像、视频模板和应用以及即时项目模板方面的知识与技巧，在本章的最后还针对实际的工作需求，讲解了应用影音快手模板、应用对象、颜色模板和输出影音文件的方法。通过对本章内容的学习，读者可以掌握应用会声会影 2019 素材库与视频模板方面的知识，为深入学习会声会影 2019 知识奠定基础。

Section 3.1 操作素材库

在会声会影 2019 中，素材库主要用于存放制作影片过程中的所有素材文件，方便用户查找和应用，素材库选项栏中默认的素材种类为视频。本节将详细介绍有关素材库基本操作方面的知识。

3.1.1 预览素材

在会声会影 2019 中，素材库中导入素材文件后，为方便用户快速选择素材文件，用户可以进行预览素材的操作。下面将详细介绍预览素材方面的知识。

在素材库中导入素材文件后，在【预览】面板中，选择准备预览的素材文件，在【预览】面板中，单击【播放】按钮▶，即可完成预览素材的操作，如图 3-1 所示。

图 3-1

3.1.2 切换素材库

在会声会影 2019 中，素材库包括媒体、即时项目、转场、标题、图形、滤镜和路径等 7 个类型的素材，用户可以根据需要切换素材库。下面介绍切换素材库的操作方法。

在【素材库】面板中，在左侧的选项区中选择准备切换的素材库选项，如【转场】选项AB，即可将素材库切换为【转场】素材库，如图 3-2 所示。

图 3-2

3.1.3 对素材进行排序

在会声会影 2019 中，用户还可以按照多种排序方式对素材进行排序。下面将详细介绍对素材进行排序的操作方法。

在【素材库】面板中，单击【对素材库中的素材排序】按钮，在弹出的下拉菜单中选择相应的选项，即可对素材进行排序，如图 3-3 所示。

图 3-3

知识拓展

在【素材库】面板中，使用鼠标右键单击素材，在弹出的快捷菜单中选择相应的命令，即可查看该素材的属性，还可以复制、删除或按场景分割素材。

3.1.4 设置素材显示方式

在会声会影 2019 中，素材库面板中的视图默认是缩略图视图，用户可以根据个人需要更改素材库面板视图。

素材库面板视图有两个视图显示方式：单击【列表视图】按钮会以列表的方式显示；单击【缩略图视图】按钮则可以以缩略图的方式显示，如图 3-4 和图 3-5 所示。

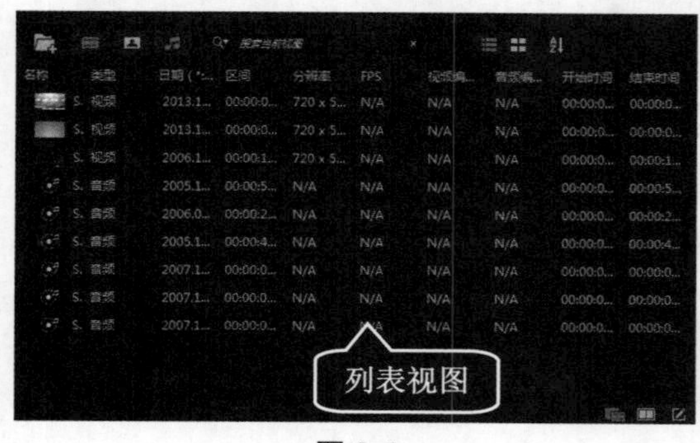

图 3-4

图 3-5

Section 3.2 管理素材库

在会声会影 2019 中，对素材库中的素材进行管理，可以使用户有条不紊地使用素材文件。管理素材库的操作包括加载视频素材、重命名素材文件、删除素材文件以及创建库项目等。本节将介绍管理素材库方面的知识。

3.2.1 加载视频素材

在会声会影 2019 中，用户可以在视频素材库中加载需要的视频素材。下面详细介绍加载视频素材的操作。

操作步骤 >> Step by Step

第 1 步 新建项目文件，在【媒体】素材库中右击空白位置，在弹出的快捷菜单中选择【插入媒体文件】命令，如图 3-6 所示。

第 2 步 弹出【浏览媒体文件】对话框，***1.*** 选中素材，***2.*** 单击【打开】按钮，如图 3-7 所示。

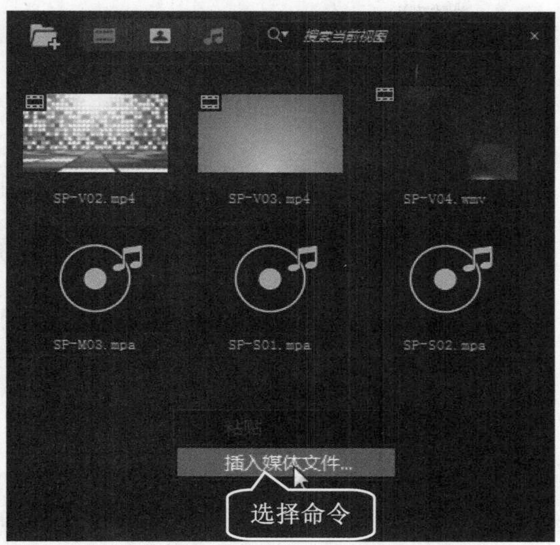

图 3-6

第 3 步 可以看到视频素材已经导入到视频库中，如图 3-8 所示。

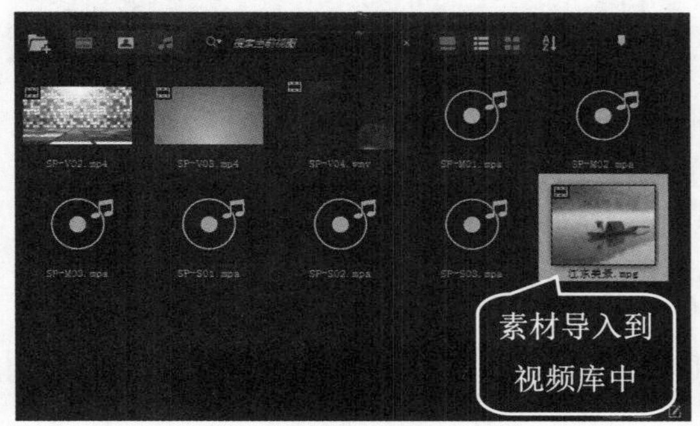

图 3-8

图 3-7

第 4 步 同时导览面板显示该视频素材，单击【播放】按钮即可预览加载的视频效果，如图 3-9 所示。

图 3-9

3.2.2 重命名素材文件

为了使素材文件方便辨认和管理，用户可以将素材库中的素材文件进行重命名操作。下面将详细介绍重命名素材文件的操作方法。

操作步骤 >> Step by Step

第 1 步 在素材库面板中选择需要重命名的素材文件，在该素材名称处单击，素材名称变为可编辑状态，如图 3-10 所示。

第 2 步 删除原有名称，使用输入法输入新名称，如“游湖”，如图 3-11 所示。

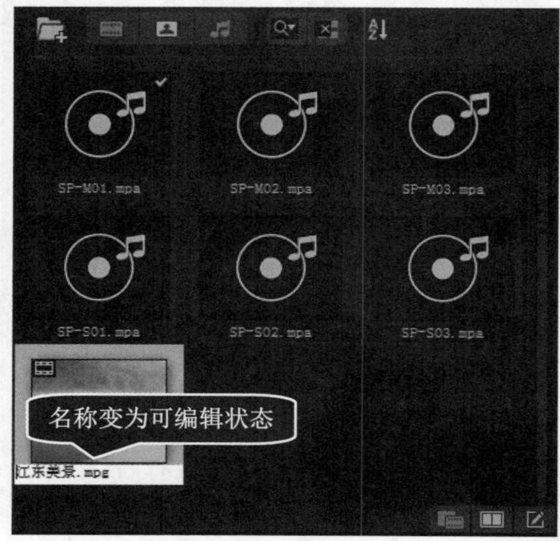

图 3-10

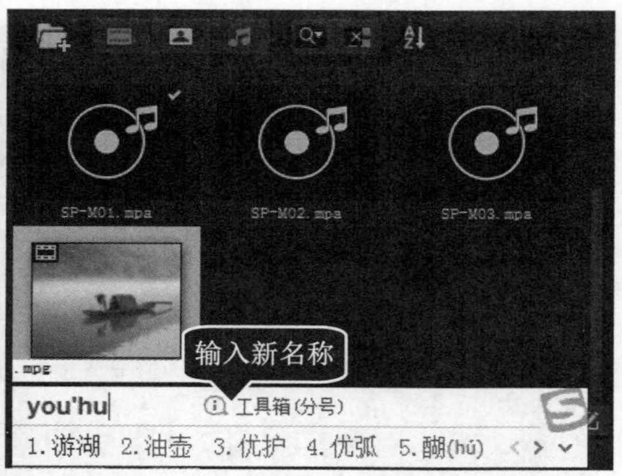

图 3-11

第 3 步 按 Enter 键完成输入，通过以上步骤即可完成重命名素材文件的操作，如图 3-12 所示。

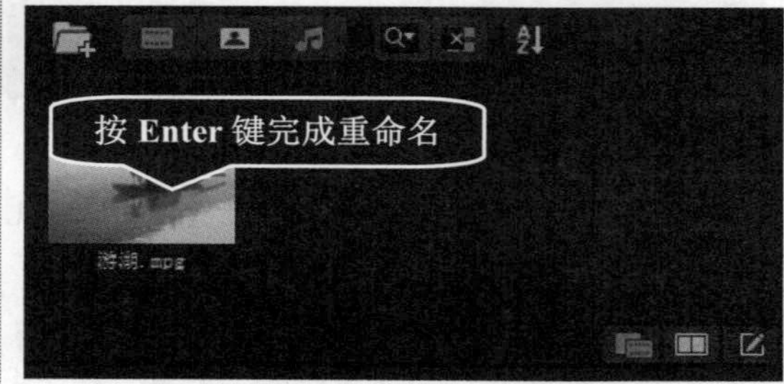

图 3-12

3.2.3 删除素材文件

当素材库中的素材过多或者不需要时，可以将其进行删除，以提高工作效率。下面将详细介绍删除素材库中文件的操作方法。

操作步骤 >> Step by Step

第 1 步 在素材库面板中右击准备删除的素材文件，在弹出的快捷菜单中选择【删除】命令，如图 3-13 所示。

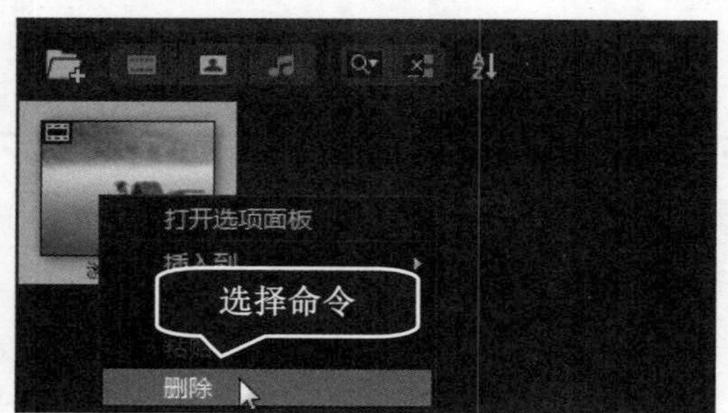

图 3-13

第 2 步 弹出 Corel VideoStudio 对话框，单击【是】按钮，如图 3-14 所示。

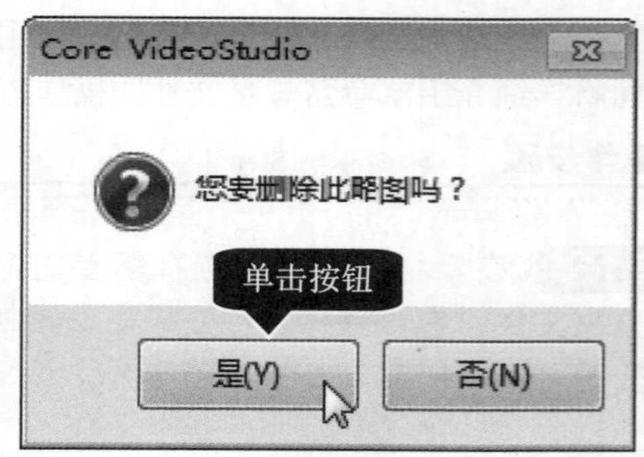

图 3-14

第 3 步 素材文件已经被删除，通过以上步骤即可完成删除素材文件的操作，如图 3-15 所示。

■ **指点迷津**

在会声会影 2019 中，用户还可以直接选中需要删除的素材文件，然后按 Delete 键，即可将其删除。

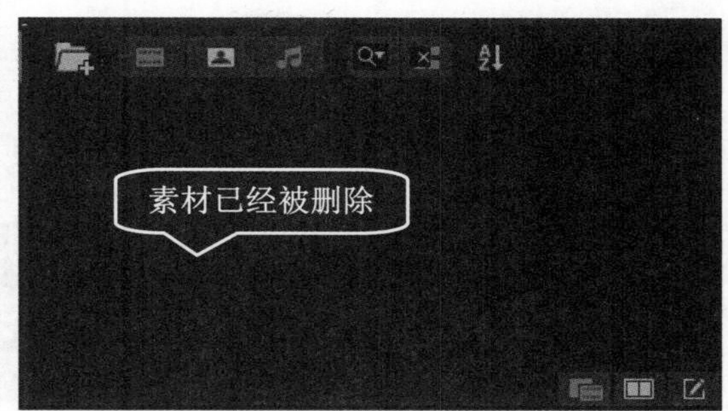

图 3-15

3.2.4 创建库项目

在会声会影 2019 中，用户可以根据需要在媒体素材库中创建库项目，方便影片的剪辑操作。下面介绍创建库项目的方法。

操作步骤 >> Step by Step

第 1 步 在媒体素材库面板中单击【添加】按钮，如图 3-16 所示。

图 3-16

第 2 步 创建名为“文件夹”的库项目，如图 3-17 所示。

图 3-17

第 3 步 使用输入法输入新名称，如“素材”，如图 3-18 所示。

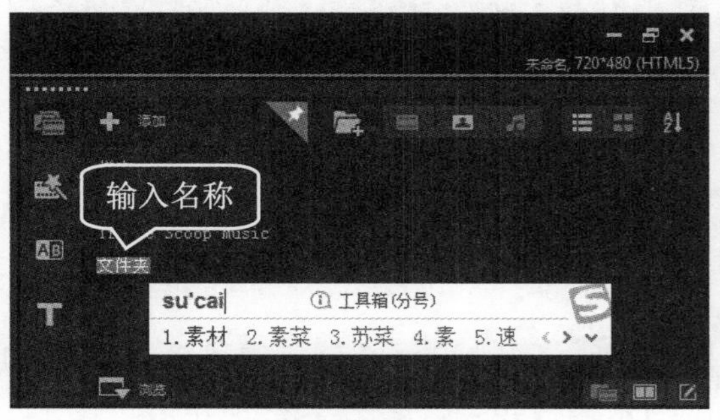

图 3-18

第 4 步 按 Enter 键完成输入，如图 3-19 所示。

图 3-19

知识拓展

用鼠标右击库项目，弹出快捷菜单，用户可以对库项目进行重命名或删除等操作，或者选中库项目，按 Delete 键也可以删除库项目。

Section 3.3 应用图像模板和视频模板

在会声会影 2019 中，提供了多种类型的主题模板，如图像模板、视频模板、即时项目模板、对象模板、边框模板以及其他各种类型的模板等。本节将详细介绍在会声会影 2019 中运用图像和视频模板的方法。

3.3.1 应用树木模板

在会声会影 2019 中，用户可以使用“照片”素材库中的树木模板制作优美的风景效果。下面介绍应用树木模板的方法。

操作步骤 >> Step by Step

第 1 步 在库面板中单击【显示照片】按钮，如图 3-20 所示。

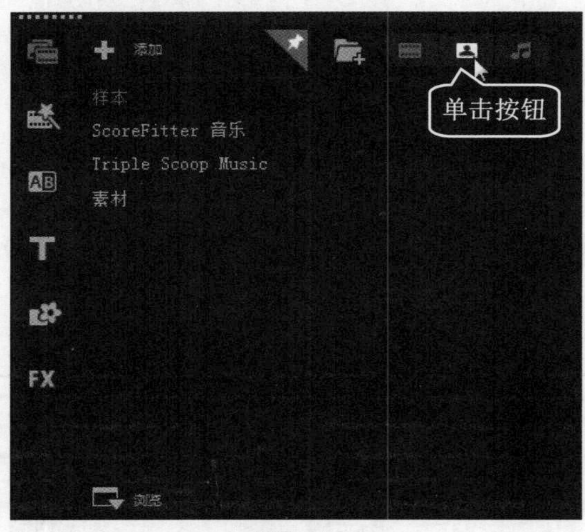

图 3-20

第 2 步 在“照片”素材库中选择树木图像模板，如图 3-21 所示。

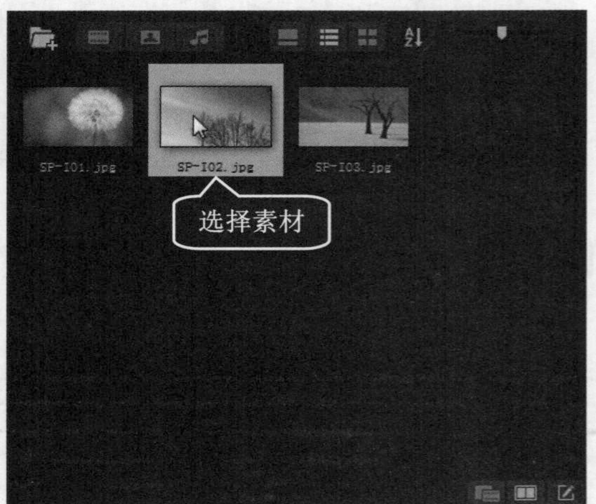

图 3-21

第 3 步 单击并拖动树木图像模板至时间轴面板中的适当位置，如图 3-22 所示。

第 4 步 同时在预览窗口中可以预览添加的树木模板效果，如图 3-23 所示。

图 3-22

图 3-23

3.3.2 应用蒲公英模板

会声会影 2019 提供了蒲公英模板，应用蒲公英模板的方法非常简单。下面介绍应用蒲公英模板的方法。

操作步骤 >> Step by Step

第 1 步 在库面板中单击【显示照片】按钮，如图 3-24 所示。

图 3-24

第 2 步 在“照片”素材库中选择蒲公英图像模板，如图 3-25 所示。

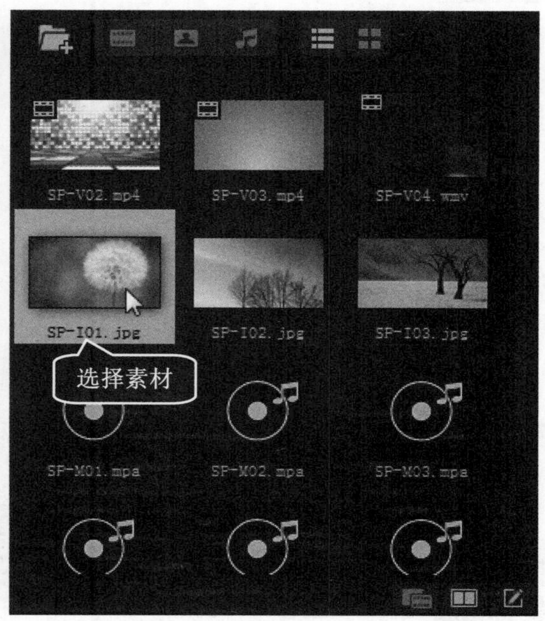

图 3-25

第 3 步 单击并拖动蒲公英图像模板至时间轴面板中的适当位置，如图 3-26 所示。

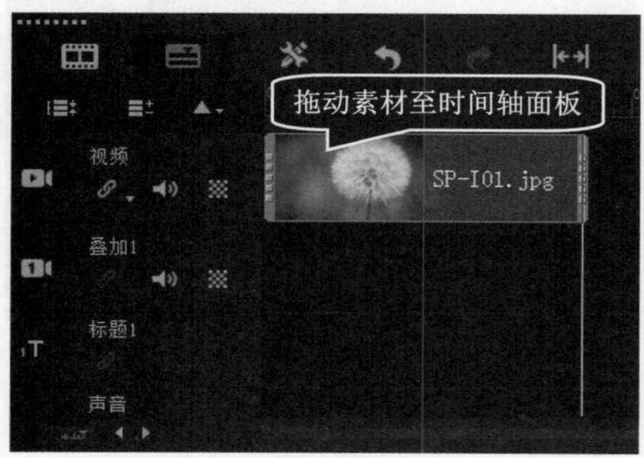

图 3-26

第 4 步 同时在预览窗口中可以预览添加的蒲公英模板效果，如图 3-27 所示。

图 3-27

3.3.3 应用光影模板

会声会影 2019 提供了光影模板，应用光影模板的方法非常简单。下面介绍应用光影模板的方法。

操作步骤 >> Step by Step

第 1 步 在库面板中单击【显示视频】按钮，如图 3-28 所示。

图 3-28

第 2 步 在“视频”素材库中选择光影视频模板，如图 3-29 所示。

图 3-29

第 3 步 单击并拖动光影视频模板至时间轴面板中的适当位置，如图 3-30 所示。

第 4 步 同时在预览窗口中可以预览添加的光影模板效果，如图 3-31 所示。

图 3-30

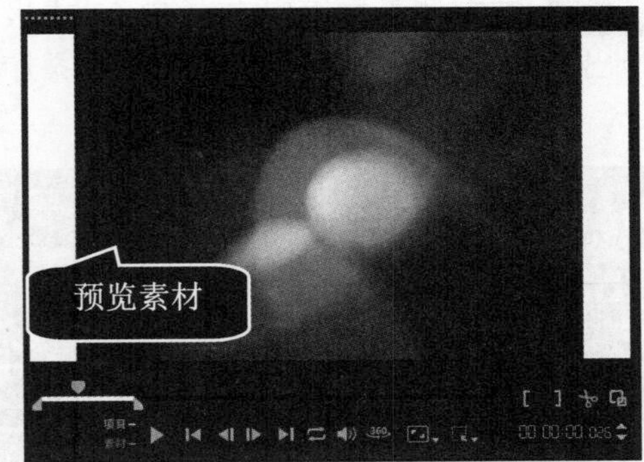

图 3-31

Section 3.4 专题课堂——应用即时项目模板

在会声会影 2019 中，即时项目不仅简化了手动编辑的步骤，而且提供了多种类型的即时项目模板，用户可根据需要选择不同的即时项目模板。本节将详细介绍运用即时项目模板的方法。

3.4.1 应用“开始”项目模板

会声会影 2019 的向导模板可以应用于不同阶段的视频制作中，如“开始”向导模板，用户可将其添加在视频项目的开始处，制作成视频的片头。

配套素材路径：配套素材/第 3 章

素材文件名称：应用“开始”项目模板.VSP

操作步骤 >> Step by Step

第 1 步 新建项目，在素材库的左侧选择【即时项目】选项，如图 3-32 所示。

图 3-32

第 2 步 显示库导航面板，在面板中选择【开始】选项，如图 3-33 所示。

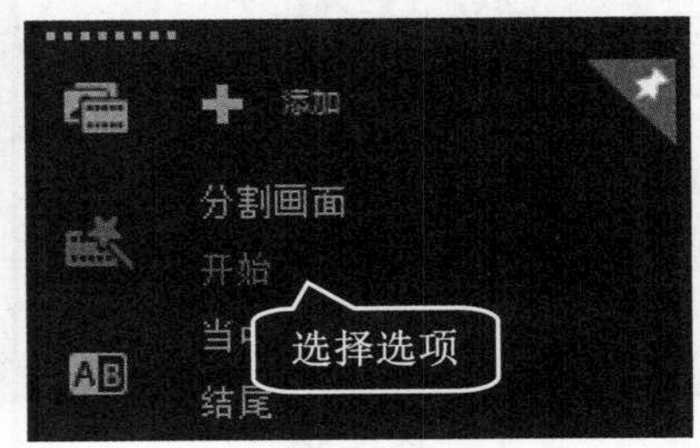

图 3-33

第 3 步 在右侧素材库中右击 IP-02 模板，在弹出的快捷菜单中选择【在开始处添加】命令，如图 3-34 所示。

图 3-34

第 4 步 “开始”项目模板插入至视频轨中，单击导览面板中的【播放】按钮，预览影视片头效果，如图 3-35 所示。

图 3-35

3.4.2 应用“当中”项目模板

在会声会影 2019 的“当中”向导中，提供了多种即时项目模板，每个模板都提供了不一样的素材转场以及标题效果，用户可以根据需要选择不同的模板应用到视频中。

配套素材路径：配套素材/第 3 章

素材文件名称：应用“当中”项目模板.VSP

操作步骤 >> **Step by Step**

第 1 步 新建项目，在素材库的左侧选择【即时项目】选项，如图 3-36 所示。

图 3-36

第 2 步 显示库导航面板，在面板中选择【当中】选项，如图 3-37 所示。

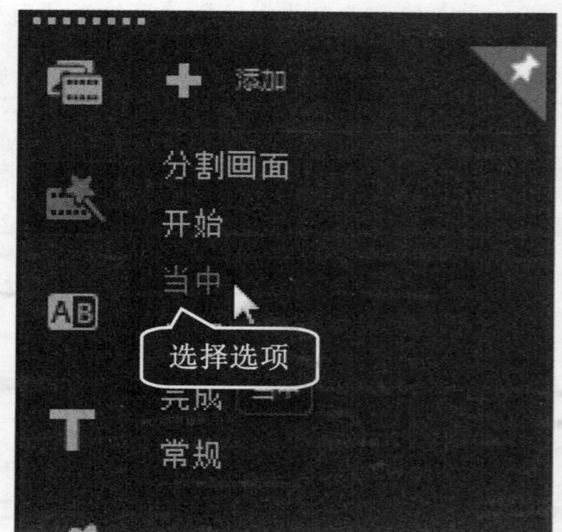

图 3-37

第 3 步　在右侧素材库中单击并拖动 IP-07 模板至时间轴面板中，如图 3-38 所示。

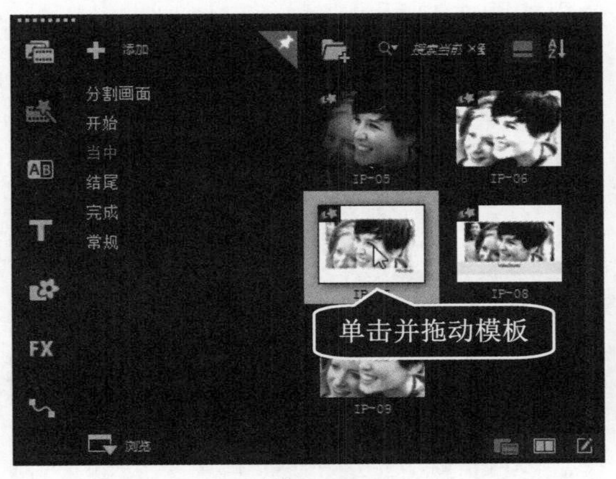

图 3-38

第 4 步　"当中"项目模板插入至视频轨中，单击导览面板中的【播放】按钮，预览模板效果如图 3-39 所示。

图 3-39

3.4.3　应用"结尾"项目模板

在会声会影 2019 的"结尾"向导中，用户可以将其添加在视频项目的结尾处，制作成专业的片尾动画效果。

配套素材路径：配套素材/第 3 章

素材文件名称：应用"结尾"项目模板.VSP

操作步骤 >> **Step by Step**

第 1 步　新建项目，在素材库的左侧选择【即时项目】选项，如图 3-40 所示。

图 3-40

第 2 步　显示库导航面板，在面板中选择【结尾】选项，如图 3-41 所示。

图 3-41

第 3 步 在右侧素材库中单击并拖动 IP-03 模板至时间轴面板中，如图 3-42 所示。

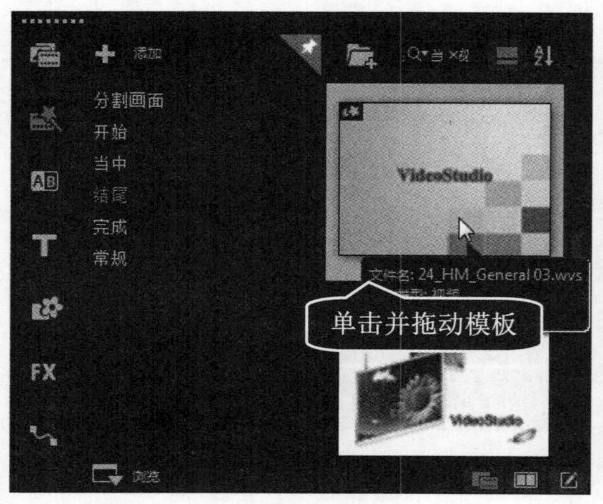

图 3-42

第 4 步 “结尾”项目模板插入至视频轨中，单击导览面板中的【播放】按钮，预览模板效果如图 3-43 所示。

图 3-43

3.4.4 应用“完成”项目模板

在会声会影 2019 中，除了上述 3 种向导外，还为用户提供了“完成”向导模板，在该向导中，用户可以选择相应的视频模板，并将其应用到视频制作中。

配套素材路径：配套素材/第 3 章

素材文件名称：应用“完成”项目模板.VSP

操作步骤 >> Step by Step

第 1 步 新建项目，在素材库的左侧选择【即时项目】选项，如图 3-44 所示。

图 3-44

第 2 步 显示库导航面板，在面板中选择【完成】选项，如图 3-45 所示。

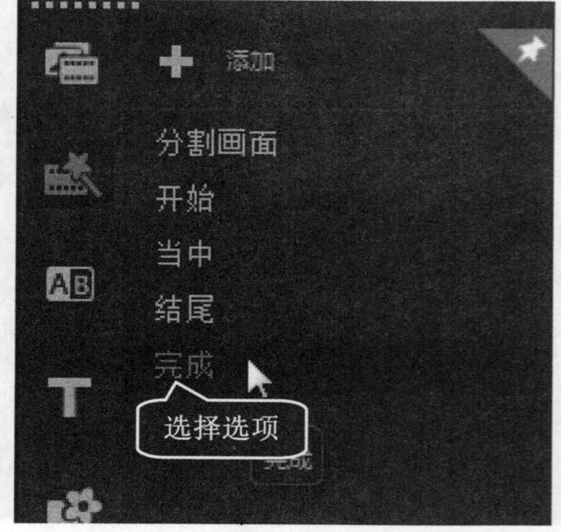

图 3-45

第 3 步　在右侧素材库中单击并拖动 IP-02 模板至时间轴面板中，如图 3-46 所示。

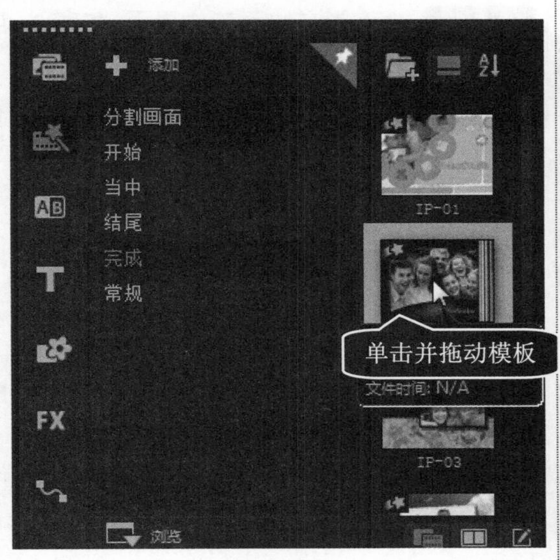

图 3-46

第 4 步　"完成"项目模板插入至视频轨中，单击导览面板中的【播放】按钮，预览模板效果如图 3-47 所示。

图 3-47

专家解读

在会声会影 2019 中，用户还可以根据需要将其他的"完成"即时项目模板拖曳至时间轴面板中进行应用。除了"开始""当中""结尾""完成"几个选项外，用户还可以选择【常规】选项中的模板进行应用。

Section 3.5 实践经验与技巧

在本节的学习过程中，将侧重介绍和讲解与本章知识点有关的实践经验与技巧，主要内容包括应用影音快手模板、应用对象模板以及输出影音文件等方面的知识与操作技巧。

3.5.1 应用影音快手模板

影音快手模板在会声会影 2019 的版本中进行了更新，模板内容更加丰富，该功能非常适合新手，可以让新手快速、方便地制作出视频画面。

操作步骤 >> **Step by Step**

第 1 步 新建项目，*1.* 选择【工具】菜单项，*2.* 在弹出的下拉菜单中选择【影音快手】选项，如图 3-48 所示。

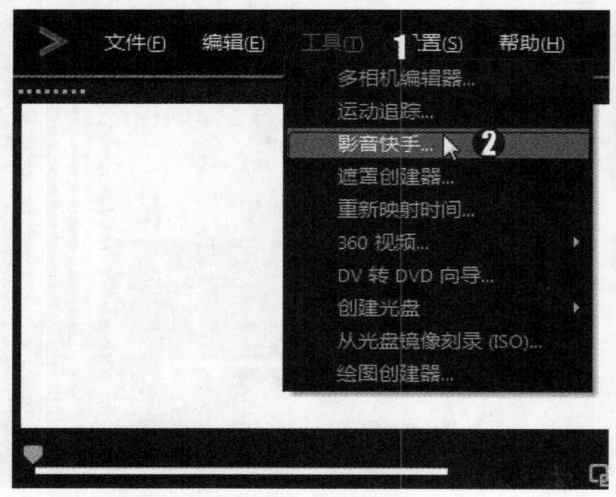

图 3-48

第 2 步 进入影音快手工作界面，如图 3-49 所示。

图 3-49

第 3 步 在右侧的【所有主题】列表框中选择一种视频主题样式，如图 3-50 所示。

图 3-50

第 4 步 在左侧的预览窗口下方单击【播放】按钮，即可观看视频效果，如图 3-51 所示。

图 3-51

一点即通

当用户安装好会声会影 2019 软件后，在系统桌面上会自动生成一个影音快手的快捷方式图标，用户直接在桌面上双击影音快手的快捷方式，即可启动影印快手。

3.5.2 应用对象模板

会声会影 2019 提供了多种类型的对象主题模板，用户可以根据需要将对象主题模板应用到所编辑的视频中，使视频画面更加美观。下面介绍应用对象模板的方法。

配套素材路径：配套素材/第 3 章

素材文件名称：应用对象模板.VSP、雪乡.jpg

操作步骤 >> Step by Step

第 1 步 新建项目，在视频轨中插入一幅素材图像“雪乡.jpg”，如图 3-52 所示。

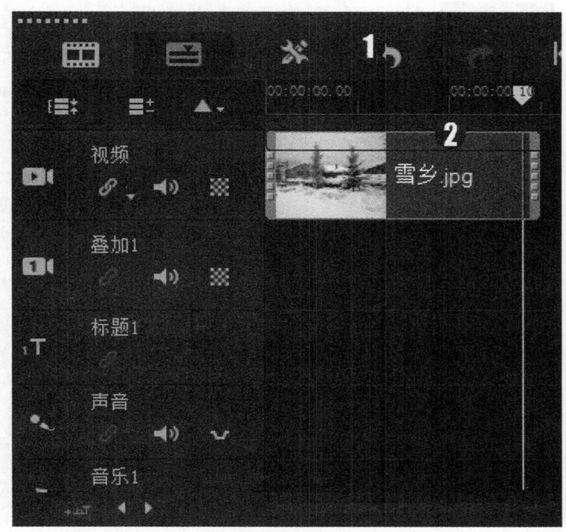

图 3-52

第 2 步 在素材库面板中选择【图形】选项，单击窗口上方的下拉按钮，在弹出的下拉列表中选择【对象】选项，如图 3-53 所示。

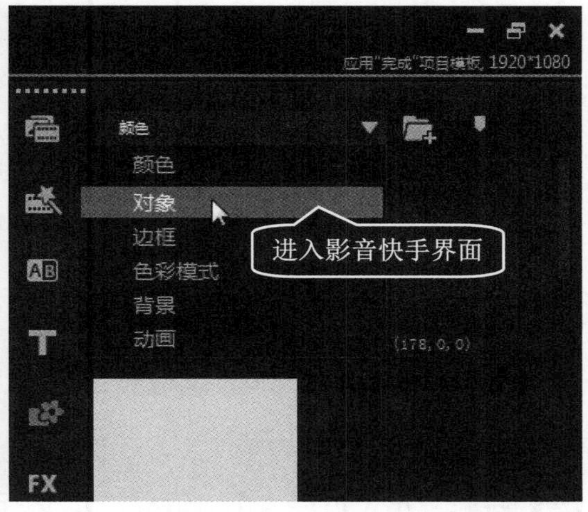

图 3-53

第 3 步 打开【对象】素材库，其中显示了多种类型的对象模板，选择 OB-13 模板，如图 3-54 所示。

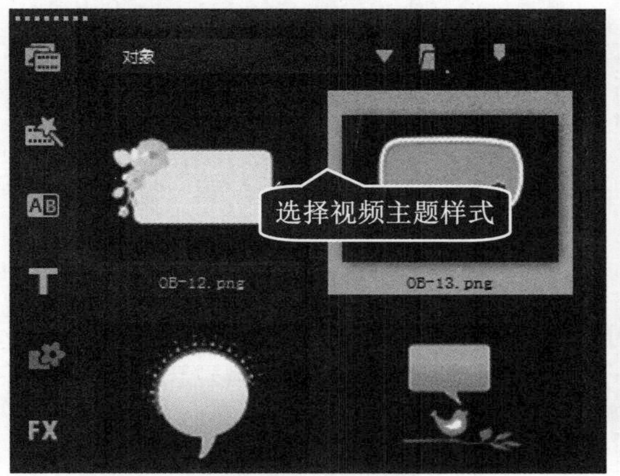

图 3-54

第 4 步 单击并拖动 OB-13 模板至时间轴上的“叠加 1”轨道上，通过以上步骤即可完成应用对象模板的操作，如图 3-55 所示。

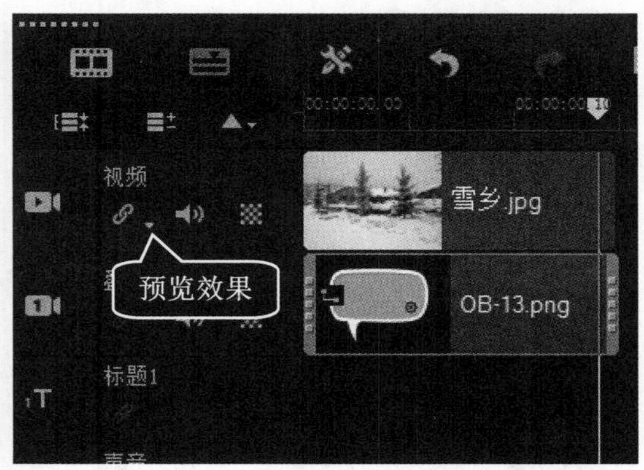

图 3-55

3.5.3 输出影音文件

当用户选择好影音模板并添加相应的视频素材后，最后一步即为输出制作的影视文件，使其可以在任意播放器中进行播放，并永久珍藏。

配套素材路径：配套素材/第 3 章

素材文件名称：输出影音文件.avi、童年.vfp

操作步骤 >> Step by Step

第 1 步 在影音快手软件中打开素材文件"童年"，单击界面左下角的【保存和共享】按钮，如图 3-56 所示。

图 3-56

第 2 步 进入【保存和共享】界面，***1.*** 选择 AVI 选项，***2.*** 单击【文件位置】右侧的【浏览】按钮，如图 3-57 所示。

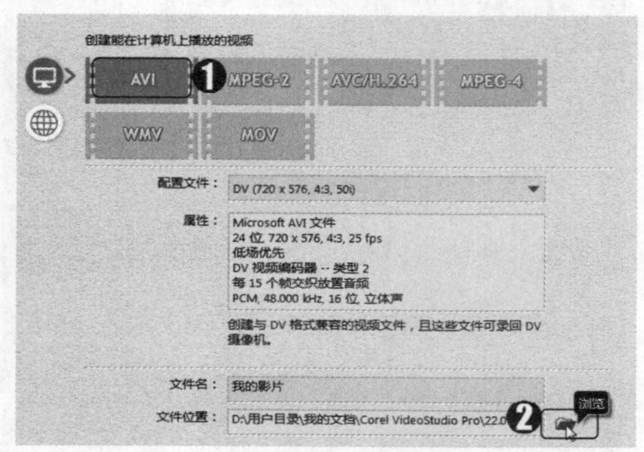

图 3-57

第 3 步 弹出【另存为】对话框，***1.*** 选择保存位置，***2.*** 在【文件名】文本框中输入名称，***3.*** 单击【保存】按钮，如图 3-58 所示。

图 3-58

第 4 步 返回影音快手界面，在左侧单击【保存电影】按钮，如图 3-59 所示。

图 3-59

第 5 步 视频输出完成后，弹出提示信息框，提示用户影片已经输出成功，单击【确定】按钮即可完成输出影音文件的操作，如图 3-60 所示。

图 3-60

3.5.4 应用颜色模板

在会声会影 2019 中的照片素材上，用户可以根据需要应用颜色模板效果，下面介绍应用颜色模板的方法。

配套素材路径：配套素材/第 3 章

素材文件名称：小船.VSP、小船.jpg、应用颜色模板.VSP

操作步骤 >> **Step by Step**

第 1 步 进入会声会影 2019 的编辑界面，执行【文件】→【打开项目】命令，打开名为“小船.jpg”的项目文件，如图 3-61 所示。

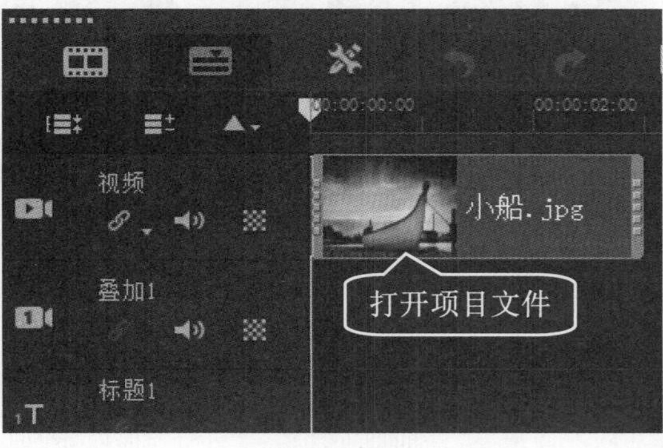

图 3-61

第 2 步 ***1.*** 在素材库面板中选择【图形】选项，***2.*** 单击窗口上方的下拉按钮，***3.*** 在弹出的下拉列表中选择【颜色】选项，如图 3-62 所示。

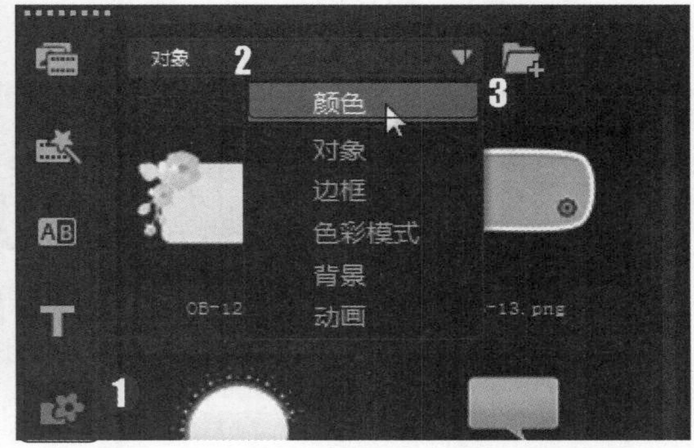

图 3-62

第 3 步 切换至颜色素材库，其中显示了多种颜色的模板，选中一个颜色模板，如图 3-63 所示。

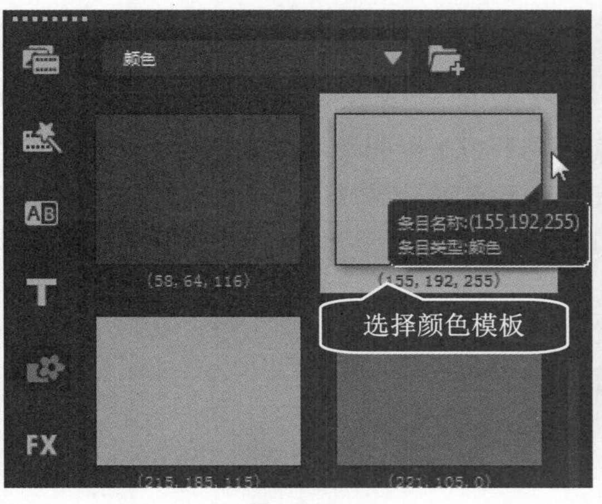

图 3-63

第 4 步 将其拖至时间轴的适当位置，如图 3-64 所示。

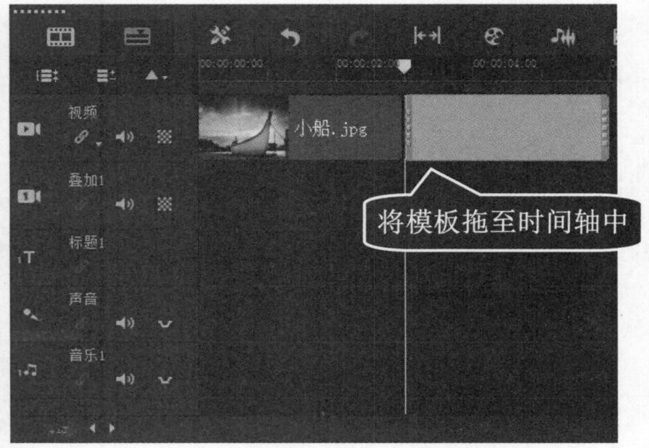

图 3-64

第 5 步 ***1.*** 在素材库中选择【转场】选项，***2.*** 选择【过滤】特效组，***3.*** 选中【交叉淡化】效果，如图 3-65 所示。

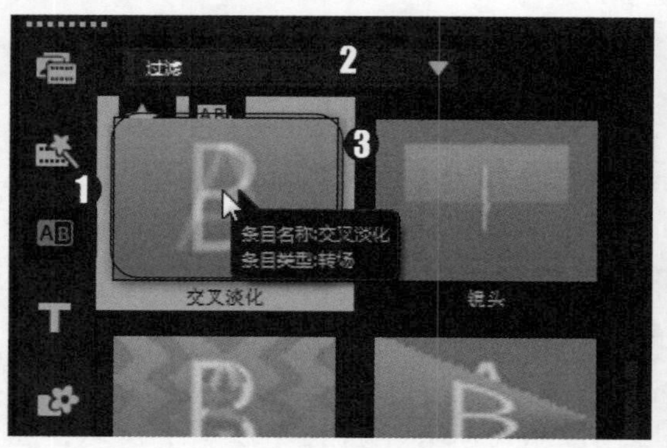

图 3-65

第 6 步 将转场效果拖至时间轴中的素材与颜色模板之间，通过以上步骤即可完成应用颜色模板的操作，如图 3-66 所示。

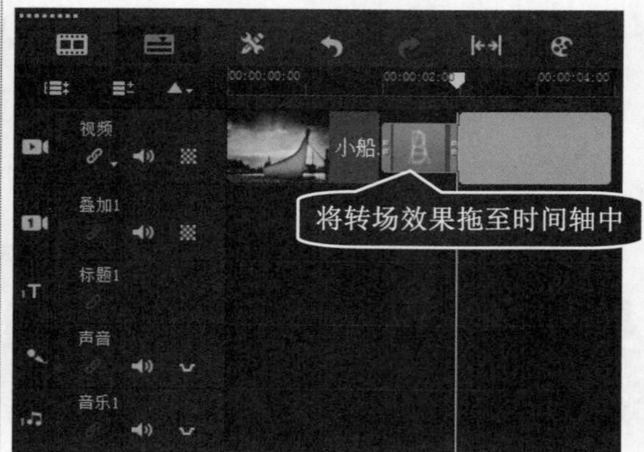

图 3-66

Section 3.6 思考与练习

通过对本章内容的学习，读者可以掌握应用素材库与视频模板的基本知识以及一些常见的操作方法，在本节中将针对本章知识点进行相关知识测试，以达到巩固与提高的目的。

1. 填空题

(1) 在会声会影 2019 中，素材库包括__________、即时项目、__________、标题、图形、滤镜和__________等 7 个类型的素材。

(2) 管理素材库的操作包括加载视频素材、__________、__________以及创建库项目等内容。

2. 判断题

(1) 在素材库中导入素材文件后，在【素材库】面板中选择准备预览的素材文件，在【预览】面板中，单击【播放】按钮，即可完成预览素材的操作。 ( )

(2) 会声会影 2019 中只提供了一种类型的主题模板。 ( )

3. 思考题

(1) 如何应用“完成”项目模板？

(2) 如何删除素材文件？

第 4 章

捕获与添加媒体素材

- ❖ 捕获视频素材
- ❖ 捕获静态图像
- ❖ 捕获定格动画
- ❖ 捕获视频练习

本章主要介绍了捕获视频素材、捕获静态图像和捕获定格动画方面的知识与技巧，在本章的最后还针对实际的工作需求，讲解了将图像导入定格动画项目、屏幕捕捉和在时间轴中交换轨道的方法。通过对本章内容的学习，读者可以掌握捕获与添加媒体素材方面的知识，为深入学习会声会影 2019 的知识奠定基础。

Section 4.1 捕获视频素材

在通常情况下，视频编辑的第一步是捕获视频素材。会声会影 2019 的捕获功能比较强大，用户在捕获 DV 视频时，可以将其中的一帧图像捕获成静态图像。本节主要介绍捕获视频素材的操作方法。

4.1.1 认识【捕获】选项面板

使用会声会影 2019 捕获视频之前，用户首先需要对【捕获】选项面板进行了解，以便更好地掌握捕获视频的技巧。下面详细介绍【捕获】选项面板方面的知识。

将拍摄设备与电脑连接后，在会声会影 2019 中选择【捕获】标签，这样即可打开【捕获】选项面板，如图 4-1 所示。

图 4-1

- 【捕获视频】按钮：单击此按钮，用户可以将视频镜头和照片从摄像机捕获到计算机中。
- 【DV 快速扫描】按钮：单击此按钮，程序可以扫描用户的 DV 磁带，并选择想要添加到用户影片的场景。
- 【从数字媒体导入】按钮：单击此按钮，用户可以从 DVD-Video/DVD-VR、AVCHD、BDMV 格式的光盘或从硬盘中添加媒体素材。此功能还允许用户直接从 AVCHD、 Blu-ray 光盘或 DVD 摄像机导入视频。
- 【定格动画】按钮：单击此按钮，用户可以使用从照片和视频捕获设备中捕获的图像，制作即时定格动画。

- MultiCam Capture 按钮：单击此按钮，用户可以创建捕获所有计算机操作和屏幕上显示元素的屏幕捕获视频。

4.1.2 设置捕获参数

将拍摄设备与计算机连接后，在【捕获】选项面板中单击【捕获视频】按钮，即可进入【捕获视频】面板，可从中进行捕获参数设置的操作，如图 4-2 所示。

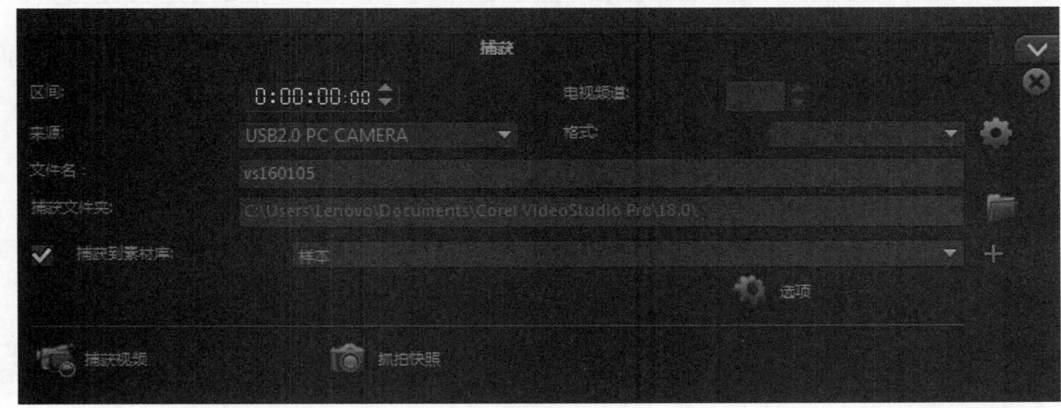

图 4-2

- 【区间】选项：用于设置捕获时间的长度。
- 【来源】选项：显示检测到的捕获设备驱动程序。
- 【格式】选项：在此选择文件格式，用于保存捕获的视频。
- 【文件名】选项：用于指定已捕获文件的前缀。
- 【捕获文件夹】选项：保存捕获文件的位置。
- 【选项】按钮：单击此按钮，在弹出的下拉菜单中，用户可以打开与捕获驱动程序有关的对话框，如图 4-3 和图 4-4 所示。

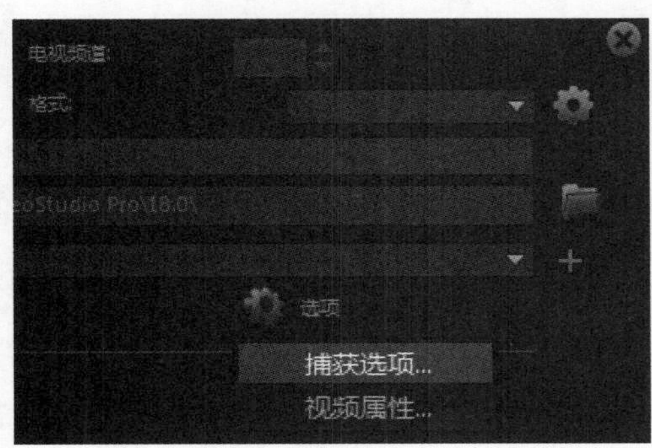

图 4-3

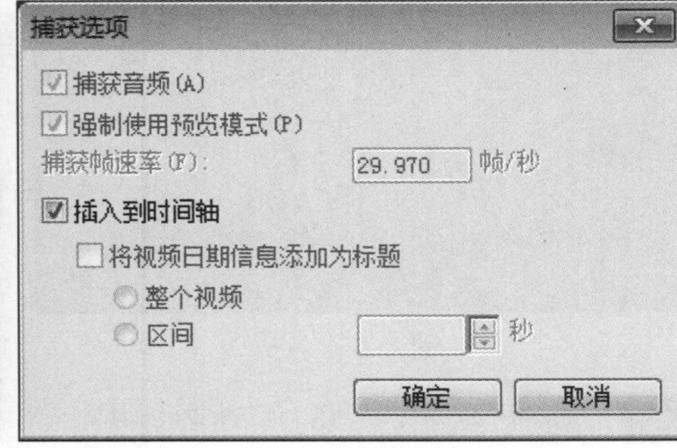

图 4-4

- 【按场景分割】复选框：选中此复选框，按照录制的日期和时间，自动将捕获的视频分割成多个文件。应注意的是，此功能仅在从 DV 摄像机中捕获视频时

使用。

➢ 【捕获到素材库】复选框：选中此复选框，选择或创建用户想要保存视频的素材库文件夹。

➢ 【捕获视频】按钮：单击此按钮，开始从安装的视频输入设备中捕获视频。

➢ 【抓拍快照】按钮：单击此按钮，用户可以将视频输入设备中的当前帧作为静态图像捕获到会声会影 X8 中。

4.1.3 捕获计算机中的视频

用户可以将计算机中的视频插入会声会影中。下面详细介绍从计算机中捕获视频的方法。

配套素材路径：配套素材/第 4 章

素材文件名称：机场.mp4

操作步骤 >> **Step by Step**

第 1 步 进入会声会影 2019 的编辑界面，***1.*** 选择【文件】菜单，***2.*** 在弹出的下拉菜单中选择【将媒体文件插入到时间轴】命令，***3.*** 在弹出的子菜单中选择【插入视频】命令，如图 4-5 所示。

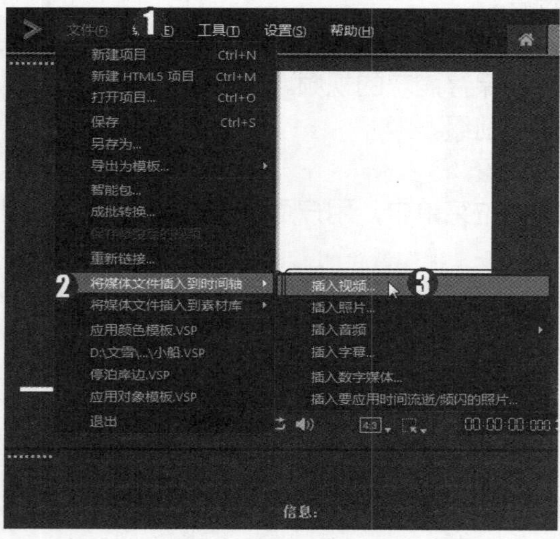

图 4-5

第 2 步 弹出【打开视频文件】对话框，***1.*** 选择视频所在位置，***2.*** 选中视频文件，***3.*** 单击【打开】按钮，如图 4-6 所示。

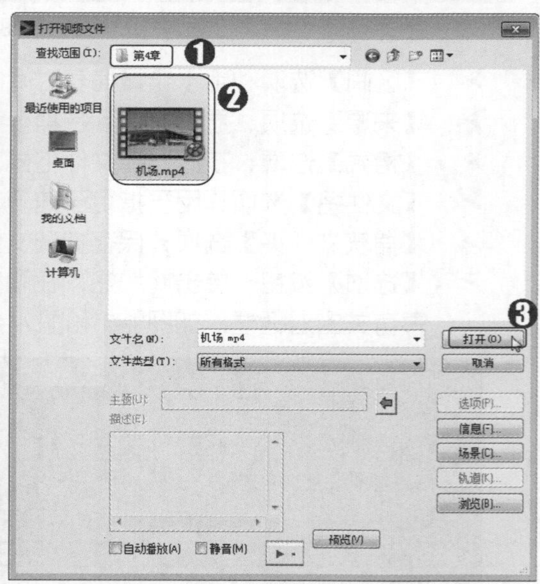

图 4-6

第 3 步 素材已经插入到时间轴面板中，如图 4-7 所示。

第 4 步 在导览窗口中单击【播放】按钮即可预览效果。通过以上步骤即可完成捕获视频的操作，如图 4-8 所示。

图 4-7

图 4-8

知识拓展

在会声会影 2019 中，用户除了可以将计算机中的视频插入编辑器中进行捕获外，还可以从 DV 摄像机、安卓手机、苹果手机及 iPad 中捕获视频。

Section 4.2 捕获静态图像

在会声会影 2019 中，用户还可以从视频文件中捕获静态图像。本节将详细介绍捕获静态图像的相关知识，包括设置捕获图像参数、找到图像位置以及捕获静态图像等内容。

4.2.1 设置捕获图像参数

在捕获图像前，首先需要对捕获参数进行设置。用户只需在菜单栏中进行相应操作，即可快速完成参数的设置。下面详细介绍设置捕获参数的方法。

操作步骤 >> Step by Step

第 1 步 进入会声会影 2019 的编辑界面，*1.* 选择【设置】菜单，*2.* 在弹出的下拉菜单中选择【参数选择】命令，如图 4-9 所示。

第 2 步 弹出【参数选择】对话框，*1.* 切换到【捕获】选项卡，*2.* 在【捕获格式】下拉列表框中选择 JPEG 选项，*3.* 单击【确定】按钮即可完成设置捕获参数的操作，如图 4-10 所示。

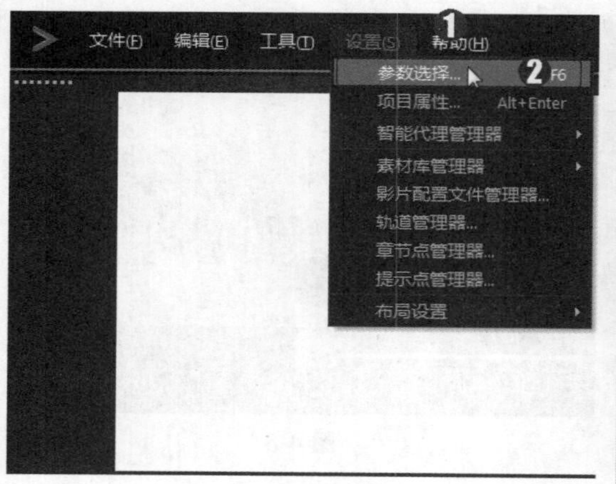

图 4-9

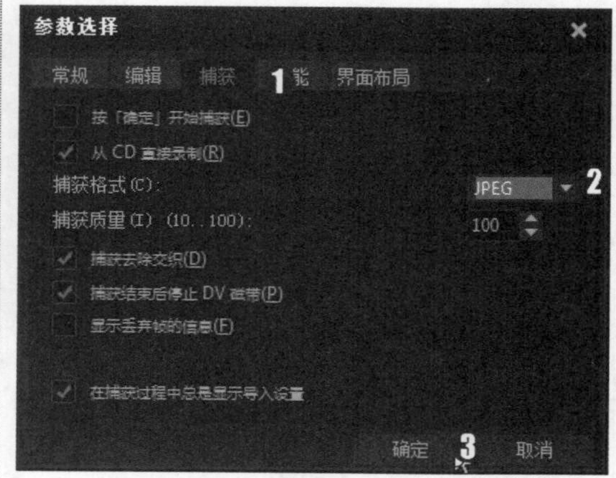

图 4-10

知识拓展

捕获的图像长宽取决于原始视频，图像格式可以是 BITMAP 或 JPEG，默认选项为 BITMAP，它的图像质量比 JPEG 要好，但文件较大。在【捕获】选项卡中勾选【捕获去除交织】复选框，捕获图像时将使用固定的分辨率，而非采用交织图像的渐进式图像分辨率，这样捕获后的图像就不会产生锯齿。

4.2.2 找到图像位置

在会声会影 2019 中，设置捕获图像的参数后，用户即可设置静态图像的保存路径，方便用户查找和使用。下面将详细介绍找到图像位置的操作方法。

操作步骤 >> Step by Step

第 1 步 进入会声会影 2019 的编辑界面，*1.* 切换到【捕获】选项卡，*2.* 在【捕获】选项卡中单击【捕获视频】按钮，如图 4-11 所示。

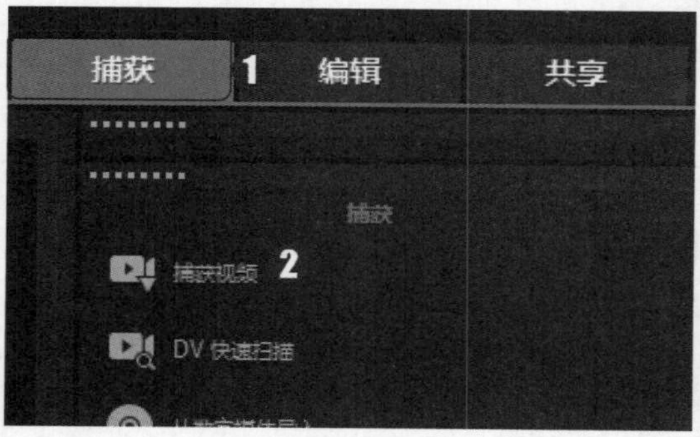

图 4-11

第 2 步 进入【捕获视频】面板，单击【捕获文件夹】按钮，如图 4-12 所示。

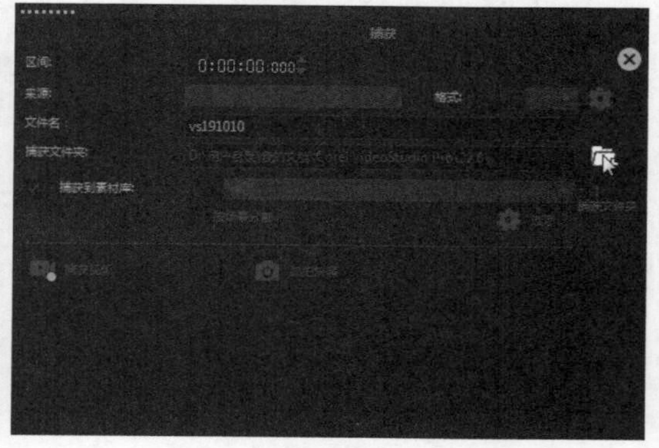

图 4-12

第 3 步 弹出【浏览文件夹】对话框，***1.*** 选择准备存放静态图像的磁盘位置，***2.*** 单击【确定】按钮即可完成找到图像位置的操作，如图 4-13 所示。

■ **指点迷津**

用户选择的图像文件夹尽量为固定且容易记住的位置，不要经常改动图像的存放位置；否则可能找不到捕获的图像。

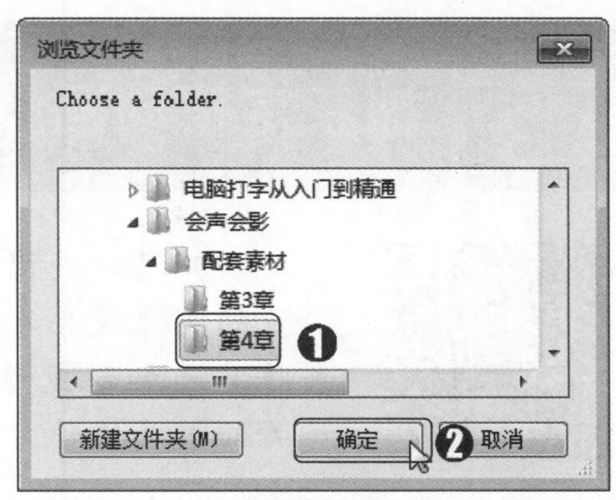

图 4-13

4.2.3 捕获静态图像

设置静态图像捕获的路径后，用户即可开始捕获静态图像。下面将详细介绍捕获静态图像的操作方法。

操作步骤 >> Step by Step

第 1 步 在【捕获】选项卡中，单击【抓拍快照】按钮，如图 4-14 所示。

图 4-14

第 2 步 此时，会显示刚刚抓拍的图像，并且已经被保存在指定的文件夹中，如图 4-15 所示。

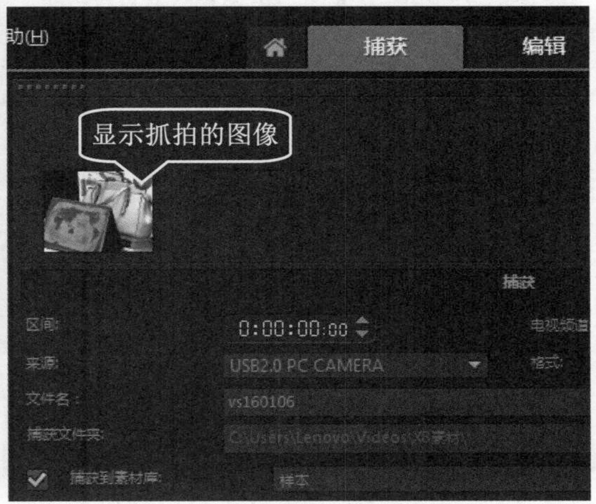

图 4-15

知识拓展

在会声会影 2019 中，用户可以对捕获完成的静态图像进行编辑，在步骤面板中切换到【编辑】选项卡，即可进入静态图像的编辑界面。

Section 4.3 捕获定格动画

用户可以使用从 DV/HDV 摄像机、网络摄像头或 DSLR 捕获的图像或导入的照片，直接在会声会影中创建定格动画，并将其添加到视频项目中。本节将详细介绍捕获定格动画的相关知识及操作方法。

4.3.1 创建定格动画项目

在使用会声会影 2019 捕获定格动画之前，用户需要创建一个定格动画项目。下面将详细介绍创建定格动画项目的操作方法。

操作步骤 >> Step by Step

第 1 步 启动会声会影 2019，**1.** 切换到【捕获】选项卡，**2.** 在【捕获】选项卡中单击【定格动画】按钮，如图 4-16 所示。

图 4-16

第 2 步 弹出【定格动画】对话框，单击左上角的【创建】按钮，如图 4-17 所示。

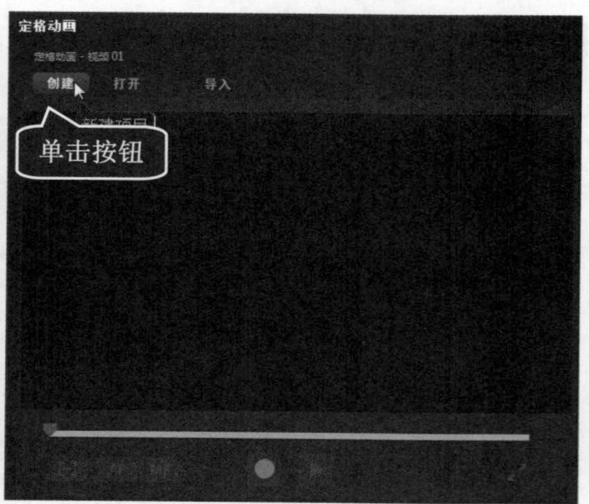

图 4-17

第 3 步 创建完新的项目后，**1.** 在【项目名称】文本框中输入定格动画项目的名称，**2.** 在【捕获文件夹】选项中指定或查找想要保存素材的文件夹，**3.** 在【保存到库】下拉列表中选择一个现有的库文件夹来保存定格动画项目，即可完成创建定格动画项目的操作，如图 4-18 所示。

图 4-18

4.3.2 捕获定格动画

创建完定格动画项目后，用户就可以捕获定格动画了，并将其保存到素材库中。下面将详细介绍捕获定格动画的操作方法。

操作步骤 >> Step by Step

第 1 步 在【定格动画】对话框中，单击【预览】窗口下方的【捕获图像】按钮，如图 4-19 所示。

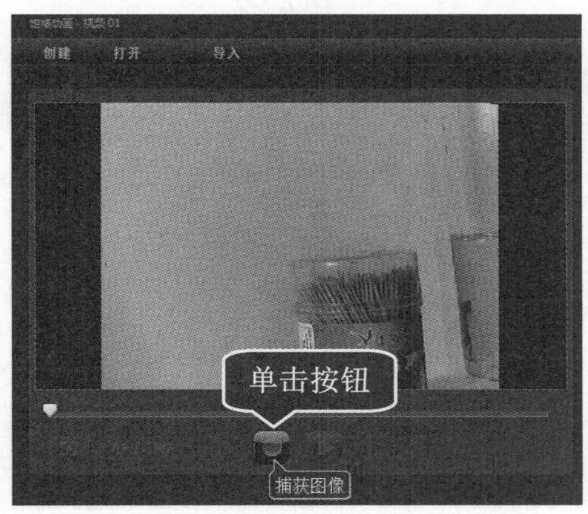

图 4-19

第 2 步 重复上一步的操作，单击【捕获图像】按钮，直至捕获到足够的定格动画，然后单击【保存】按钮即可完成捕获定格动画的操作，如图 4-20 所示。

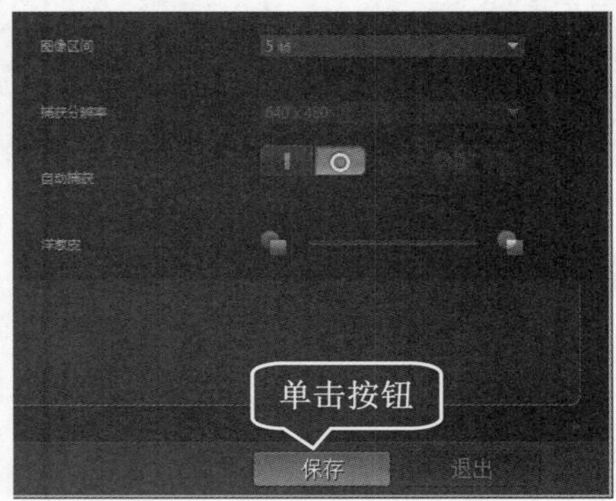

图 4-20

知识拓展

在【定格动画】对话框的右侧包括【定格动画设置】选项和【DSLR 设置】选项，【定格动画设置】选项中包括图像区间、捕获分辨率以及时间间隔参数的设置；【DSLR 设置】选项中包括光圈、快门速度等选项的设置。

4.3.3 打开现有的定格动画项目

在会声会影中创建的定格动画项目都是*uisx 图像序列格式。下面将详细介绍打开现有的定格动画项目的方法。

操作步骤 >> Step by Step

第 1 步 在【定格动画】对话框中单击【打开】按钮，如图 4-21 所示。

第 2 步 弹出【打开项目】对话框，***1.*** 选择准备打开的项目所在的文件夹，***2.*** 选择准备打开的项目，***3.*** 单击【打开】按钮，如图 4-22 所示。

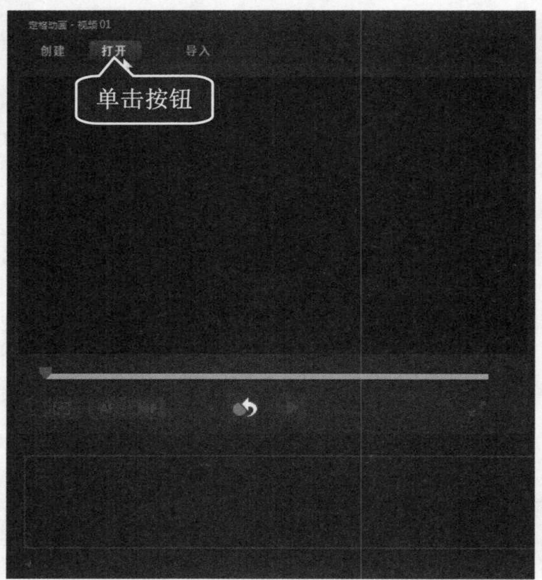

图 4-21

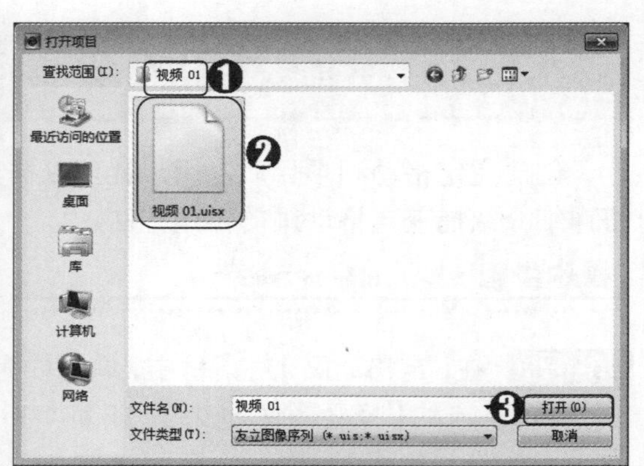

图 4-22

第 3 步 返回到【定格动画】对话框中，可以看到选择的定格动画项目已被打开，这样即可完成打开现有的定格动画项目的操作，如图 4-23 所示。

图 4-23

4.3.4 播放定格动画项目

在【定格动画】对话框下的【预览】窗口中单击【播放】按钮，即可播放预览定格动画项目，如图 4-24 所示。

图 4-24

专题课堂——捕获视频练习

本节将通过具体实例练习讲解捕获视频的方法，包括从安卓手机中捕获视频的方法、按照指定的时间长度捕获视频的方法以及在时间轴中插入与删除轨道的方法。

4.4.1 从安卓手机中捕获视频

安卓是一个基于 Linux 内核系统的操作系统，下面介绍从安卓手机中捕获视频的具体操作方法。

操作步骤 >> Step by Step

第 1 步 在 Windows 7 操作系统中，打开【计算机】窗口，在安卓手机的内存磁盘上右击，在弹出的快捷菜单中选择【打开】命令，如图 4-25 所示。

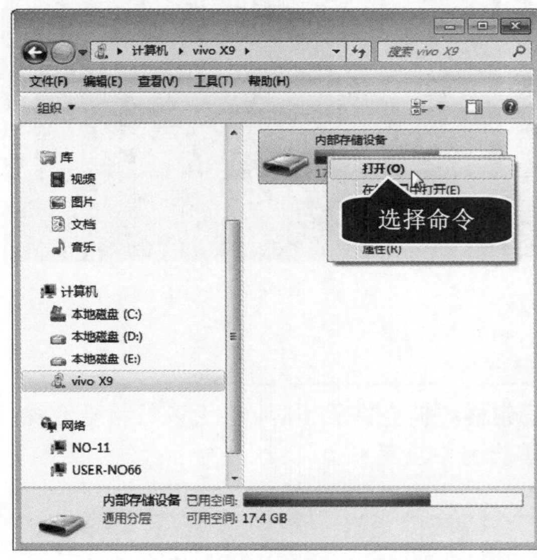

图 4-25

第 2 步 打开手机移动磁盘中的文件夹，右击视频文件，在弹出的快捷菜单中选择【复制】命令，如图 4-26 所示。

图 4-26

第 3 步 打开计算机中的文件夹，右击文件夹空白处，在弹出的快捷菜单中选择【粘贴】命令，如图 4-27 所示。

第 4 步 手机中的视频文件已经被复制到计算机中，如图 4-28 所示。

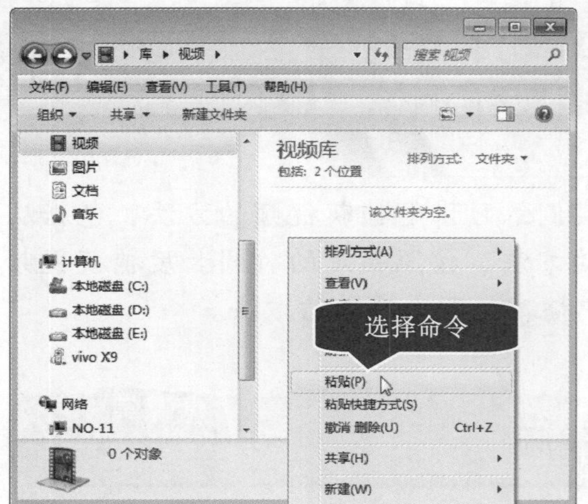

图 4-27

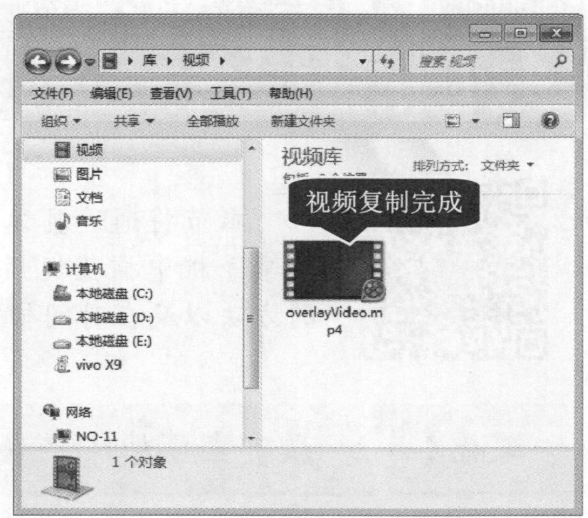

图 4-28

第 5 步 将视频文件拖曳至会声会影编辑器的视频轨中，如图 4-29 所示。

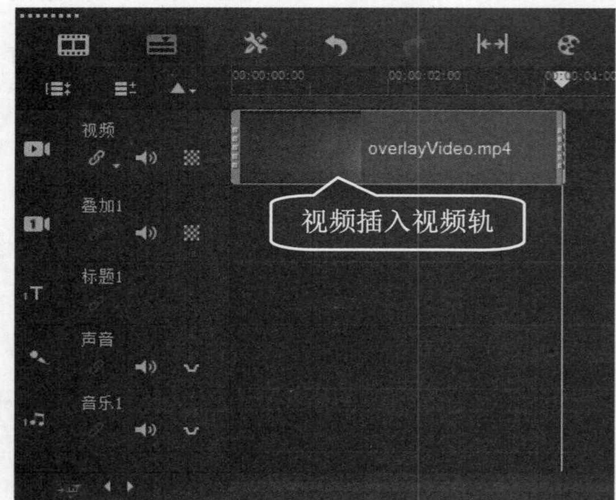

图 4-29

第 6 步 在导览面板中单击【播放】按钮即可预览安卓手机中拍摄的视频画面，如图 4-30 所示。

图 4-30

专家解读

根据智能手机的类型和品牌不同，拍摄的视频格式也会有所不同，但大多数拍摄的视频格式会声会影都支持，都可以导入会声会影编辑器中应用。

4.4.2 按照指定的时间长度捕获视频

使用会声会影 2019 捕获视频时，用户可以指定要捕获的时间长度。下面将详细介绍按照指定的时间长度捕获视频的操作方法。

操作步骤 >> Step by Step

第 1 步　启动会声会影 2019，在【捕获】选项卡中单击【捕获视频】按钮，如图 4-31 所示。

图 4-31

第 2 步　在【导览】面板中单击【播放】按钮，这样可以在【预览】窗口中显示需要捕获的起始帧位置，如图 4-32 所示。

图 4-32

第 3 步　在【捕获视频】选项面板中，***1.*** 在【区间】微调框中设置捕获视频指定的时间长度，***2.*** 单击【捕获视频】按钮，如图 4-33 所示。

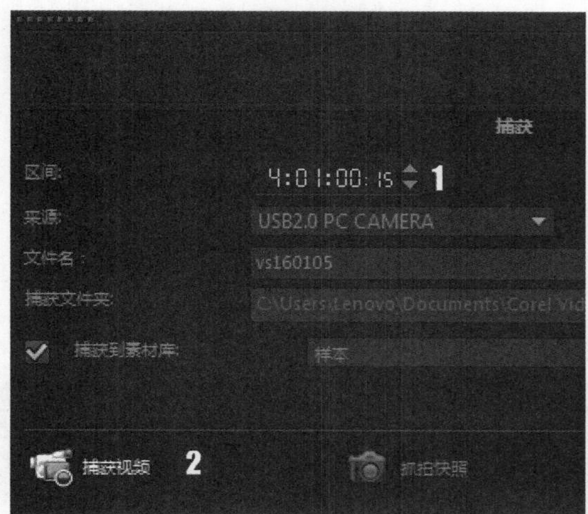

图 4-33

第 4 步　在捕获视频的过程中，当捕获到指定时间长度后，程序将自动停止，捕获的视频将显示在素材库中，通过以上步骤即可完成按照指定的时间长度捕获视频的操作，如图 4-34 所示。

图 4-34

4.4.3 在时间轴中插入与删除轨道

用户可以对时间轴中的轨道数量进行管理，下面详细介绍在时间轴中插入与删除轨道的操作方法。

操作步骤 >> Step by Step

第 1 步 启动会声会影 2019，在时间轴面板中单击【轨道管理器】按钮，如图 4-35 所示。

图 4-35

第 2 步 弹出【轨道管理器】对话框，*1.* 设置【覆叠轨】选项数值为 2，*2.* 单击【确定】按钮，如图 4-36 所示。

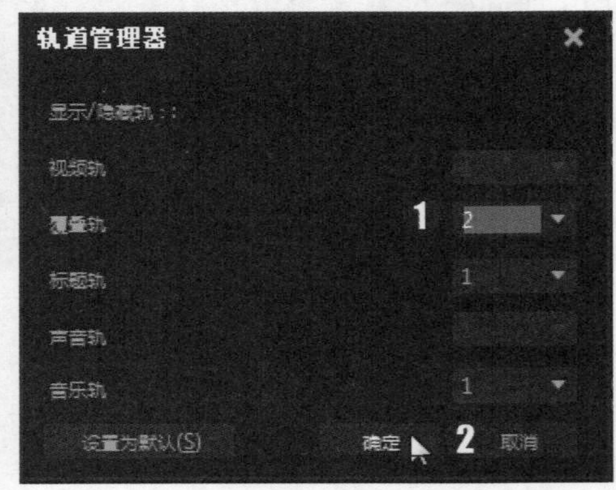

图 4-36

第 3 步 返回时间轴面板中，可以看到覆叠轨由原来的一条变为两条，如图 4-37 所示。

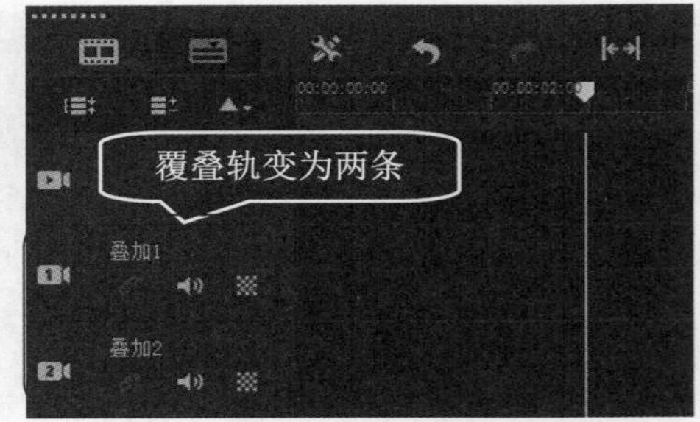

图 4-37

Section 4.5 实践经验与技巧

在本节的学习过程中，将侧重介绍和讲解与本章知识点有关的实践经验与技巧，主要内容包括将图像导入定格动画项目、屏幕捕捉以及在时间轴中交换轨道等方面的知识与操作技巧。

4.5.1 将图像导入定格动画项目

在【定格动画】对话框中，用户还可以将一些图像素材导入到定格动画项目中，从而更好地编辑定格动画项目。下面将详细介绍将图像导入定格动画项目的操作方法。

操作步骤 >> Step by Step

第 1 步 在【定格动画】对话框中单击【导入】按钮，如图 4-38 所示。

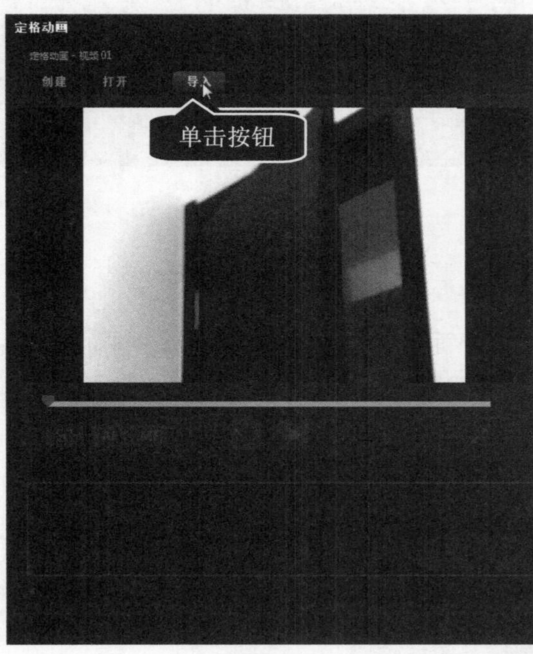

图 4-38

第 2 步 弹出【导入图像】对话框，***1.*** 选择图像所在位置，***2.*** 选中图像，***3.*** 单击【打开】按钮，如图 4-39 所示。

图 4-39

第 3 步 返回到【定格动画】对话框中，可以看到，选择的图像已被添加到定格动画项目中，这样即可完成将图像导入定格动画项目的操作，如图 4-40 所示。

图 4-40

4.5.2 屏幕捕捉

会声会影 2019 具有屏幕捕捉的功能，运用屏幕捕捉功能，用户可以捕捉完整或部分的屏幕。下面将详细介绍使用屏幕捕捉的操作方法。

操作步骤 >> Step by Step

第 1 步 启动会声会影 2019，在【捕获】面板中单击 MultiCam Capture 按钮，如图 4-41 所示。

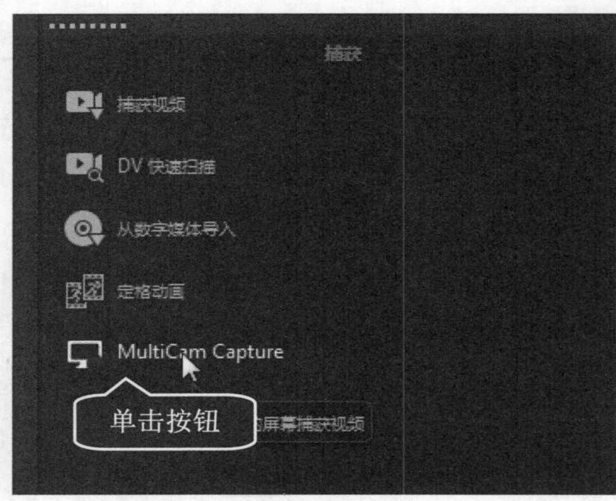

图 4-41

第 2 步 弹出 MultiCam Capture Lite 窗口，用户即可进行屏幕捕捉操作，如图 4-42 所示。

图 4-42

MultiCam Capture Lite 窗口中包含一个独立的小面板，如图 4-43 所示，在该面板中用户可以设置屏幕捕捉项目文件的名称、保存位置等参数。

图 4-43

4.5.3 在时间轴中交换轨道

在会声会影 2019 中，用户可以对覆叠轨中的素材进行轨道交换操作，调整轨道中素

材的叠放顺序。下面介绍在时间轴中交换轨道的方法。

配套素材路径：配套素材/第 4 章

素材文件名称：风景.VSP、背景素材.png、风景(1).jpg、风景(2).jpg

操作步骤 >> Step by Step

第 1 步 启动会声会影 2019，打开名为“风景”的项目素材文件，在时间轴中可以看到打开的项目文件，如图 4-44 所示。

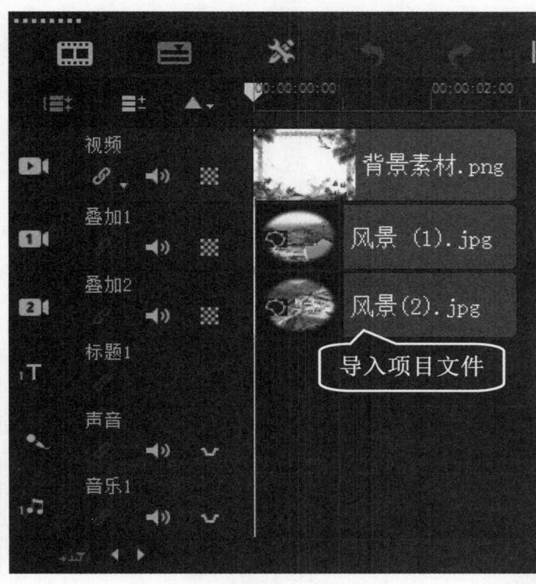

图 4-44

第 2 步 用鼠标右击【叠加 2】轨道图标，在弹出的快捷菜单中选择【交换轨】→【覆叠轨#1】命令，如图 4-45 所示。

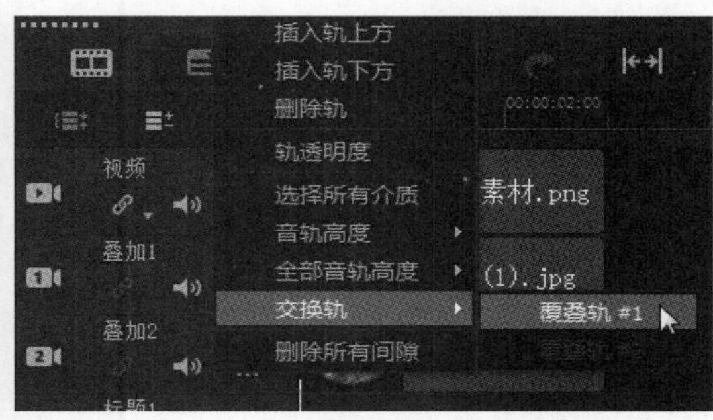

图 4-45

第 3 步 可以看到【叠加 1】和【叠加 2】轨道上的素材已经交换。通过以上步骤即可完成在时间轴中交换轨道的操作，如图 4-46 所示。

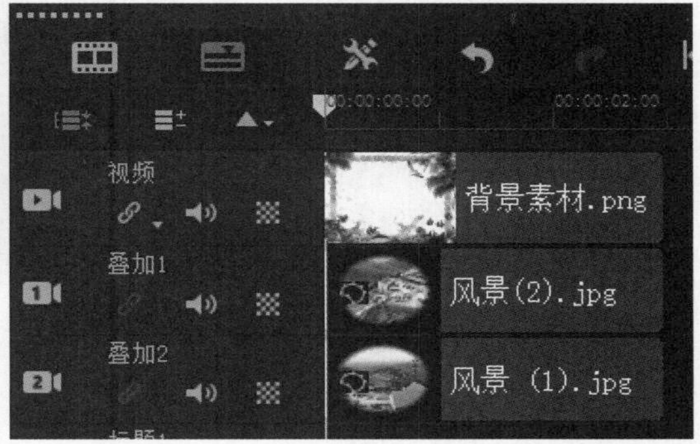

图 4-46

Section 4.6 思考与练习

通过对本章内容的学习，读者可以掌握捕获与添加媒体素材的基本知识以及一些常见的操作方法，在本节中将针对本章知识点进行相关知识测试，以达到巩固与提高的目的。

1. 填空题

(1) 在【捕获】面板包括__________、【DV 快速扫描】按钮、【从数字媒体导入】按钮、__________以及 MultiCam Capture 按钮。

(2) 在会声会影 2019 中，用户除了可以将计算机中的视频插入编辑器中进行捕获外，还可以从__________、安卓手机、__________以及__________捕获视频。

2. 判断题

(1) 在通常情况下，视频编辑的第一步是捕获视频素材。 ( )

(2) 捕获的图像长宽取决于原始视频，图像格式可以是 BITMAP 或 JPEG，默认选项为 JPEG，它的图像质量比 BITMAP 要好，但文件较大。 ( )

3. 思考题

(1) 如何捕获静态图像?

(2) 如何将图像导入定格动画项目?

第 5 章

编辑与调整媒体素材

本章要点

- ❖ 添加与编辑素材
- ❖ 修整视频素材
- ❖ 摇动缩放和路径特效
- ❖ 修整图像素材

本章主要介绍了添加与编辑素材、修整视频素材、摇动缩放和路径特效以及修整图像素材方面的知识与技巧，在本章的最后还针对实际的工作需求，讲解了反转播放视频画面、调整素材显示顺序、旋转素材和调整图像清晰度的方法。通过对本章内容的学习，读者可以掌握编辑与调整媒体素材方面的知识，为深入学习会声会影 2019 知识奠定基础。

Section

5.1 添加与编辑素材

在会声会影 2019 中，用户除了从摄像机直接捕获视频外，还可以将保存到硬盘上的视频素材、图像素材、色彩素材或者音频素材添加到项目文件中。本节将详细介绍添加素材到视频轨的相关知识及操作方法。

5.1.1 添加视频素材到视频轨

在会声会影 2019 中，将视频素材添加到视频轨中是编辑视频的第一步。下面详细介绍添加视频素材到视频轨的方法。

1 从文件中添加视频素材

在会声会影 2019 中，用户可以使用菜单命令将视频素材直接添加到视频轨中。下面详细介绍从文件中添加视频素材的操作方法。

操作步骤 >> **Step by Step**

第 1 步 创建空白项目文件，***1.*** 单击【文件】菜单，***2.*** 在弹出的下拉菜单中选择【将媒体文件插入到时间轴】命令，***3.*** 在弹出的子菜单中选择【插入视频】命令，如图 5-1 所示。

图 5-1

第 2 步 弹出【打开视频文件】对话框，***1.*** 选择视频素材存放的位置，***2.*** 选择准备添加的视频素材，***3.*** 单击【打开】按钮，如图 5-2 所示。

图 5-2

第 3 步 返回到主界面中，可以看到选择的视频素材已被插入【时间轴视图】面板中。通过以上步骤即可完成从文件中添加视频素材的操作，如图 5-3 所示。

图 5-3

2 从素材库中添加视频素材

利用素材库中的【导入媒体文件】按钮，可以快速地插入视频素材文件。下面将详细介绍从素材库中添加视频素材的操作方法。

操作步骤 >> Step by Step

第 1 步 在【素材库】面板中单击【导入媒体文件】按钮，如图 5-4 所示。

图 5-4

第 2 步 弹出【浏览媒体文件】对话框，***1.*** 选择素材存放的位置，***2.*** 选择素材，***3.*** 单击【打开】按钮，如图 5-5 所示。

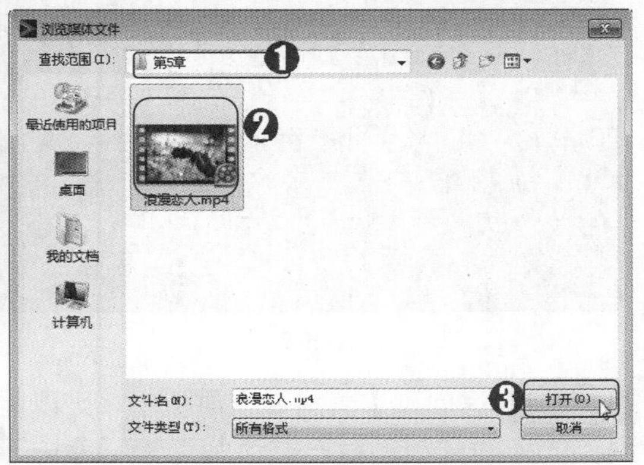

图 5-5

第 3 步 返回到【素材库】面板中，可以看到，选择的视频素材已被添加到素材库中，如图 5-6 所示。

图 5-6

第 4 步 单击并拖动素材至【时间轴】面板中，如图 5-7 所示。

图 5-7

5.1.2 添加音频素材到音频轨

在会声会影 2019 中，为了声情并茂地展示所创建的影片，用户还可以将音频素材直接添加到视频轨中。下面将详细介绍添加音频素材的操作方法。

操作步骤 >> Step by Step

第 1 步 在【素材库】面板中单击【导入媒体文件】按钮，如图 5-8 所示。

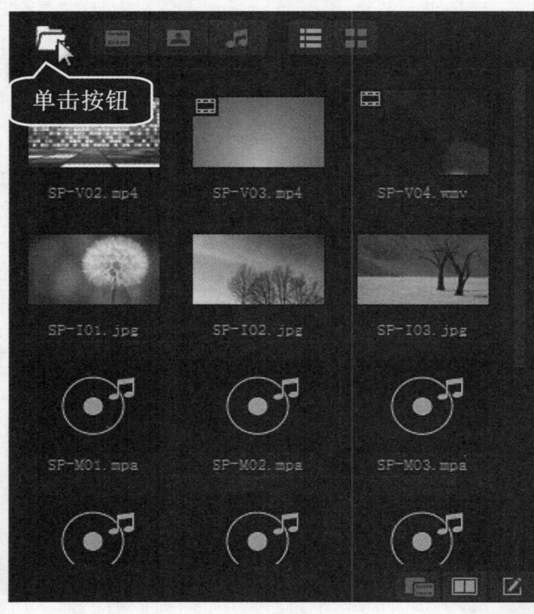

图 5-8

第 3 步 返回到【素材库】面板中，可以看到，选择的音频素材已被添加到素材库中，如图 5-10 所示。

图 5-10

第 2 步 弹出【浏览媒体文件】对话框，***1.*** 选择素材存放的位置，***2.*** 选择素材，***3.*** 单击【打开】按钮，如图 5-9 所示。

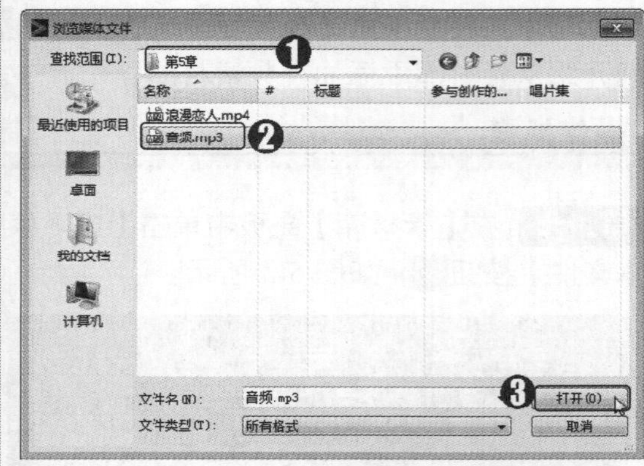

图 5-9

第 4 步 单击并拖动素材至【时间轴】面板中的声音轨道中，如图 5-11 所示。

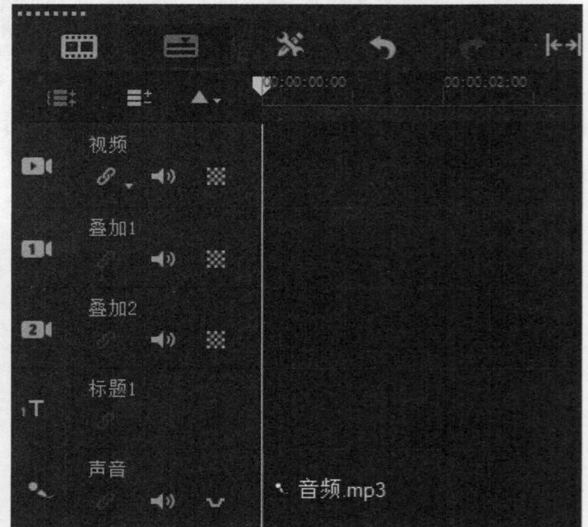

图 5-11

5.1.3 复制素材

在会声会影 2019 中，为了制作某些特殊的艺术效果，用户有时需要复制已经应用的素材文件。下面将详细介绍复制素材的操作方法。

操作步骤 >> Step by Step

第 1 步 在【时间轴视图】面板中右击准备复制的素材文件，在弹出的快捷菜单中选择【复制】命令，如图 5-12 所示。

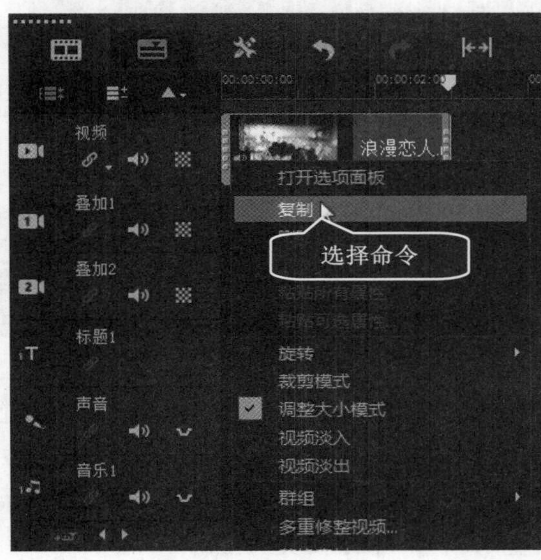

图 5-12

第 2 步 复制素材文件后，在【时间轴视图】面板中，拖曳复制的素材文件至指定位置并单击鼠标左键，如图 5-13 所示。

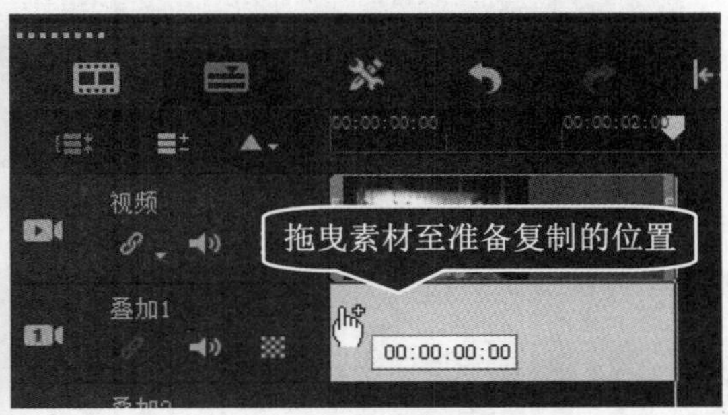

图 5-13

第 3 步 通过以上步骤即可完成复制素材的操作，如图 5-14 所示。

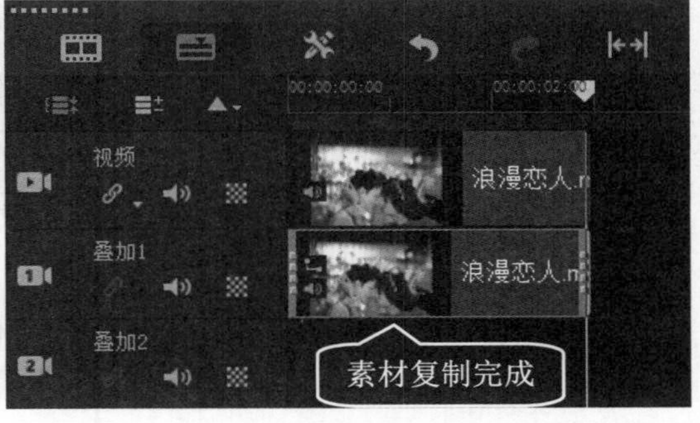

图 5-14

知识拓展

在【素材库】面板中，选择准备复制的素材文件，在键盘上按 Ctrl+C 组合键，用户同样可以进行复制素材文件的操作。

5.1.4 移动素材

为了方便组合出完美的影片，用户可以将各素材移动至指定的位置。在【时间轴】面板中，拖动准备移动的素材至指定的位置处，然后释放鼠标左键，即可完成移动素材的操作，如图 5-15 所示。

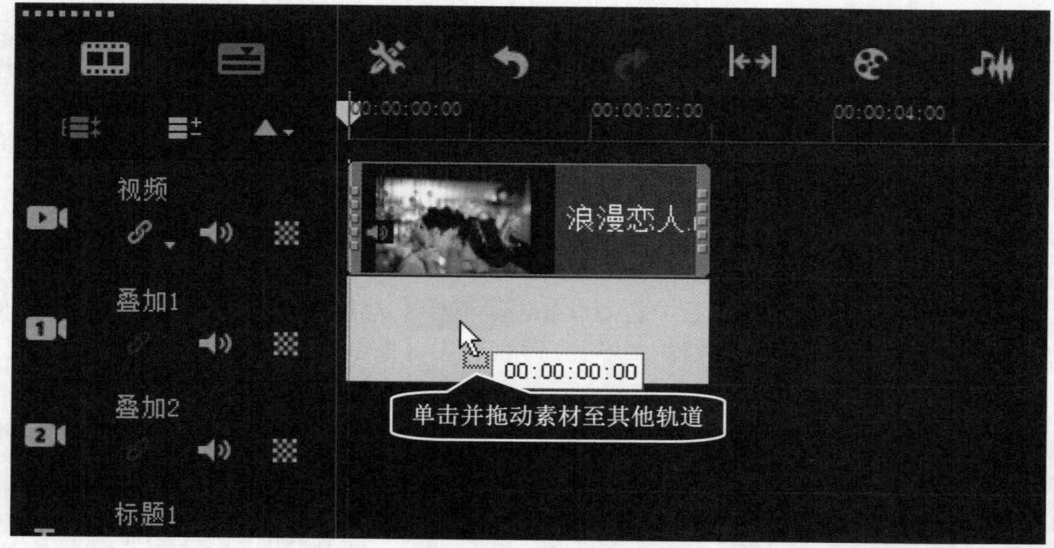

图 5-15

Section 5.2 修整视频素材

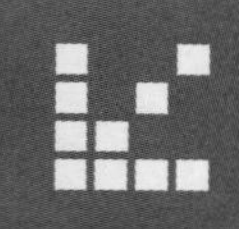

在【时间轴】面板中添加素材之后，有时需要对素材进行调整，以便满足对影片的需要。例如，调整显示顺序与方式、设置素材的回放速度、分离视频与音频和反转视频等操作。本节将详细介绍调整影片素材的相关知识。

5.2.1 设置素材显示方式

修整视频之前，建议用户可以根据需要将缩略图以不同的方式显示，以便查看和修整。下面将详细介绍调整显示方式方面的知识。

创建项目文件并添加素材文件后，选择【设置】菜单，在弹出的下拉菜单中选择【参数选择】命令，系统即可弹出【参数选择】对话框，在【素材显示模式】下拉列表框中选择相应的选项，即可完成调整显示顺序与方式的操作，如图 5-16 所示。

- 【仅略图】选项：选择该选项，时间轴中的素材将以缩略图的方式进行显示。
- 【仅文件名】选项：选择该选项，时间轴中的素材将以文件名的方式进行显示。
- 【略图和文件名】选项：选择该选项，时间轴中的素材将以缩略图和文件名的方式进行显示。

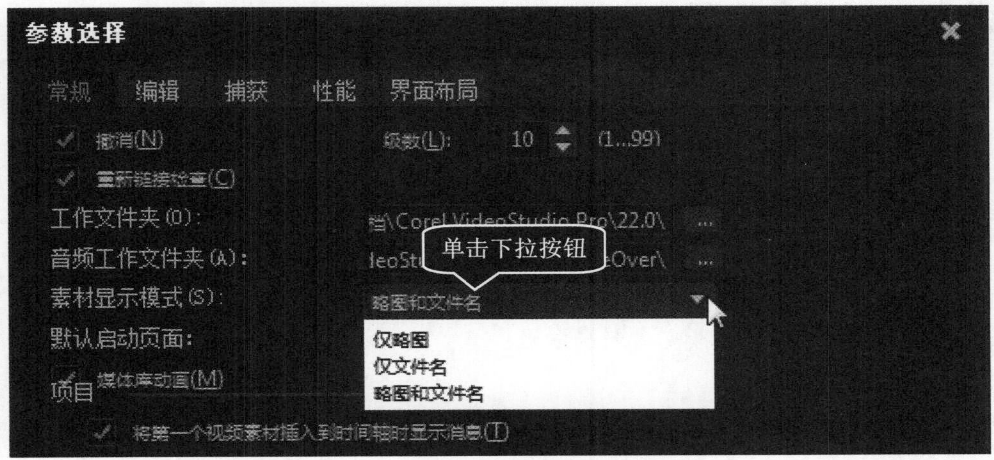

图 5-16

5.2.2 设置素材回放速度

修改视频的回放速度，将视频设置为慢动作，可以强调动作；而设置较快的播放速度，可以为影片营造出特殊的气氛。下面将详细介绍设置素材的回放速度的操作方法。

操作步骤 >> Step by Step

第 1 步 在【时间轴】面板中选中素材，在【素材库】面板中单击【显示选项面板】按钮，如图 5-17 所示。

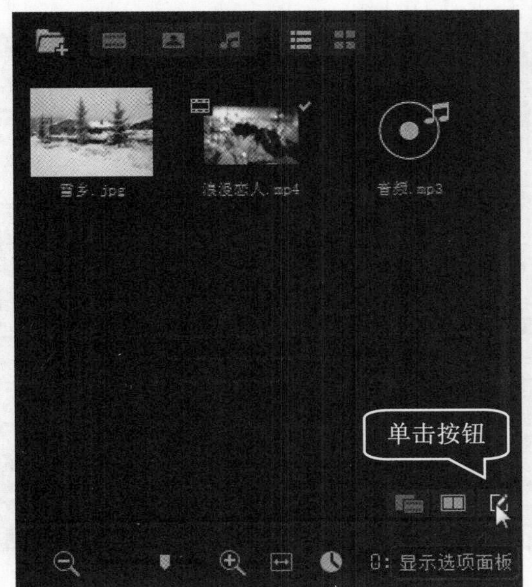

图 5-17

第 2 步 在弹出的【选项】面板中，单击【速度/时间流逝】按钮，如图 5-18 所示。

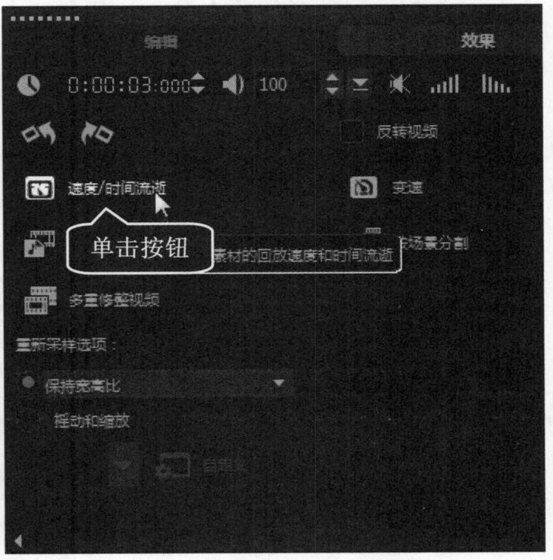

图 5-18

第 3 步 弹出【速度/时间流逝】对话框，*1.* 在【速度】下方的区域中，拖动滑块向左或向右滑动，可制作慢镜头或快镜头，**2.** 单击【确定】按钮，即可完成设置素材的回放速度的操作，如图 5-19 所示。

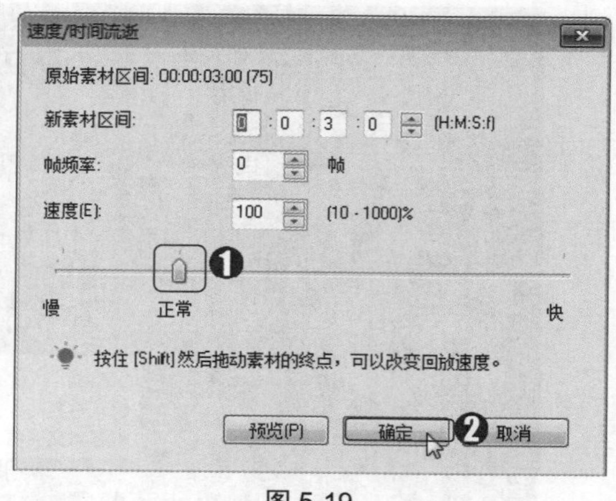

图 5-19

■ **指点迷津**

在键盘上按住 Shift 键的同时，在【时间轴视图】面板上，当光标变为白色时，拖动至素材的终止处，用户即可改变素材的回放速度。

5.2.3 分离视频与音频

在会声会影 2019 中，添加视频素材后，用户可以将视频素材的音频和视频分离，以便进行独立的编辑。下面将详细介绍分离视频与音频的操作方法。

操作步骤 >> **Step by Step**

第 1 步 在【时间轴】面板中，右击准备进行分离的视频素材，在弹出的快捷菜单中选择【音频】→【分离音频】命令，如图 5-20 所示。

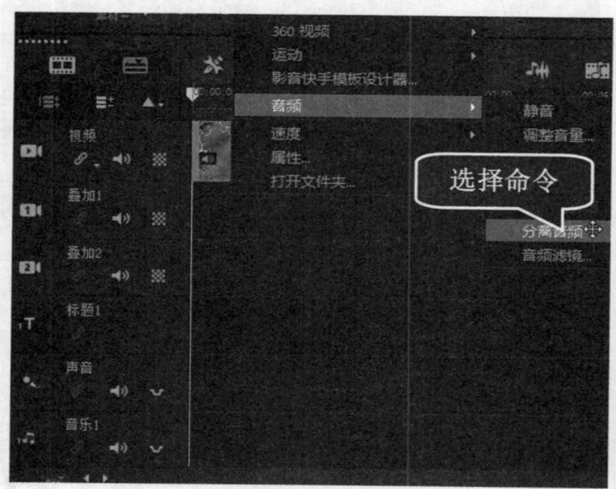

图 5-20

第 2 步 在【时间轴】面板中，可以看到选择的视频素材已经分离出视频和音频文件，这样即可完成分离视频与音频的操作，如图 5-21 所示。

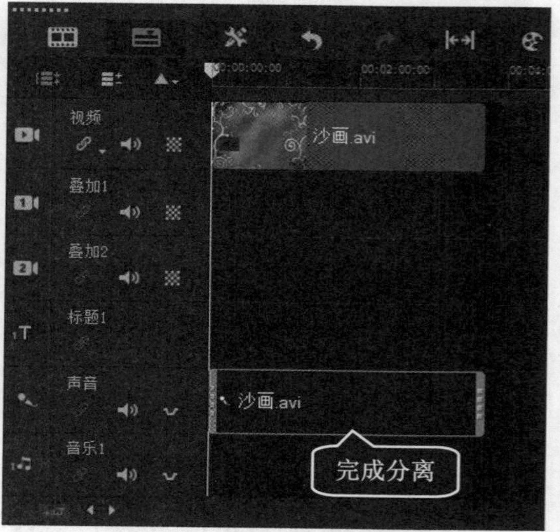

图 5-21

5.2.4 调整视频素材声音

使用会声会影软件编辑视频时，为了使视频与背景音乐相配合，就需要调整音频素材的音量。下面将详细介绍调整素材音量的操作方法。

操作步骤 >> Step by Step

第 1 步 在【时间轴】面板中选择准备调整音量的素材，在【素材库】面板中单击【显示选项面板】按钮，如图 5-22 所示。

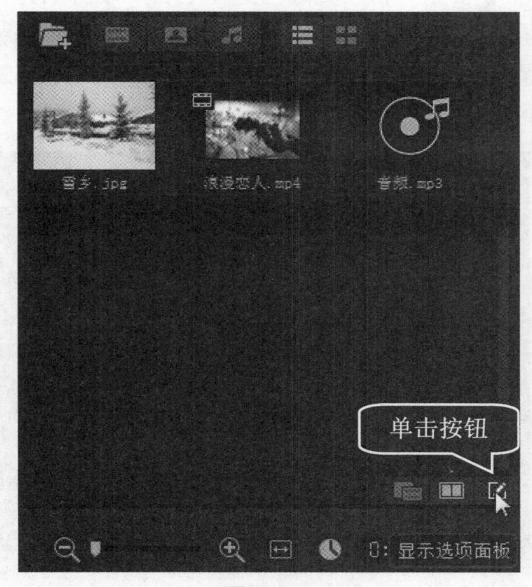

图 5-22

第 2 步 弹出【选项】面板，在【素材音量】数值框中输入要调整的音量数值，即可完成调整素材音量的操作，如图 5-23 所示。

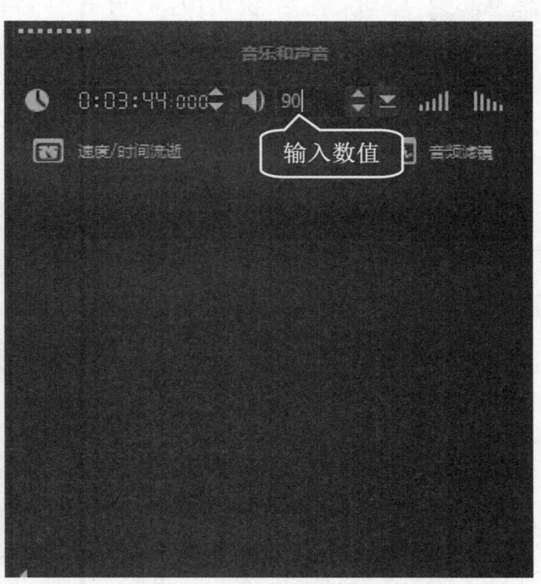

图 5-23

5.2.5 调整视频素材区间

用户还可以根据需要调整视频素材的区间，在【时间轴】面板中选择准备调整音量的素材，在【素材库】面板中单击【显示选项面板】按钮，弹出【选项】面板，在【区间】微调框中单击任意一个数字，数字变为闪烁状态，即可进行修改，如图 5-24 所示。

图 5-24

5.2.6 组合多个视频片段

在会声会影 2019 中，用户可将需要编辑的多个素材进行组合操作，然后可以对组合的素材进行批量编辑，这样可提高视频剪辑的效率。下面详细介绍组合多个视频素材的方法。

配套素材路径：配套素材/第 5 章

素材文件名称：烟花.VSP、烟花 1.jpg、烟花 2.jpg、组合多个视频片段.VSP

操作步骤 >> **Step by Step**

第 1 步 启动会声会影 2019，打开名为“烟花.VSP”的项目文件，同时选中时间轴上的两个素材“烟花 1”与“烟花 2”，用鼠标右击选中的素材，在弹出的快捷菜单中选择【群组】→【分组】命令，如图 5-25 所示。

图 5-25

第 2 步 两个素材已经组合到一起，***1.*** 在素材库面板中选择【滤镜】选项，进入滤镜素材库，**2.** 选择一个滤镜模板，如图 5-26 所示。

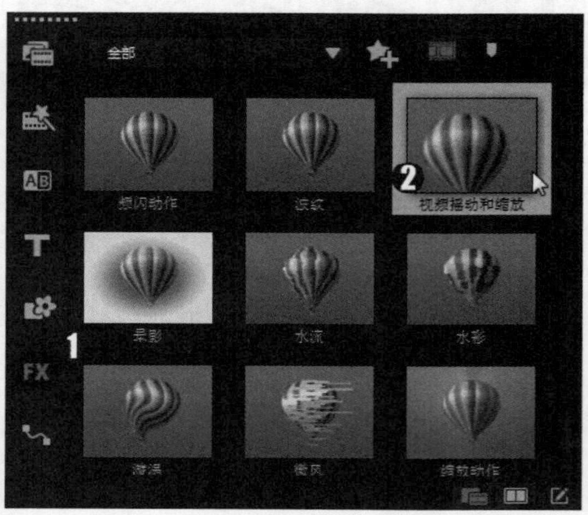

图 5-26

第 3 步 将滤镜模板拖曳至时间轴中的素材上，此时被组合的两个素材将同时应用相同的滤镜，素材缩略图的左上角显示了滤镜图标，如图 5-27 所示。

图 5-27

知识拓展

当用户对素材批量编辑完成后，可以将组合的素材进行取消组合操作，以还原单个视频文件的属性。在需要取消组合的素材上右击，在弹出的快捷菜单中选择【群组】→【取消群组】命令，即可取消组合。

Section 5.3 摇动缩放和路径特效

在会声会影 2019 中，用户还可以根据需要为图像素材添加摇动和缩放效果，使静态图像或放大、或缩小，或平移变为动态图像。本节主要介绍添加默认摇动和缩放、自定义摇动和缩放等方法。

5.3.1 使用默认摇动和缩放

在会声会影 2019 中提供了多款摇动和缩放预设样式，用户使用默认的摇动和缩放效果，可以让精致的图像动起来，使制作的影片更加生动。下面介绍使用默认摇动和缩放的操作方法。

配套素材路径：配套素材/第 5 章

素材文件名称：小船.VSP、小船.jpg

操作步骤 >> Step by Step

第 1 步 启动会声会影 2019，在视频轨中插入一幅图像素材“小船.jpg”，选中该素材，如图 5-28 所示。

图 5-28

第 2 步 在【素材库】面板中单击【显示选项面板】按钮，打开选项面板，***1.*** 切换到【编辑】选项卡，***2.*** 选中【摇动和缩放】单选按钮，***3.*** 单击单选按钮下方的下拉按钮，***4.*** 在弹出的下拉列表框中选择所需的样式，如图 5-29 所示。

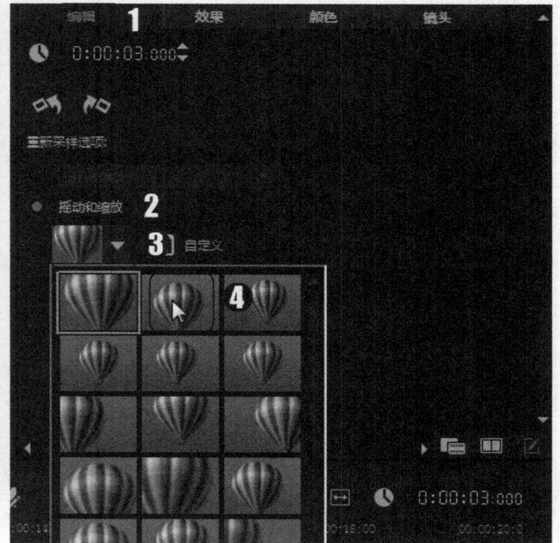

图 5-29

第 3 步 执行上述操作后，在导览面板中单击【播放】按钮，预览默认摇动和缩放效果。通过以上步骤即可完成使用默认摇动和缩放效果的操作，如图 5-30 所示。

■ 指点迷津

在会声会影 2019 中的摇动和缩放效果只能应用于图像素材，应用摇动和缩放效果可以使图像效果更加丰富。

图 5-30

5.3.2 自定义摇动和缩放

在会声会影 2019 中，为图像添加摇动和缩放效果后，用户还可以根据需要自定义摇动和缩放效果。下面详细介绍自定义摇动和缩放的操作方法。

配套素材路径：配套素材/第 5 章

素材文件名称：冲浪.VSP、冲浪.jpg、自定义摇动和缩放.VSP

操作步骤 >> Step by Step

第 1 步 启动会声会影 2019，在视频轨中插入一幅图像素材“冲浪.jpg”，选中该素材，如图 5-31 所示。

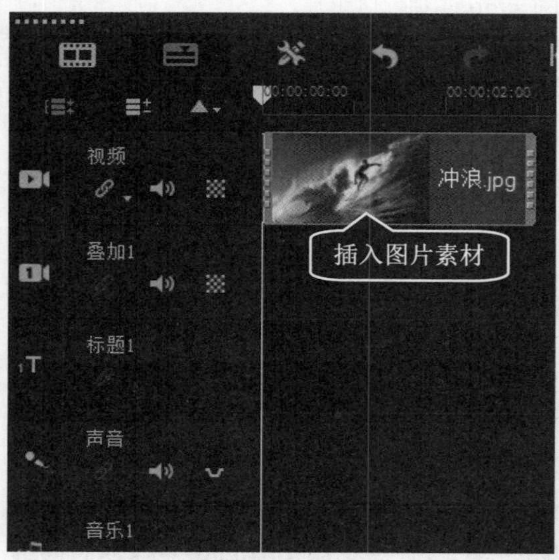

图 5-31

第 2 步 用鼠标左键双击图像素材，展开【编辑】选项面板，***1.*** 设置【区间】为“0:00:05:000”，***2.*** 选中【摇动和缩放】单选按钮，***3.*** 单击【自定义】按钮，如图 5-32 所示。

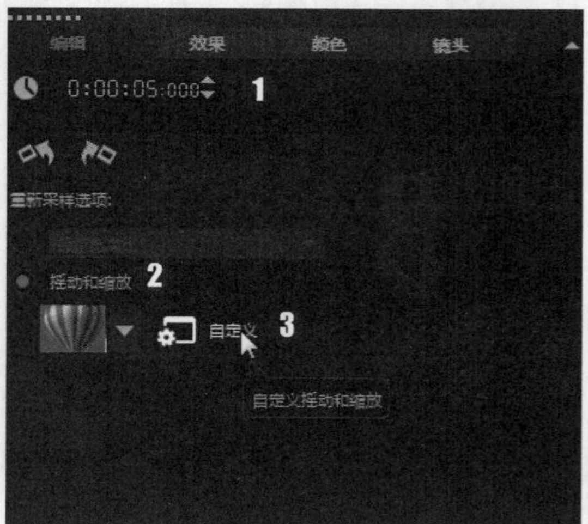

图 5-32

第 3 步 弹出【摇动和缩放】对话框，在其中设置【编辑模式】为【动画】，如图 5-33 所示。

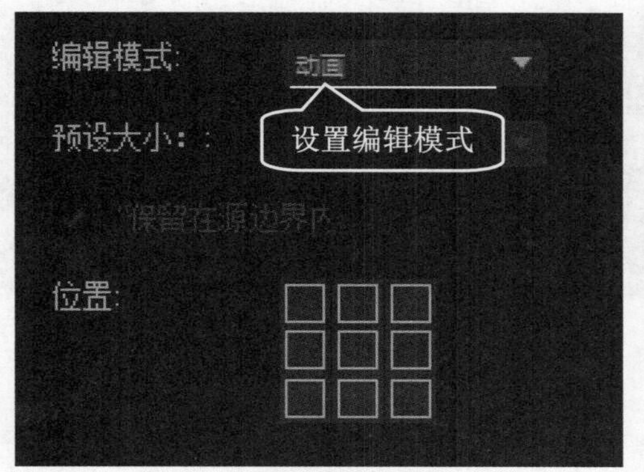

图 5-33

第 5 步 将滑块拖曳到 3 秒处，***1.*** 单击【添加关键帧】按钮，插入一个关键帧，**2.**设置【垂直】参数为 298，【水平】参数为 736，【缩放率】参数为 190，如图 5-35 所示。

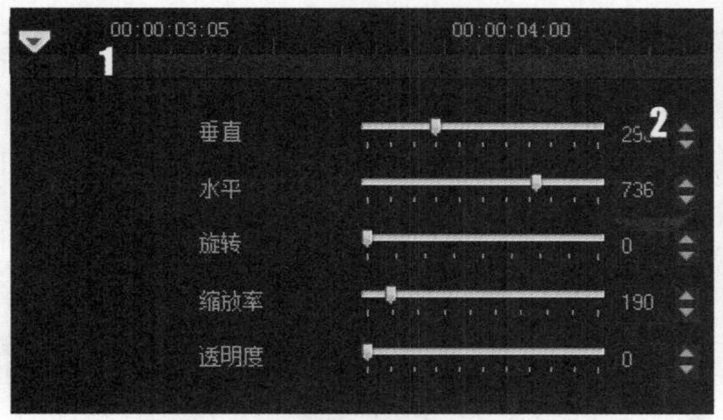

图 5-35

第 7 步 选中最后一个关键帧并右击，在弹出的快捷菜单中选择【粘贴】命令，如图 5-37 所示。

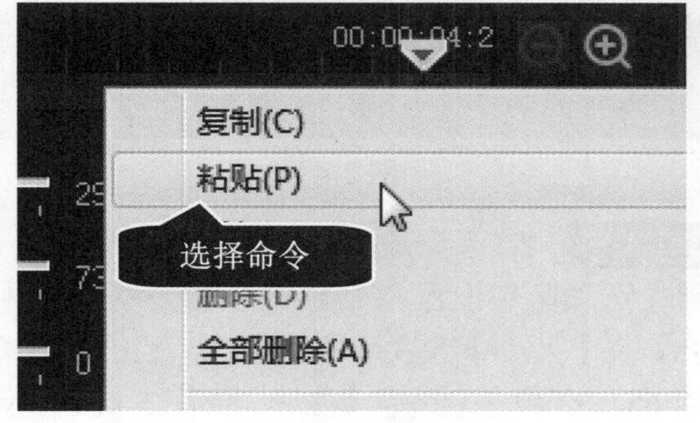

图 5-37

第 4 步 设置【垂直】参数为 500，【水平】参数为 416，【缩放率】参数为 120，如图 5-34 所示。

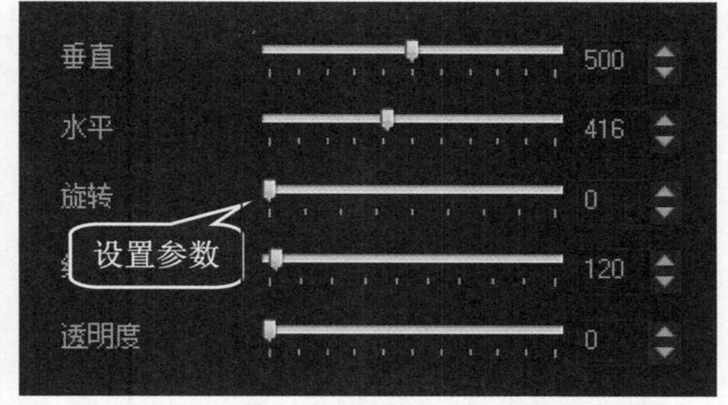

图 5-34

第 6 步 在第 3 秒的关键帧上右击，在弹出的快捷菜单中选择【复制】命令，如图 5-36 所示。

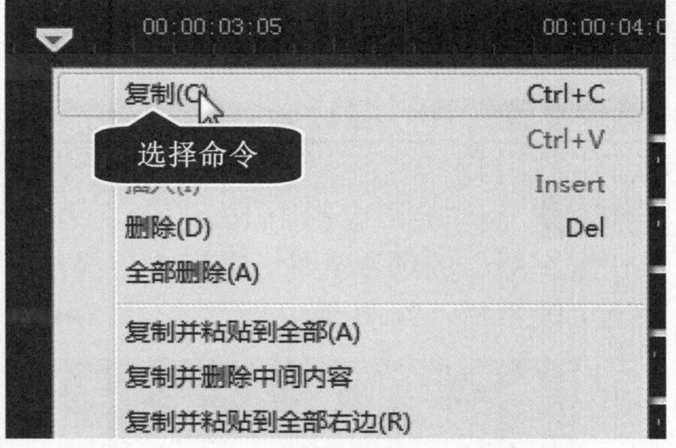

图 5-36

第 8 步 ***1.*** 设置最后一个关键帧的【垂直】参数为 500，【缩放率】参数为 220，***2.*** 单击【确定】按钮，如图 5-38 所示。

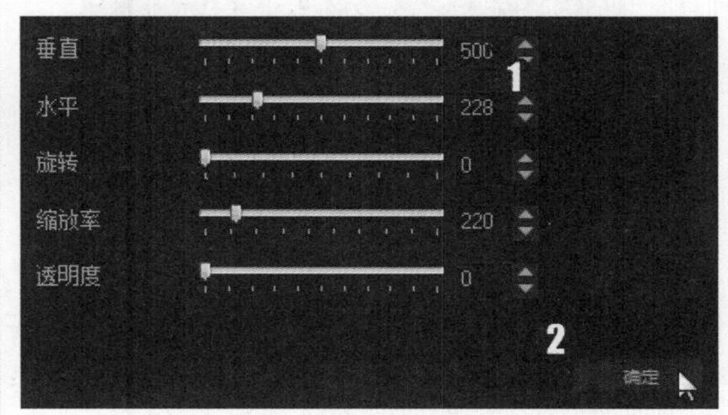

图 5-38

第 9 步 单击导览面板中的【播放】按钮，即可预览自定义摇动和缩放的效果，如图 5-39 所示。

图 5-39

■ 指点迷津

在会声会影2019编辑器下方的时间轴工具栏中，用户也可以单击【摇动和缩放】工具按钮，打开【摇动和缩放】对话框进行自定义设置。

5.3.3 自定义动作特效

在会声会影 2019 的【自定义动作】对话框中，用户可以设置视频的动画属性和运动效果。下面介绍使用自定义动作特效的方法。

配套素材路径：配套素材/第 5 章

素材文件名称：节日快乐.VSP、节日快乐.jpg、节日快乐.png、自定义动作特效.VSP

操作步骤 >> **Step by Step**

第 1 步 启动会声会影 2019，打开名为“节日快乐.VSP”的项目文件，并选中“叠加 1”轨道上的素材，如图 5-40 所示。

图 5-40

第 2 步 *1.* 选择【编辑】菜单，*2.* 在弹出的下拉菜单中选择【自定义动作】命令，如图 5-41 所示。

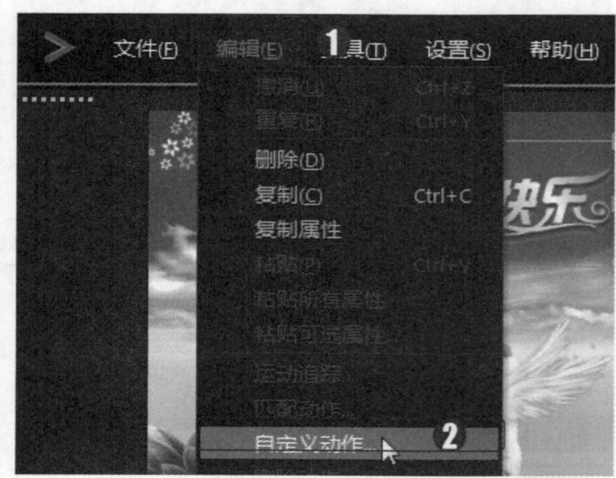

图 5-41

第 3 步 弹出【自定义动作】对话框，*1.* 在【位置】选项区中设置 X、Y 的参数分别为 −2 和 60，*2.* 在【大小】选项区中设置 X、Y 的参数均为 50，如图 5-42 所示。

第 4 步 *1.* 选择最后一个关键帧，*2.* 在【位置】选项区中设置 X、Y 的参数分别为 0 和 75，在【大小】选项区中设置 X、Y 的参数均为 65，*3.* 单击【确定】按钮，如图 5-43 所示。

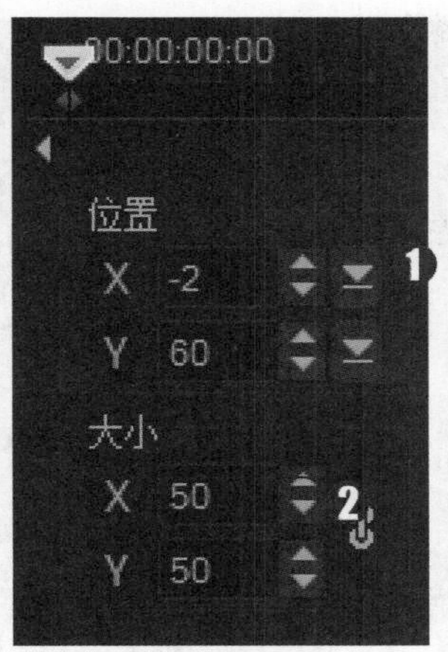

图 5-42

第 5 步 返回会声会影的主界面，单击导览面板中的【播放】按钮，即可预览自定义动作特效的效果，如图 5-44 所示。

图 5-43

图 5-44

5.3.4 添加路径特效

用户将软件自带的路径动画添加至视频画面上，可以制作出视频的画中画效果，以增强视频的感染力。为素材添加路径特效的方法非常简单，下面详细介绍添加路径特效的方法。

配套素材路径：配套素材/第 5 章

素材文件名称：飞.VSP、飞.jpg、添加路径特效.VSP

操作步骤 >> Step by Step

第 1 步 启动会声会影 2019，打开名为“飞.jpg”的项目文件，如图 5-45 所示。

第 2 步 ***1.*** 在素材库面板中选择【路径】选项，***2.*** 在路径素材库中选择一个路径模板素材，如“P05”，如图 5-46 所示。

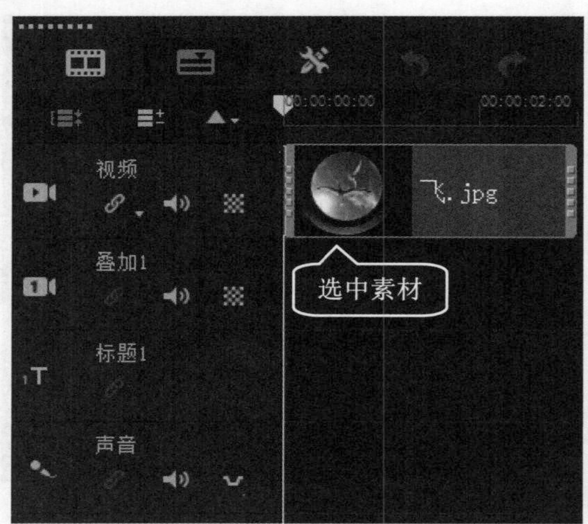

图 5-45

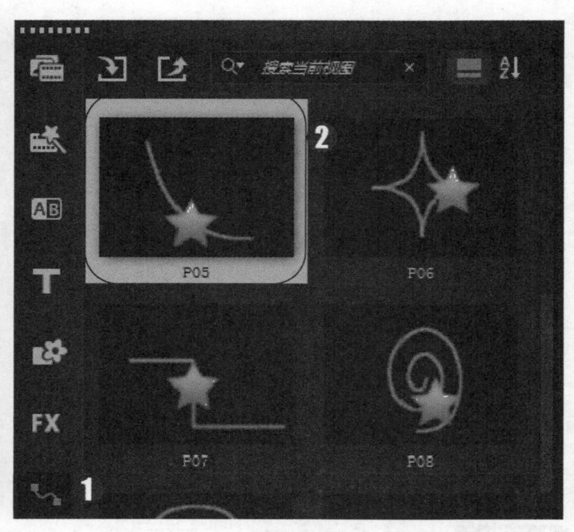

图 5-46

第 3 步 将“P05”素材拖曳至时间轴面板中的素材上，如图 5-47 所示。

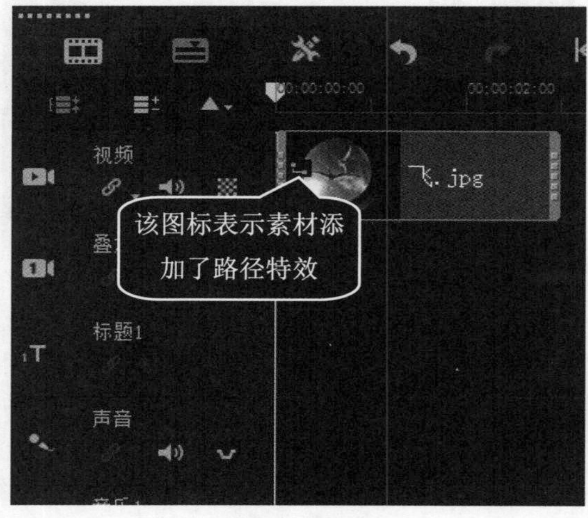

图 5-47

第 4 步 单击导览面板中的【播放】按钮，即可预览路径特效的效果，如图 5-48 所示。

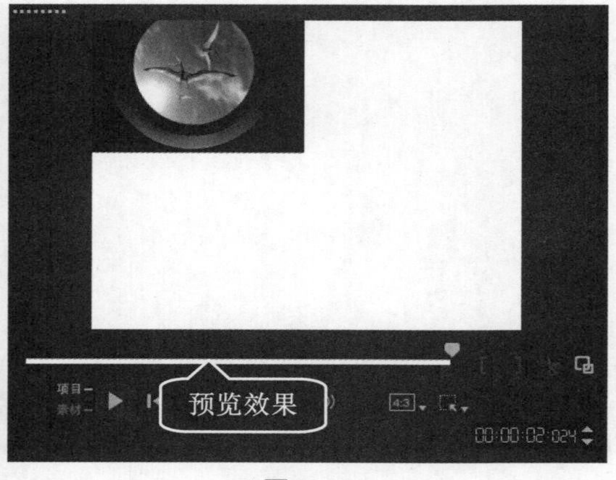

图 5-48

Section 5.4 专题课堂——修整图像素材

会声会影 2019 拥有多种强大的颜色调整功能，使用色调、饱和度、亮度及对比度等功能可以轻松调整图像的色相、饱和度、亮度和对比度，修正有色彩失衡、曝光不足或过度等缺陷的图像。本节将介绍修整图像素材的知识。

5.4.1　调整图像色调

在会声会影 2019 中，如果用户对照片的色调不太满意，可以重新调整照片的色调。下面介绍调整图像色调的方法。

配套素材路径：配套素材/第 5 章

素材文件名称：花.jpg、花.VSP

操作步骤 >> **Step by Step**

第 1 步　启动会声会影 2019，在时间轴面板中插入名为“花.jpg”的素材，如图 5-49 所示。

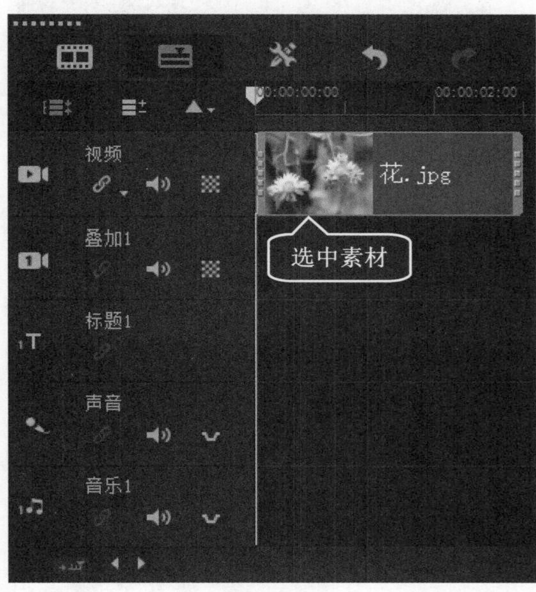

图 5-49

第 2 步　*1.* 在【编辑】面板中切换到【颜色】选项卡，*2.* 在【色调】微调框中输入-18，如图 5-50 所示。

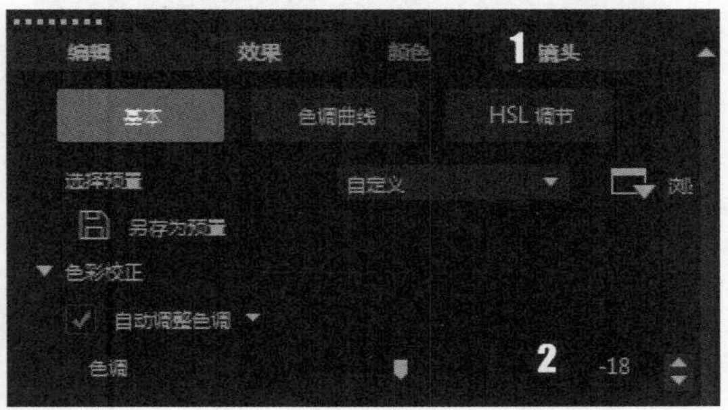

图 5-50

第 3 步　在导览面板中预览调整后的图像效果，如图 5-51 所示。

图 5-51

5.4.2　调整图像饱和度

在会声会影 2019 中，使用饱和度功能可以调整整张图片或单个颜色分量的色相、饱和度和亮度值。下面介绍调整图像饱和度的方法。

配套素材路径：配套素材/第 5 章

素材文件名称：建筑.jpg、建筑.VSP

操作步骤 >> Step by Step

第 1 步 启动会声会影 2019，在时间轴面板中插入名为“建筑.jpg”的素材并选中，如图 5-52 所示。

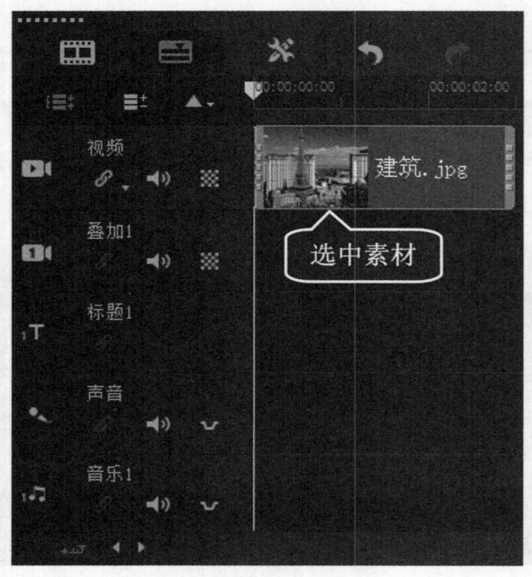

图 5-52

第 2 步 ***1.*** 在【编辑】面板中切换到【颜色】选项卡，***2.*** 在【饱和度】微调框中输入-51，如图 5-53 所示。

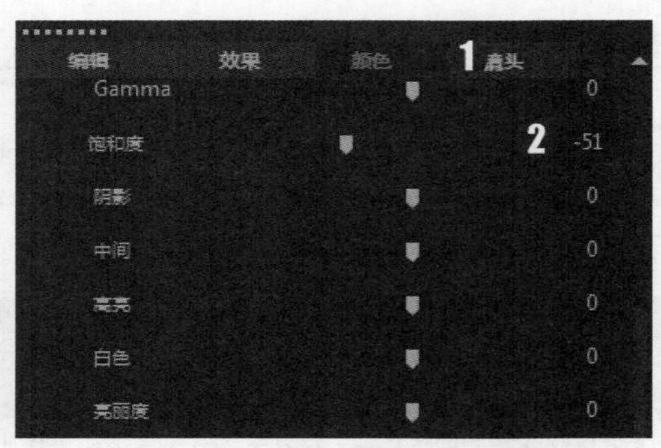

图 5-53

第 3 步 在导览面板中预览调整后的图像效果，如图 5-54 所示。

图 5-54

5.4.3 调整图像亮度

在会声会影 2019 中，当素材亮度过暗或过亮时，用户可以调整素材的亮度。下面介绍调整图像亮度的方法。

配套素材路径：配套素材/第 5 章

素材文件名称：乡村.jpg、乡村.VSP

操作步骤 >> Step by Step

第 1 步 启动会声会影 2019，在时间轴面板中插入名为“乡村.jpg”的素材并选中，如图 5-55 所示。

第 2 步 ***1.*** 在【编辑】面板中切换到【颜色】选项卡，***2.*** 在【亮丽度】微调框中输入 20，如图 5-56 所示。

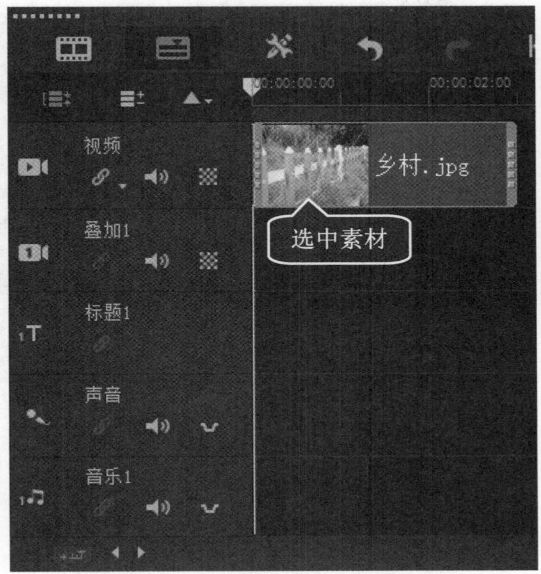

图 5-55

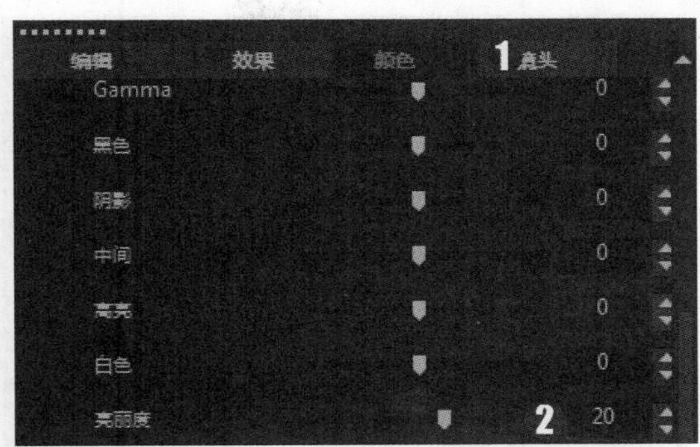

图 5-56

图 5-57

第 3 步 在导览面板中预览调整后的图像效果，如图 5-57 所示。

专家解读

亮度是指光强与人眼所见到的光源面积之比，定义为该光源单位的亮度，即单位投影面积上的发光强度。亮度是人对光强度的感受。它是一个主观的量。这两个量在一般的日常用语中往往被混淆。亮度也称为明度，表示色彩的明暗程度。人眼所感受到的亮度是色彩反射或透射的光亮所决定的。

5.4.4 调整图像对比度

在会声会影 2019 中，对比度是指图像中阴暗区域最亮的白与最暗的黑之间不同亮度范围的差异。下面介绍调整图像对比度的方法。

配套素材路径：配套素材/第 5 章

素材文件名称：水天一色.jpg、水天一色.VSP

操作步骤 >> Step by Step

第 1 步 启动会声会影 2019，在时间轴面板中插入名为“水天一色.jpg”的素材，如图 5-58 所示。

第 2 步 *1.* 在【编辑】面板中切换到【颜色】选项卡，**2.** 在【对比度】微调框中输入 30，如图 5-59 所示。

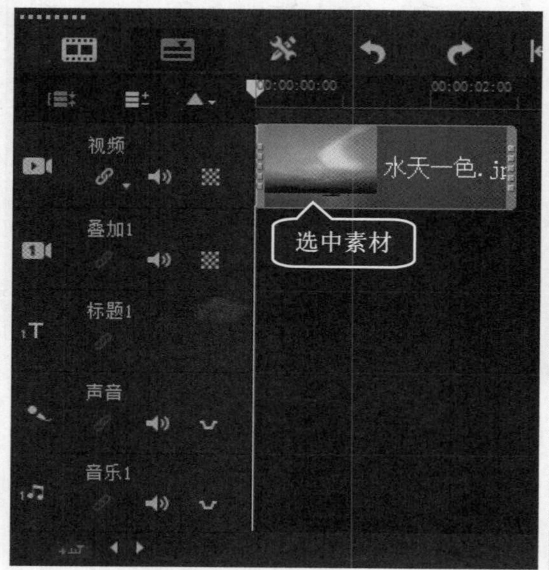

图 5-58

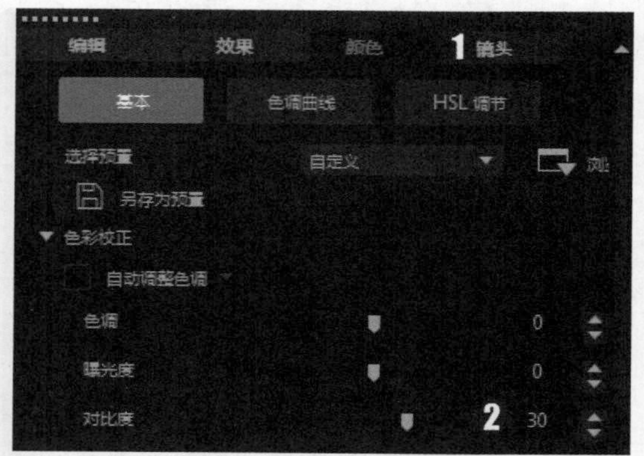

图 5-59

第 3 步 在导览面板中预览调整后的图像效果，如图 5-60 所示。

图 5-60

5.4.5 调整图像 Gamma

在会声会影 2019 中，Gamma 是指灰阶的意思，在图像中灰阶代表由最暗到最亮之间不同亮度的层次级别，中间层次越多，所能够呈现的画面效果也就越细腻。在会声会影 2019 中调整图像 Gamma 的方法非常简单。下面详细介绍在会声会影 2019 中调整图像 Gamma 的方法。

配套素材路径：配套素材/第 5 章

素材文件名称：枫叶.jpg、枫叶.VSP

操作步骤 >> Step by Step

第 1 步 启动会声会影 2019，在时间轴面板中插入名为“枫叶.jpg”的素材并选中，如图 5-61 所示。

第 2 步 ***1.*** 在【编辑】面板中切换到【颜色】选项卡，***2.*** 在 Gamma 微调框中输入 50，如图 5-62 所示。

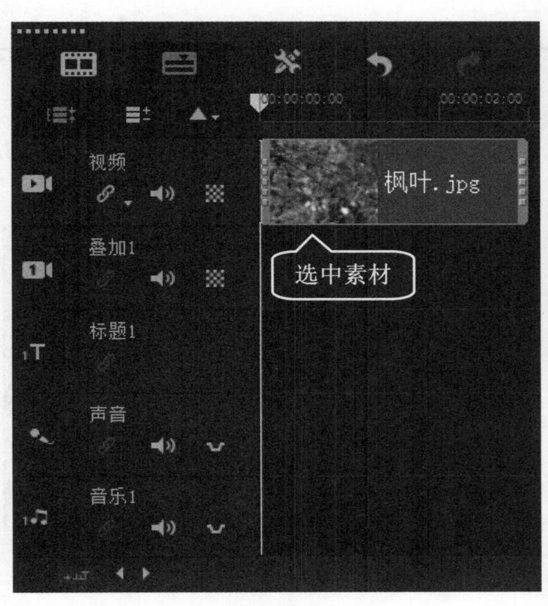

图 5-61

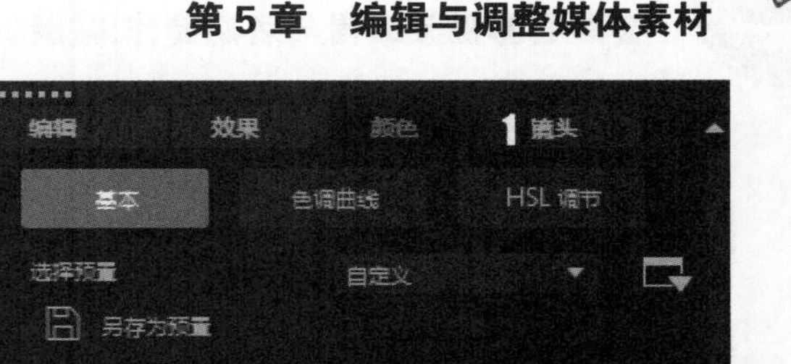

图 5-62

第 3 步　在导览面板中预览调整后的图像效果，如图 5-63 所示。

图 5-63

专家解读

所谓灰阶，是将最亮与最暗之间的亮度变化区分为若干份，以便进行信号输入相对应的屏幕亮度管控。每张数字影像都是由许多点所组合而成的，这些点又称为像素(pixels)，通常每个像素可以呈现出许多不同的颜色，它是由红、绿、蓝(RGB)3 个子像素组成的。每个子像素背后的光源都可以显现出不同的亮度级别。而灰阶代表了由最暗到最亮之间不同亮度的层次级别。这中间层级越多，所能够呈现的画面效果也就越细腻。

5.4.6　调整图像白平衡

在会声会影 2019 中，用户可以根据需要调整图像素材的白平衡，制作出特殊的光照效果。下面介绍调整图像白平衡的方法。

配套素材路径：配套素材/第 5 章

素材文件名称：木人.jpg、木人.VSP

操作步骤 >> Step by Step

第 1 步 启动会声会影 2019，在时间轴面板中插入名为“木人.jpg”的素材并选中，如图 5-64 所示。

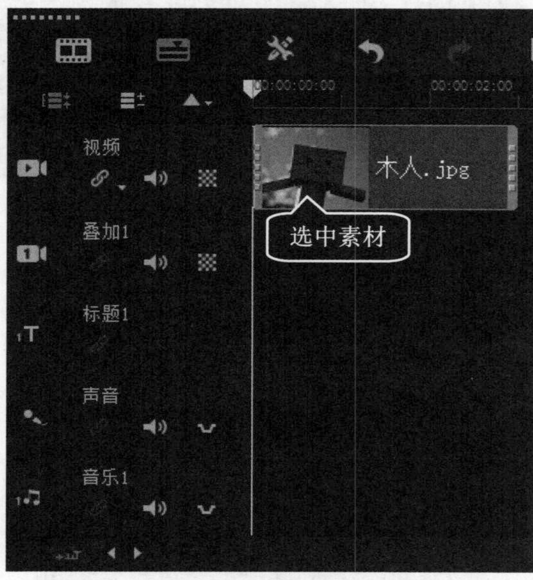

图 5-64

第 2 步 *1.* 在【编辑】面板中切换到【颜色】选项卡，*2.* 选中【白平衡】复选框，*3.* 单击【日光】按钮，如图 5-65 所示。

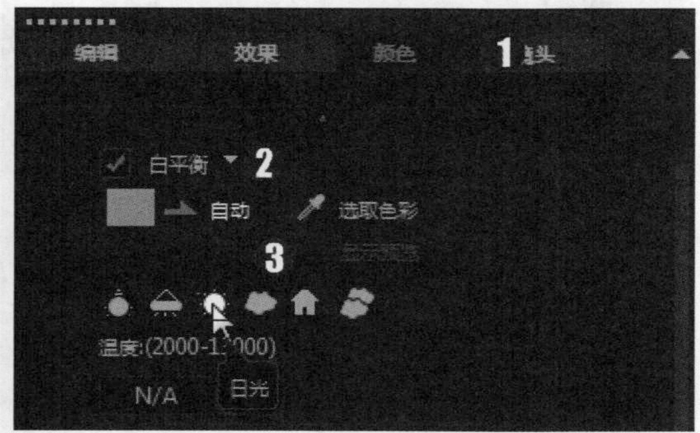

图 5-65

图 5-66

第 3 步 在导览面板中预览调整后的图像效果，如图 5-66 所示。

Section 5.5 实践经验与技巧

在本节的学习过程中，将侧重介绍和讲解与本章知识点有关的实践经验与技巧，主要内容包括反转播放视频画面、针对表格线的设置、如何应用表格底色等方面的知识与操作技巧。

5.5.1 反转播放视频画面

在电影中经常可以看到物品破碎后又复原的效果，在会声会影 2019 中用户可以轻松制作出此类效果。下面详细介绍反转播放视频画面的操作方法。

配套素材路径：配套素材/第 5 章

素材文件名称：赛车.jpg、赛车.VSP

操作步骤 >> Step by Step

第 1 步 启动会声会影 2019，打开名为“赛车.mpg”的素材并选中，如图 5-67 所示。

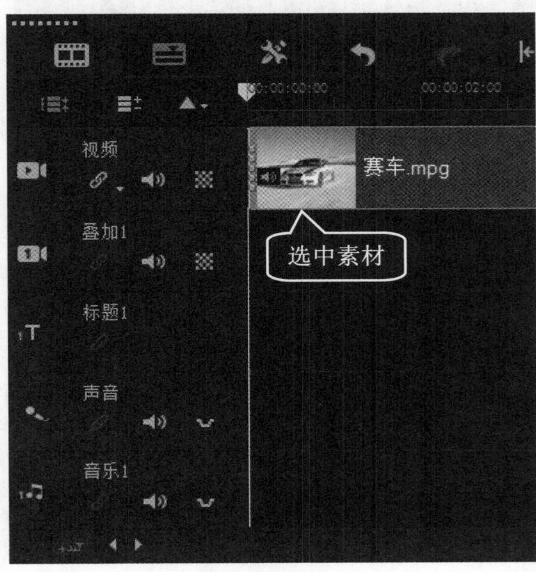

图 5-67

第 2 步 在【编辑】面板中选中【反转视频】复选框，如图 5-68 所示。

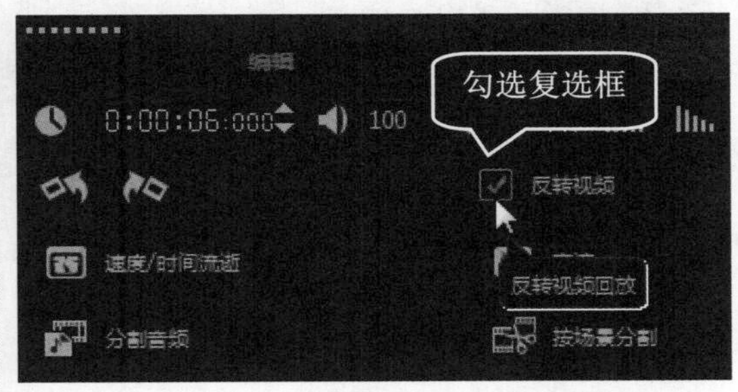

图 5-68

第 3 步 在导览面板中单击【播放】按钮，预览视频反转后的效果，如图 5-69 所示。

图 5-69

5.5.2 调整素材显示顺序

在会声会影 2019 中进行编辑操作时，用户可以根据需要调整素材的显示顺序。下面介绍调整素材显示顺序的方法。

进入会声会影 2019 的编辑界面，在故事板中插入两幅素材图像，选中需要移动的素材图像，按住鼠标左键并拖曳至第一幅素材的前面，释放鼠标左键，即可调整素材顺序，如图 5-70 和图 5-71 所示。

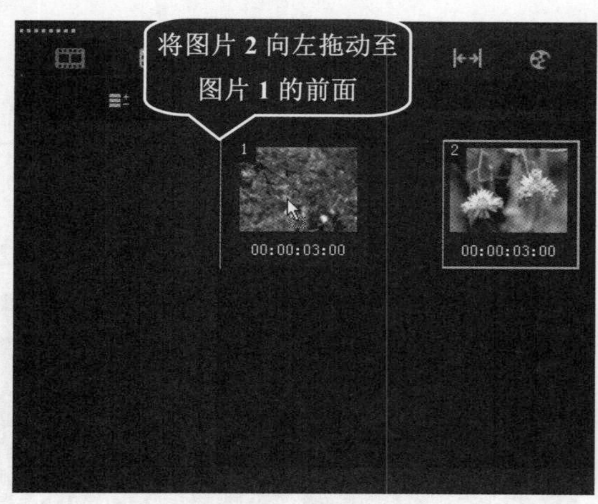

图 5-70

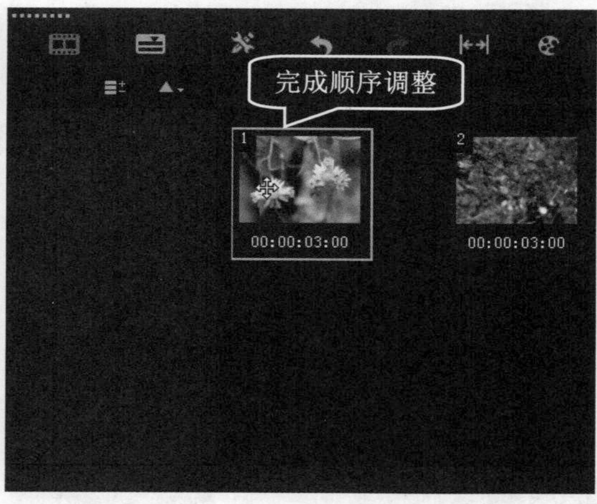

图 5-71

5.5.3 旋转素材

在会声会影 2019 中，运用“旋转”功能，用户可以对视频素材进行旋转操作。下面详细介绍旋转视频素材的操作方法。

配套素材路径：配套素材/第 5 章

素材文件名称：向日葵.jpg、向日葵.VSP

操作步骤 >> Step by Step

第 1 步 启动会声会影 2019，在时间轴面板中插入名为“向日葵.jpg”的素材并选中，如图 5-72 所示。

图 5-72

第 2 步 在【编辑】面板中单击【向左旋转】按钮，如图 5-73 所示。

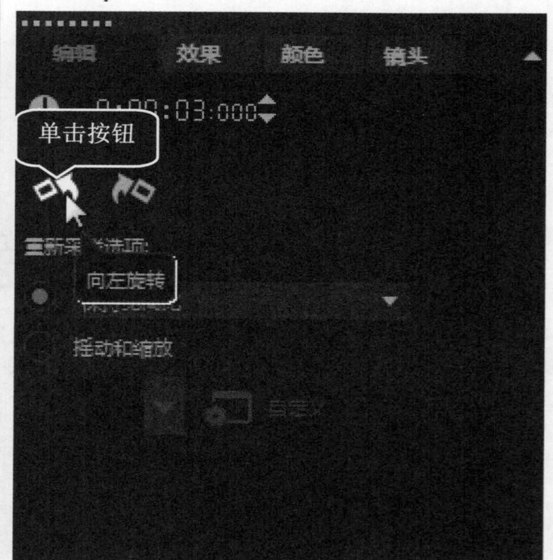

图 5-73

第 3 步 在导览面板中单击【播放】按钮，预览素材旋转的效果，如图 5-74 所示。

图 5-74

一点即通

在会声会影 2019 中，用户不仅可以在故事板中调整素材的顺序，还可以在时间轴面板的视频轨中调整素材的顺序，调整的方法与故事板中的操作是一样的。

5.5.4 调整图像清晰度

在会声会影 2019 中，用户可以根据需要调整图像素材的清晰度。下面介绍调整图像清晰度的方法。

配套素材路径：配套素材/第 5 章

素材文件名称：街道.jpg、街道.VSP

操作步骤 >> Step by Step

第 1 步 启动会声会影 2019，在时间轴面板中插入名为“街道.jpg”的素材并选中，如图 5-75 所示。

图 5-75

第 2 步 ***1.*** 在【编辑】面板中切换到【颜色】选项卡，***2.*** 在【清晰度】微调框中输入 50，如图 5-76 所示。

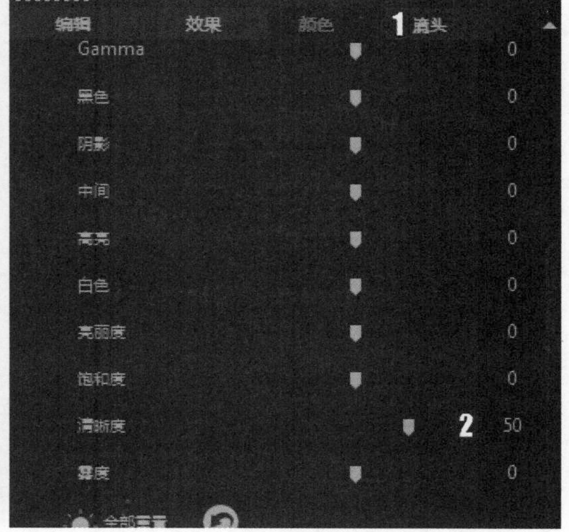

图 5-76

第 3 步 在导览面板中预览调整后的图像效果，如图 5-77 所示。

图 5-77

Section 5.6 思考与练习

通过对本章内容的学习，读者可以掌握编辑与调整媒体素材的基本知识以及一些常见的操作方法。在本节中将针对本章知识点进行相关知识测试，以达到巩固与提高的目的。

1. 填空题

(1) 在【素材库】面板中，选择准备复制的素材文件，在键盘上按__________组合键，用户同样可以进行复制素材文件的操作。

(2) 素材的显示方式包括略图和文件名、__________、仅文件名。

2. 判断题

(1) 所谓亮度，是将最亮与最暗之间的亮度变化区分为若干份，以便进行信号输入相对应的屏幕亮度管控。 ( )

(2) 在会声会影 2019 编辑器下方的时间轴工具栏中，用户也可以单击【摇动和缩放】工具按钮，打开【摇动和缩放】对话框进行自定义设置。 ( )

3. 思考题

(1) 如何分离视频和音频？

(2) 如何使用默认的摇动和缩放效果？

第6章

剪辑与精修视频素材

- ❖ 视频素材的剪辑
- ❖ 特殊场景剪辑视频素材
- ❖ 多重修整视频
- ❖ 多相机和重新映射时间

本章主要介绍了视频素材的剪辑、特殊场景剪辑视频素材、多重修整视频以及多相机和重新映射时间方面的知识与技巧，在本章的最后还针对实际的工作需求，讲解了显示网格线、将修整后的素材输出为视频文件的方法。通过对本章内容的学习，读者可以掌握剪辑与精修视频素材方面的知识，为深入学习会声会影 2019 知识奠定基础。

Section 6.1 视频素材的剪辑

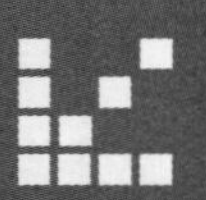

在会声会影 2019 编辑界面中，可以对视频素材进行相应的剪辑，其中包括“黄色标记剪辑视频”“通过修整栏剪辑视频”“通过时间轴剪辑视频”和“通过按钮剪辑视频”4 种常用的视频素材剪辑方法。

6.1.1 黄色标记剪辑视频

在会声会影 2019 的时间轴中，选中的视频素材两侧会出现黄色标记。使用黄色标记，用户可以将选中的视频素材进行剪辑。下面介绍用黄色标记剪辑视频的方法。

配套素材路径：配套素材/第 6 章

素材文件名称：视频.mpg、黄色标记剪辑视频.VSP

操作步骤 >> Step by Step

第 1 步 进入会声会影 2019 的编辑界面，在视频轨中插入名为“片头.mpg”的素材，将鼠标指针移至时间轴面板中视频素材的末端位置，按住鼠标左键并向左拖曳至 00:00:03:000 的位置，如图 6-1 所示。

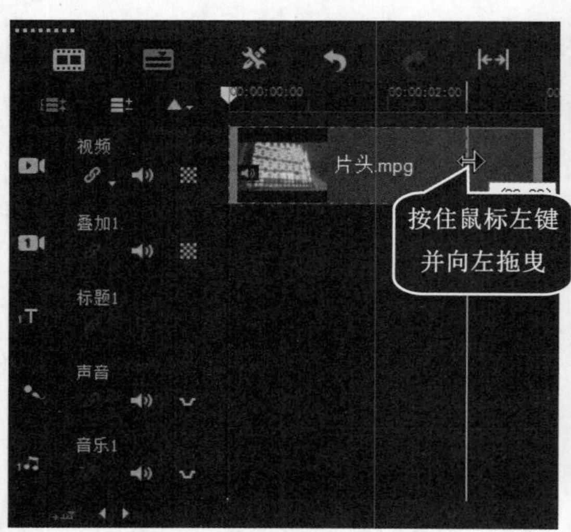

图 6-1

第 2 步 释放鼠标左键，可以看到视频已经缩短至 3 秒钟。通过以上步骤即可完成使用黄色标记剪辑视频的操作，如图 6-2 所示。

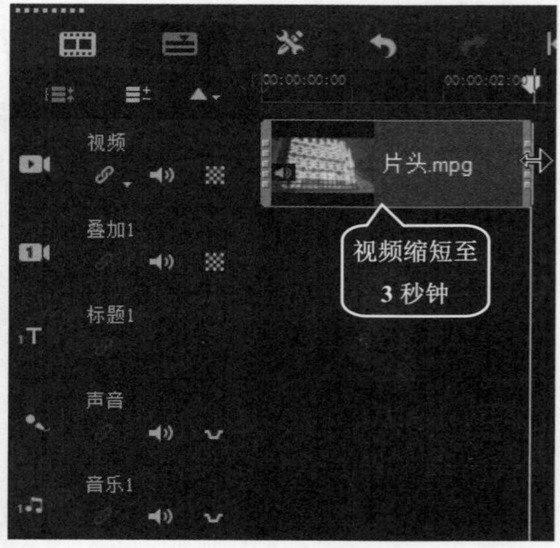

图 6-2

运用相同的方法，在时间轴面板中拖曳左侧的黄色标记至右侧准备修整的位置，同样可以使用黄色标记剪辑视频。

6.1.2 通过修整栏剪辑视频

在会声会影 2019 中，用户还可以通过修整栏剪辑视频。修整栏中两个修整拖柄之间的部分代表素材中被选取的部分，拖动拖柄即可对素材进行修整，且在预览窗口中显示与拖柄对应的帧画面。下面介绍通过修整栏剪辑视频的方法。

配套素材路径：配套素材/第 6 章

素材文件名称：公园.mpg、通过修整栏剪辑视频.VSP

操作步骤 >> Step by Step

第 1 步 进入会声会影 2019 的编辑界面，在视频轨中插入名为“公园.mpg”的素材，拖曳鼠标指针移至预览窗口右下方的修整标记上，当鼠标指针呈双向箭头形状时，按住鼠标左键的同时向左拖曳修整标记至 00:00:04:000 的位置，如图 6-3 所示。

图 6-3

第 2 步 释放鼠标左键，可以看到视频已经缩短至 4 秒钟。通过以上步骤即可完成使用修整栏剪辑视频的操作，如图 6-4 所示。

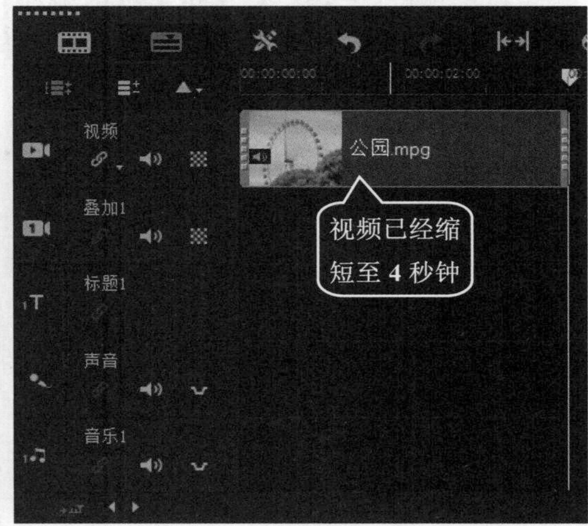

图 6-4

知识拓展

在会声会影 2019 中使用修整栏剪辑视频文件时，如果拖曳尾部的修整标记，可以剪辑视频的片尾部分；如果拖曳开始位置的修整标记，可以剪辑视频的片头部分。无论用户执行何种剪辑操作，视频轨中的素材长度都将发生变化。

6.1.3 通过时间轴剪辑视频

在会声会影 2019 中，通过时间轴剪辑视频素材也是一种常用的方法，该方法主要通

过【开始标记】和【结束标记】按钮来实现对视频素材的剪辑操作。

配套素材路径：配套素材/第 6 章

素材文件名称：蓝色.mp4、通过时间轴剪辑视频.VSP

操作步骤 >> Step by Step

第 1 步 进入会声会影 2019 的编辑界面，在视频轨中插入名为“蓝色.mp4”的素材，将鼠标指针移至时间轴上方的滑块上，此时鼠标指针呈双箭头形状，按住鼠标左键并向右拖曳至 00:00:01:000 的位置，释放鼠标左键，如图 6-5 所示。

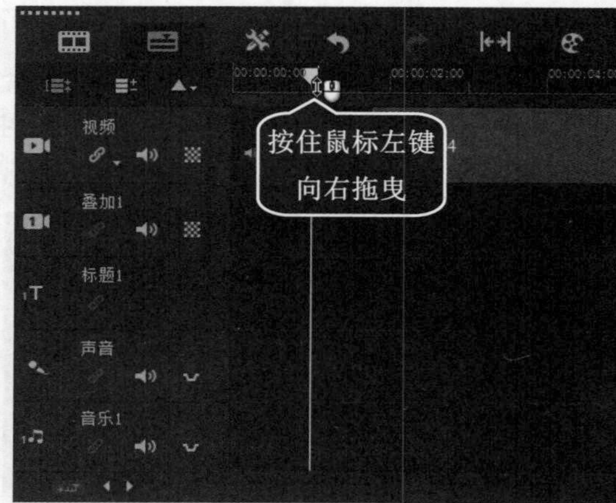

图 6-5

第 3 步 时间轴上方会显示一条橘红色线条，将鼠标指针移至时间轴上方的滑块上，按住鼠标左键并向右拖曳至 00:00:04:000 的位置释放鼠标左键，如图 6-7 所示。

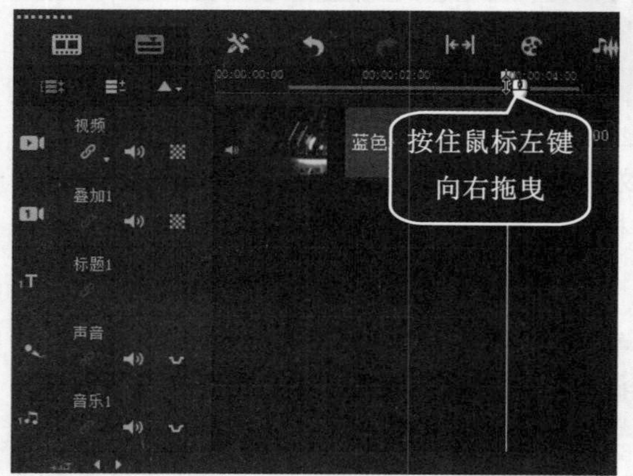

图 6-7

第 2 步 在预览窗口的右下方单击【开始标记】按钮，如图 6-6 所示。

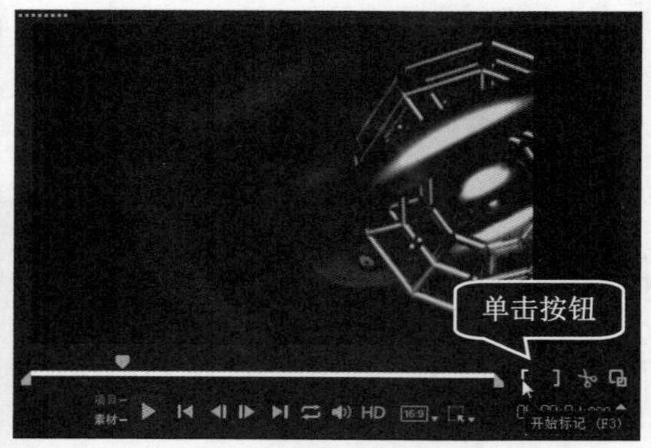

图 6-6

第 4 步 在预览窗口的右下方单击【结束标记】按钮，确定视频的终点位置，如图 6-8 所示。

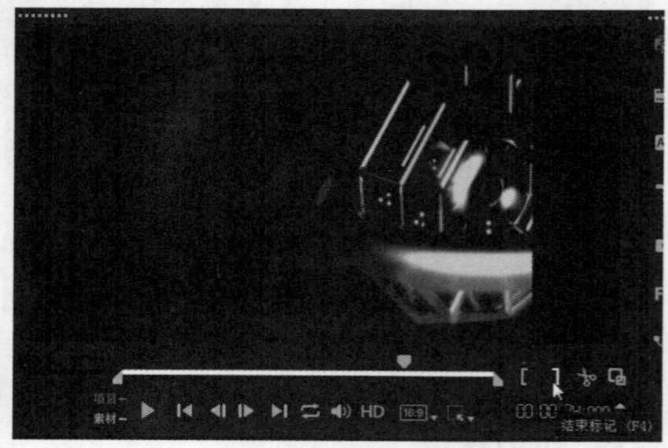

图 6-8

第 5 步 在时间轴上选定区域将以橘红色线条显示，如图 6-9 所示。

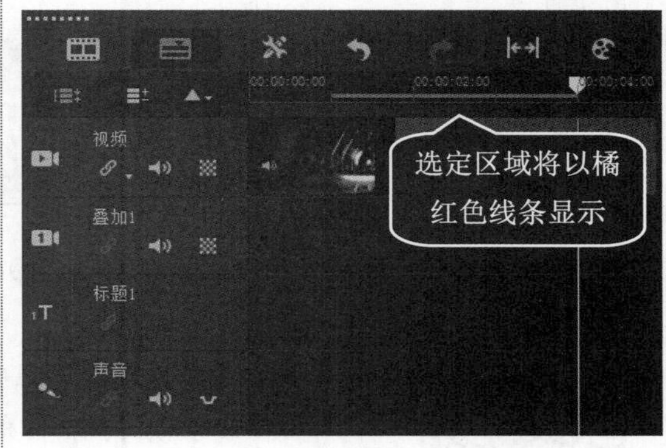

图 6-9

6.1.4 通过按钮剪辑视频

微课堂

在会声会影 2019 中，用户可以通过【根据滑轨位置分隔素材】按钮直接对视频进行编辑。下面介绍通过按钮剪辑视频的操作。

配套素材路径：配套素材/第 6 章

素材文件名称：倒计时.mpg、通过按钮剪辑视频.VSP

操作步骤 >> Step by Step

第 1 步 进入会声会影 2019 的编辑界面，在视频轨中插入名为“倒计时.mpg”的素材，在视频轨中将时间线拖至 00:00:02:000 的位置，如图 6-10 所示。

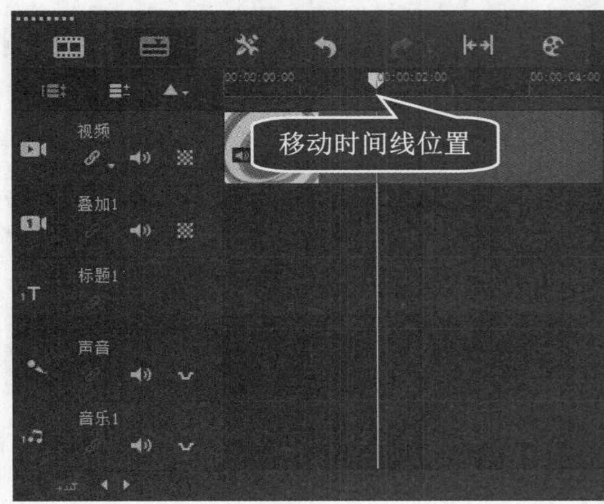

图 6-10

第 2 步 在预览窗口的右下方单击【根据滑轨位置分割素材】按钮，如图 6-11 所示。

图 6-11

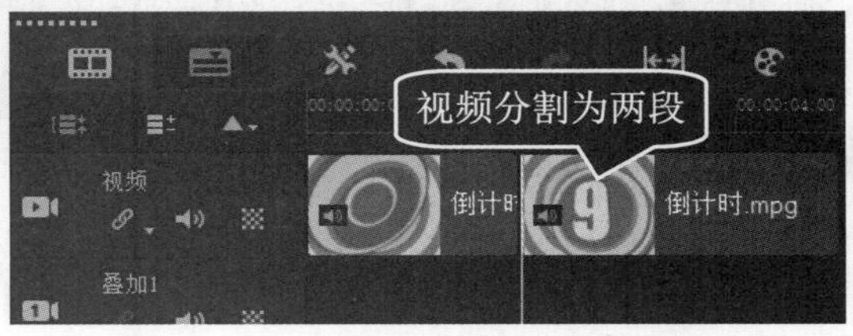

图 6-12

第 3 步 执行以上操作后，即可将视频分割为两段，如图 6-12 所示。

Section 6.2 特殊场景剪辑视频素材

在会声会影 2019 中，还可以使用一些特殊的视频剪辑方法对视频进行剪辑，如使用变速按钮剪辑视频素材、使用区间剪辑视频素材以及按场景分割视频文件等。本节将详细介绍特殊场景剪辑素材的方法。

6.2.1 使用变速按钮剪辑视频素材

在会声会影 2019 中，使用【变速】按钮可以调整整段视频的播放速度，或者调整视频片段中某一小节的播放速度。下面介绍使用【变速】按钮剪辑视频的方法。

配套素材路径：配套素材/第 6 章

素材文件名称：地标建筑.mpg、使用变速按钮剪辑视频素材.VSP

操作步骤 >> Step by Step

第 1 步 进入会声会影 2019 的编辑界面，在视频轨中插入名为“地标建筑.mpg”的素材，如图 6-13 所示。

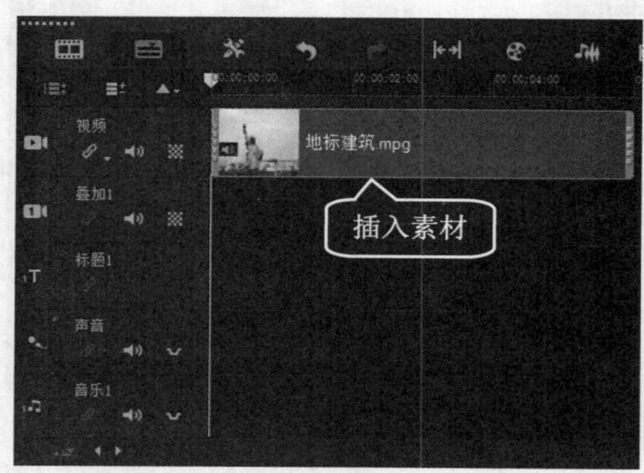

图 6-13

第 2 步 在【编辑】面板中单击【变速】按钮，如图 6-14 所示。

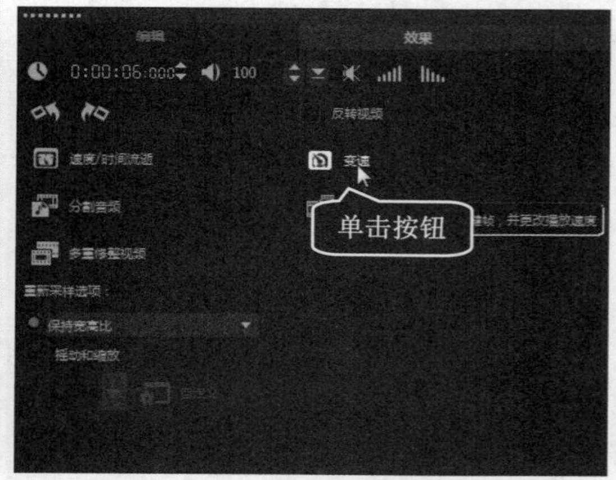

图 6-14

第 3 步 弹出【变速】对话框，***1.*** 在其中设置【速度】为 400，***2.*** 单击【确定】按钮，如图 6-15 所示。

第 4 步 在时间轴面板中显示使用变速功能剪辑后的视频素材，如图 6-16 所示。

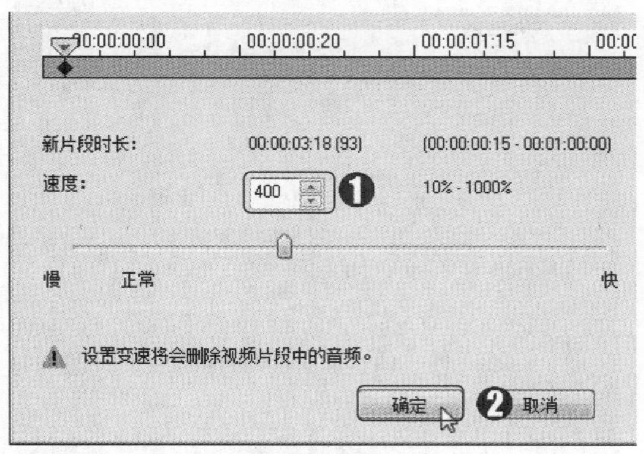

图 6-15

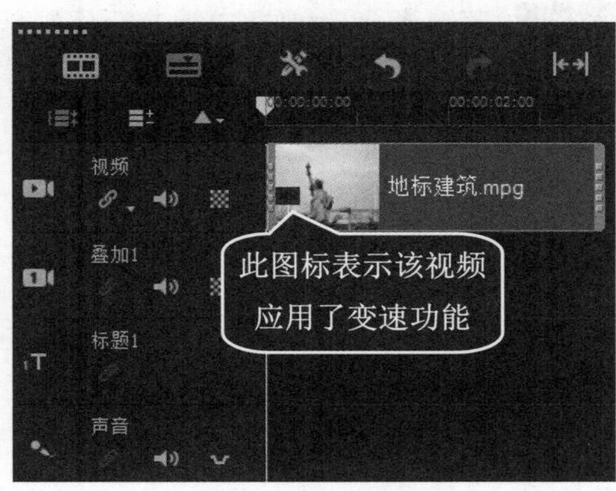

图 6-16

知识拓展

在视频轨中插入所需的视频素材，在视频素材上右击，在弹出的快捷菜单中选择【速度】→【变速】命令，也可以快速弹出【变速】对话框。

6.2.2 使用区间剪辑视频素材

在会声会影 2019 中，使用区间剪辑视频可以精确控制片段的播放时间，但它只能从视频尾部进行剪辑，若对整个影片的播放时间有严格的限制，可使用区间修整的方法来剪辑视频。下面介绍使用区间剪辑视频素材的方法。

配套素材路径：配套素材/第 6 章

素材文件名称：花朵.mpg、使用区间剪辑视频素材.VSP

操作步骤 >> Step by Step

第 1 步 进入会声会影 2019 的编辑界面，在视频轨中插入名为“花朵.mpg”的视频素材，如图 6-17 所示。

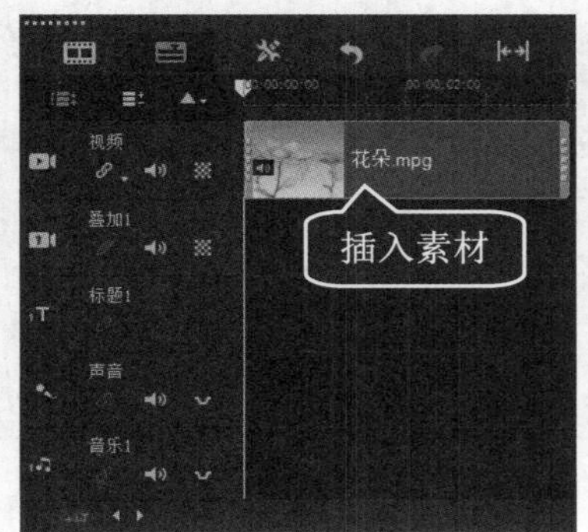

图 6-17

第 2 步 在【编辑】面板中的【视频区间】微调框中输入 00:00:03:000，然后按 Enter 键，如图 6-18 所示。

图 6-18

第 3 步 可以看到时间轴中视频已经变为 3 秒钟，通过以上步骤即可完成使用区间剪辑视频素材的操作，如图 6-19 所示。

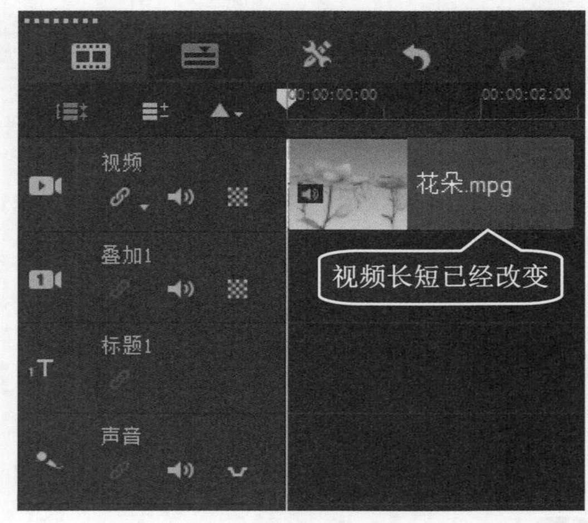

图 6-19

6.2.3 按场景分割视频文件

在会声会影 2019 中，使用按照场景分割的功能，可以将在不同场景下拍摄的视频内容分割成视频片段。下面介绍按场景分割视频文件的方法。

配套素材路径：配套素材/第 6 章

素材文件名称：森林与草原.mpg、使用区间剪辑视频素材.VSP

操作步骤 >> **Step by Step**

第 1 步 进入会声会影 2019 的编辑界面，在视频轨中插入名为“森林与草原.mpg”的视频素材，如图 6-20 所示。

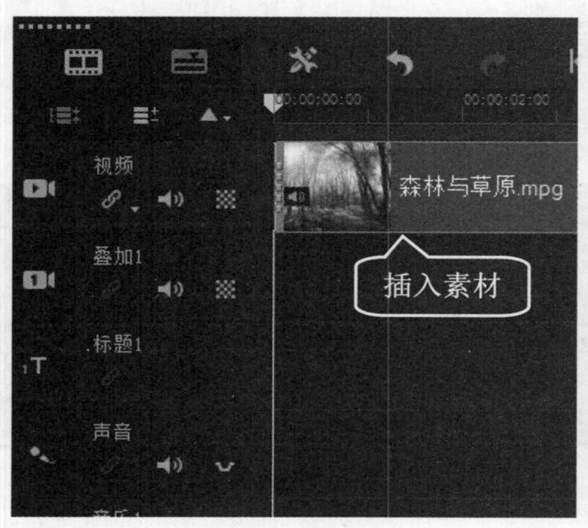

图 6-20

第 2 步 在【编辑】面板中单击【按场景分割】按钮，如图 6-21 所示。

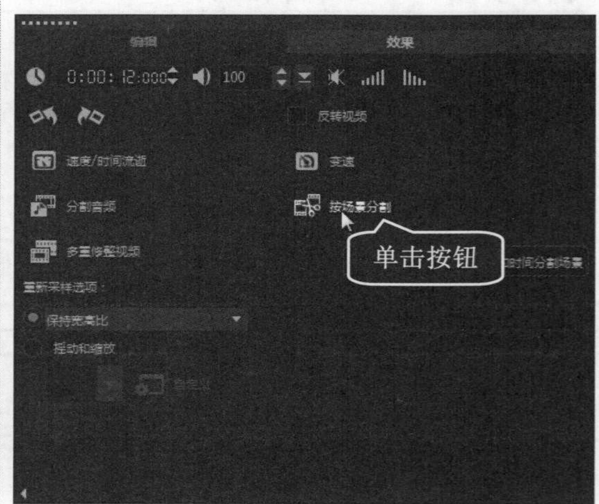

图 6-21

第 3 步 弹出【场景】对话框，*1.* 单击【扫描】按钮，稍等片刻，扫描出场景，*2.*单击【确定】按钮，如图 6-22 所示。

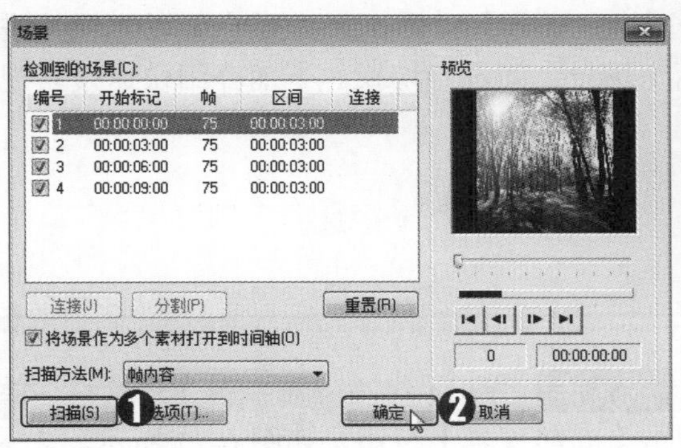

图 6-22

第 4 步 可以看到在时间轴面板中显示按照场景分割的视频素材，如图 6-23 所示。

图 6-23

■ 指点迷津

在时间轴面板中将时间线移至准备分割素材的位置并右击，在弹出的快捷菜单中选择【分隔素材】命令，即可对素材进行分割。

Section 6.3

多重修整视频

在会声会影 2019 中，多重修整视频是将视频分割成多个片段的一种方法，它可以让用户完整地控制要提取的素材，更方便地管理项目。本节将详细介绍多重修整视频方面的知识。

6.3.1 打开"多重修整视频"对话框

在执行多重修整操作之前，需要先打开【多重修整视频】对话框。首先进入会声会影 2019 的编辑界面，在视频轨中插入选中的视频素材，在【编辑】面板中单击【多重修整视频】按钮，即可弹出【多重修整视频】对话框，如图 6-24 和图 6-25 所示。

图 6-24

图 6-25

6.3.2 快速搜索视频间隔

在会声会影 2019 的编辑界面中打开【多重修整视频】对话框后，用户可以对视频进行快速搜索间隔的操作，该操作可以快速在两个场景之间进行切换。下面介绍快速搜索视频间隔的操作方法。

配套素材路径：配套素材/第 6 章

素材文件名称：菜肴.mpg

操作步骤 >> Step by Step

第 1 步 进入会声会影 2019 的编辑界面，在视频轨中插入名为“菜肴.mpg”的视频素材，用鼠标右击素材，在弹出的快捷菜单中选择【多重修整视频】命令，如图 6-26 所示。

图 6-26

第 2 步 弹出【多重修整视频】对话框，单击【向前搜索】按钮，如图 6-27 所示。

图 6-27

第 3 步 跳转至下一个场景中，通过以上步骤即可完成快速搜索视频间隔的操作，如图 6-28 所示。

图 6-28

知识拓展

在【多重修整视频】对话框中，单击【快速搜索间隔】微调框右侧的向上微调按钮，微调框中的数值将变大；单击向下微调按钮，微调框中的数值将变小。

6.3.3 反转选取视频画面

在【多重修整视频】对话框中，单击【反转选取】按钮可以选择【多重修整视频】对话框中用户未选中的视频片段。下面介绍反转选取视频画面的方法。

配套素材路径：配套素材/第 6 章

素材文件名称：风景.mpg、反转选取视频画面.VSP

操作步骤 >> Step by Step

第 1 步 进入会声会影 2019 的编辑界面，在视频轨中插入名为“风景.mpg”的视频素材，用鼠标右击素材，在弹出的快捷菜单中选择【多重修整视频】命令，如图 6-29 所示。

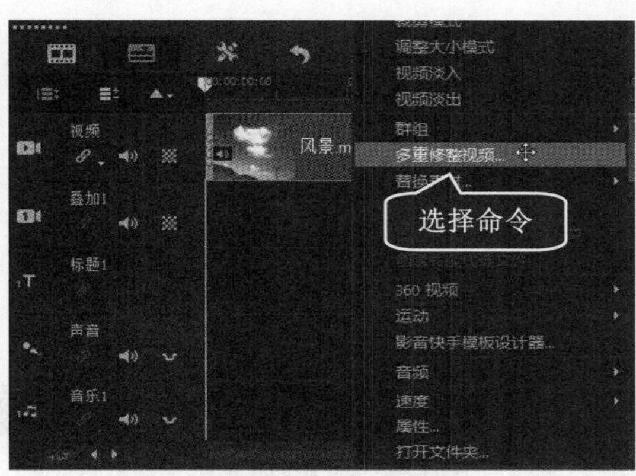

图 6-29

第 2 步 弹出【多重修整视频】对话框，***1.*** 拖曳滑块至 00:00:02:000 的位置，**2.** 单击【设置开始标记】按钮，如图 6-30 所示。

图 6-30

第 3 步 拖曳滑块至 00:00:06:000 的位置，单击【设置结束标记】按钮，如图 6-31 所示。

图 6-31

第 4 步 单击左上角的【反转选取】按钮，即可完成反转选取视频的操作，如图 6-32 所示。

图 6-32

6.3.4　播放修整的视频

在会声会影 2019 中，用户通过【多重修整视频】对话框对视频进行修整后，可以播

放修整后的视频，方便用户查看效果。下面介绍播放修整视频的方法。

配套素材路径：配套素材/第 6 章

素材文件名称：人物.mpg、播放修整的视频.VSP

操作步骤 >> Step by Step

第 1 步 进入会声会影 2019 的编辑界面，在视频轨中插入名为“人物.mpg”的视频素材，如图 6-33 所示。

图 6-33

第 2 步 打开【多重修整视频】对话框，***1.*** 拖曳滑块至 00:00:01:000 的位置，***2.*** 单击【设置开始标记】按钮，如图 6-34 所示。

图 6-34

第 3 步 单击预览窗口下方的【播放】按钮播放视频素材，***1.*** 至 00:00:05:000 的位置单击【暂停】按钮，***2.*** 单击【设置结束标记】按钮，***3.*** 单击【确定】按钮，如图 6-35 所示。

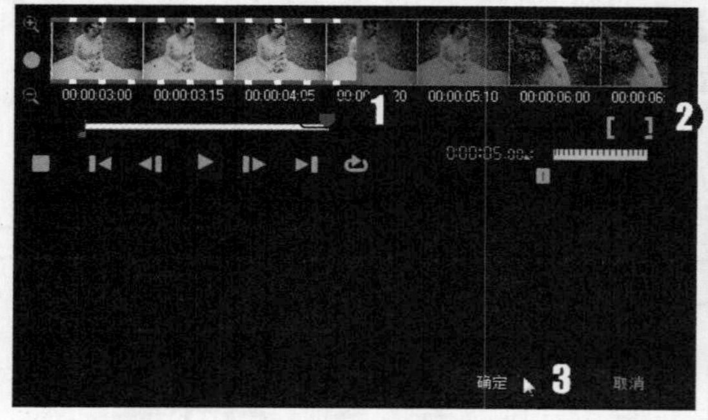

图 6-35

第 4 步 返回会声会影 2019 的编辑界面，单击导览面板中的【播放】按钮预览剪辑后的效果，如图 6-36 所示。

图 6-36

6.3.5 删除所选素材

在【多重修整视频】对话框中，用户不再使用提取的片段时，可以对不需要的片段进行删除操作。下面介绍删除所选素材的方法。

配套素材路径：配套素材/第 6 章

素材文件名称：烟花.mpg、删除所选素材.VSP

操作步骤 >> Step by Step

第 1 步 进入会声会影 2019 的编辑界面，在视频轨中插入名为"烟花.mpg"的视频素材，*1.* 在【多重修整视频】对话框中将滑块拖曳至 00:00:01:000 的位置，*2.* 单击【设置开始标记】按钮，如图 6-37 所示。

图 6-37

第 2 步 单击预览窗口下方的【播放】按钮，*1.* 至 00:00:03:000 的位置单击【暂停】按钮，*2.* 单击【设置结束标记】按钮，如图 6-38 所示。

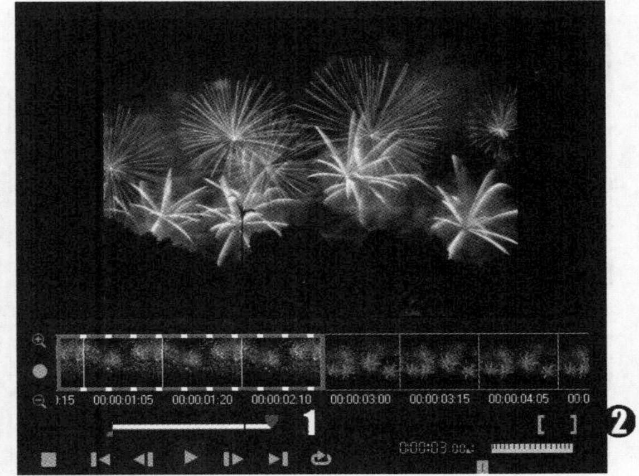

图 6-38

第 3 步 *1.* 单击【删除所选素材】按钮，*2.* 单击【确定】按钮，如图 6-39 所示。

图 6-39

第 4 步 返回会声会影 2019 的编辑界面，单击导览面板中的【播放】按钮预览剪辑后的效果，如图 6-40 所示。

图 6-40

6.3.6 转到特定时间码

在会声会影 2019 中，用户可以精确地调整所编辑素材的时间码。下面介绍在【多重修整视频】对话框中转到特定时间码的方法。

配套素材路径：配套素材/第 6 章

素材文件名称：渔民.mpg、转到特定时间码.VSP

操作步骤 >> Step by Step

第 1 步 进入会声会影 2019 的编辑界面，在视频轨中插入名为“渔民.mpg”的视频素材，如图 6-41 所示。

图 6-41

第 2 步 打开【多重修整视频】对话框，单击【设置开始标记】按钮，如图 6-42 所示。

图 6-42

第 3 步 ***1.*** 在【转到特定的时间码】文本框中输入 00:00:03:000，即可将时间线定位到视频中的第 3 秒的位置，***2.*** 单击【设置结束标记】按钮，***3.*** 单击【确定】按钮，如图 6-43 所示。

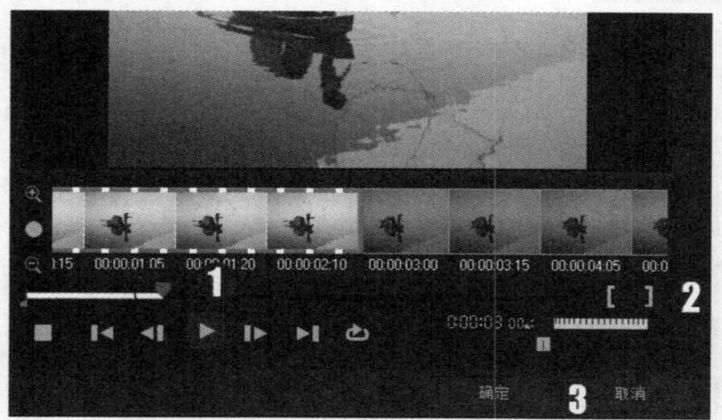

图 6-43

第 4 步 返回会声会影 2019 的编辑界面，单击导览面板中的【播放】按钮预览剪辑后的效果，如图 6-44 所示。

图 6-44

Section 6.4 专题课堂——多相机和重新映射时间

在会声会影 2019 中，用户可以通过从不同相机、不同角度捕获的时间镜头创建专业的视频编辑。此外，“重新映射时间”功能非常实用，可以帮助用户更加精准地修整视频的播放速度。本节将介绍多相机和重新映射时间的知识。

6.4.1 使用“多相机编辑器”剪辑视频画面

在会声会影 2019 中，使用“多相机编辑器”功能可以更加快速地进行视频的剪辑，可以对大量素材进行选择、搜索、剪辑点确定、时间线对位等基本操作。下面介绍使用“多相机编辑器”剪辑视频画面的方法。

配套素材路径：配套素材/第 6 章

素材文件名称：飞机 1.mov、飞机 2.mov、多相机编辑器.VSP

操作步骤 >> Step by Step

第 1 步 新建项目，***1.*** 选择【工具】菜单，***2.*** 在弹出的下拉菜单中选择【多相机编辑器】命令，如图 6-45 所示。

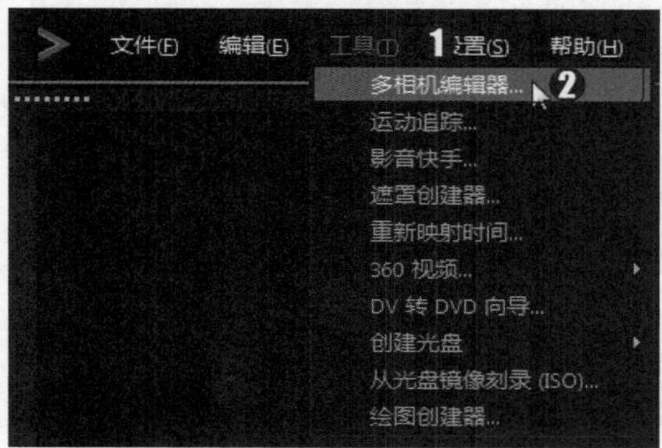

图 6-45

第 2 步 打开【来源管理器】窗口，在右上方的【相机 1】轨道右侧空白处右击，在弹出的快捷菜单中选择【插入视频】命令，如图 6-46 所示。

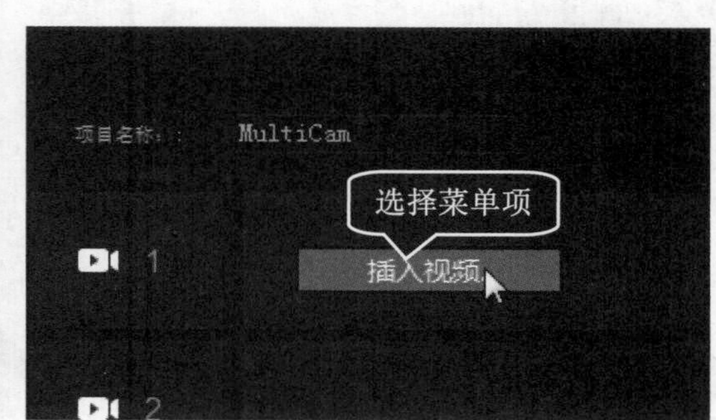

图 6-46

第 3 步 弹出【浏览媒体文件】对话框，***1.*** 选择文件所在位置，***2.*** 选中视频文件“飞机 1.mov”，***3.*** 单击【打开】按钮，如图 6-47 所示。

第 4 步 视频被添加到【相机 1】轨道中，按照相同方法将“飞机 2”视频文件添加至【相机 2】轨道中，单击【确定】按钮，如图 6-48 所示。

图 6-47

图 6-48

第 5 步 打开【多相机编辑器】窗口，单击第 1 个相机窗口，即可在【多相机】轨道上添加【相机 1】轨道的视频画面，如图 6-49 所示。

图 6-49

第 6 步 ***1.*** 拖动时间轴上方的滑块至 00:00:02:02 的位置，***2.*** 单击左上方的预览框 2，此时在【多相机】轨道上的时间轴位置添加了【相机 2】轨道的视频画面，如图 6-50 所示。

图 6-50

第 7 步 按照同样的方法，***1.*** 在 00:00:03:09 的位置再次添加【相机 1】轨道的视频画面，***2.*** 单击【确定】按钮，如图 6-51 所示。

第 8 步 返回会声会影 2019 的编辑界面，在视频素材库中显示刚制作的多相机视频文件，将制作完成的多相机视频文件拖曳至时间轴中，即可看到 3 段合成视频，如图 6-52 所示。

图 6-51

图 6-52

6.4.2 使用“重新映射时间”精修视频画面

在会声会影 2019 中，“重新映射时间”功能非常实用，可以帮助用户更加精准地修整视频的播放速度，制作出视频的快动作或慢动作特效。下面介绍使用“重新映射时间”精修视频画面的方法。

配套素材路径：配套素材/第 6 章

素材文件名称：祝福.mpg、重新映射时间.VSP

操作步骤 >> Step by Step

第 1 步 进入会声会影 2019 的编辑界面，在视频轨中插入名为“祝福.mpg”的素材，*1.* 选择【工具】菜单，*2.* 在弹出的下拉菜单中选择【重新映射时间】命令，如图 6-53 所示。

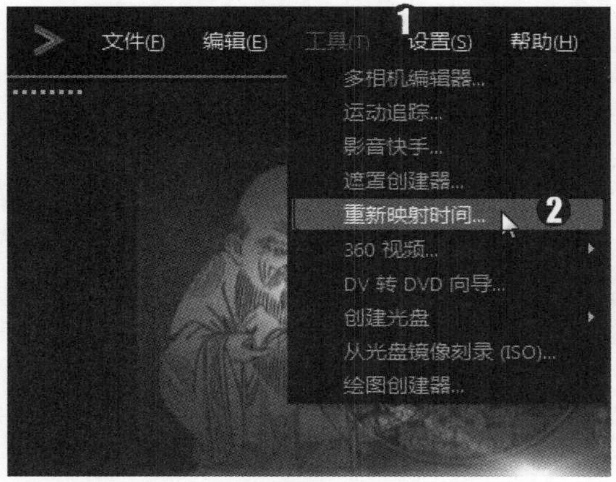

图 6-53

第 2 步 弹出【时间重新映射】对话框，*1.* 将时间线移至 00:00:00:06 位置，*2.* 在窗口右侧单击【停帧】按钮，*3.* 设置【停帧】的时间为 3 秒，如图 6-54 所示。

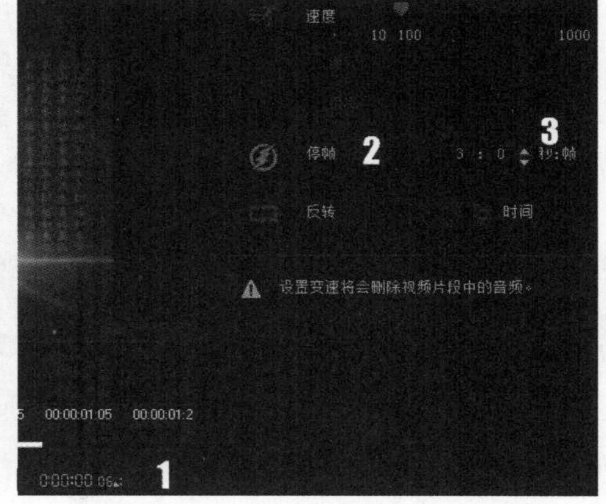

图 6-54

第 3 步 **1.** 将时间线移至 00:00:01:05 位置，**2.** 在窗口右上方设置【速度】为 50，如图 6-55 所示。

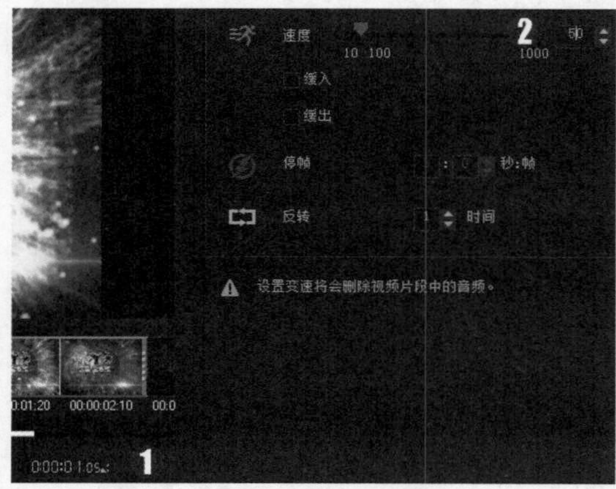

图 6-55

第 4 步 将时间线移至 00:00:03:07 位置，**1.** 再次单击【停帧】按钮，**2.** 设置【停帧】时间为 3 秒，**3.** 单击【确定】按钮，如图 6-56 所示。

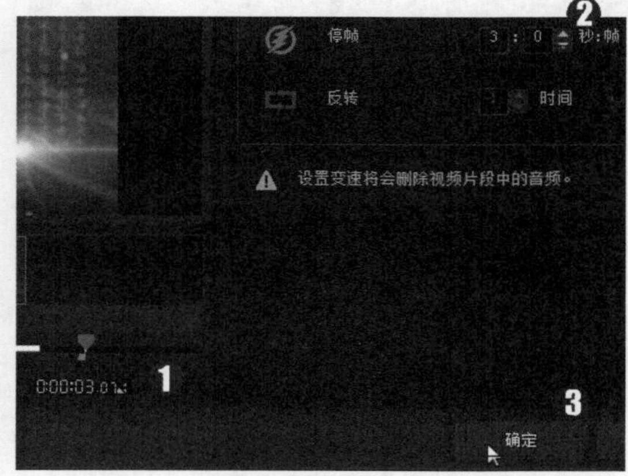

图 6-56

第 5 步 返回会声会影 2019 的编辑界面，在视频轨中可以查看精修完成的视频文件，通过以上步骤即可完成使用“精修映射时间”精修视频的操作，如图 6-57 所示。

图 6-57

Section 6.5 实践经验与技巧

在本节的学习过程中，将侧重介绍和讲解与本章知识点有关的实践经验与技巧，主要内容包括显示网格线、将修整后的素材输出为视频文件、如何应用表格底色等方面的知识与操作技巧。

6.5.1 显示网格线

在会声会影 2019 中，用户还可以在项目文件中显示网格线，用于更精确地编辑文件。下面介绍显示网格线的方法。

操作步骤 >> Step by Step

第 1 步 在时间轴中，右击素材文件，在弹出的快捷菜单中选择【打开选项面板】命令，如图 6-58 所示。

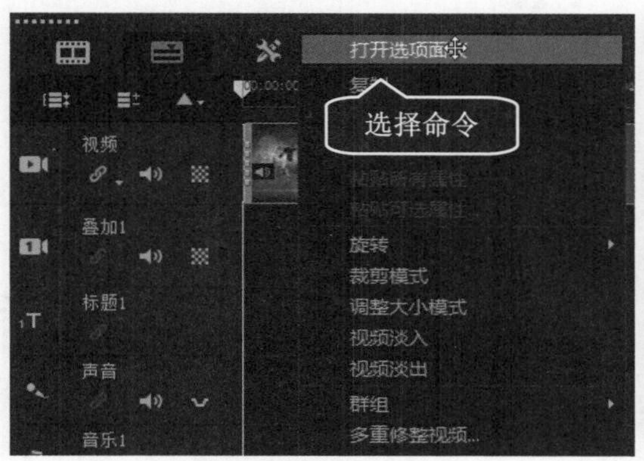

图 6-58

第 2 步 在【选项】面板中，*1.* 切换到【效果】选项卡，*2.* 选中【显示网格线】复选框，如图 6-59 所示。

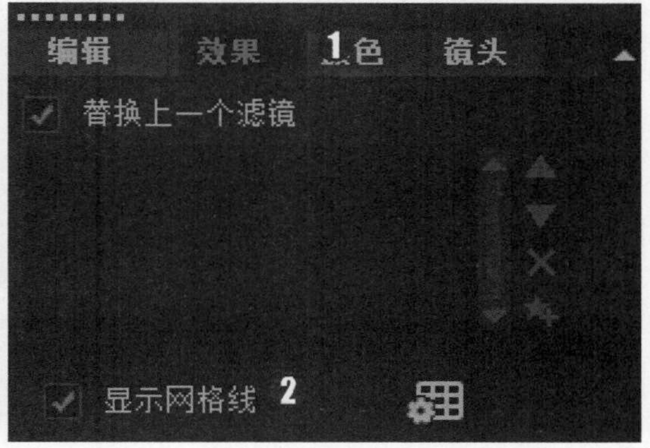

图 6-59

第 3 步 在导览面板中显示网格线，通过以上步骤即可完成显示网格线的操作，如图 6-60 所示。

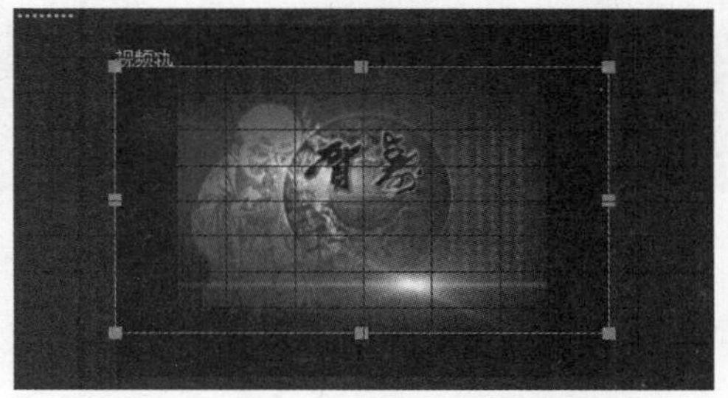

图 6-60

6.5.2 将修整后的素材输出为视频文件

在会声会影 2019 中，用户可以将修整完的素材输出为可独立播放的视频文件。下面介绍将修整后的素材输出为视频文件的方法。

配套素材路径：配套素材/第 6 章

素材文件名称：蓝色.mp4、蓝色-1. mp4

操作步骤 >> Step by Step

第 1 步 进入会声会影 2019 的编辑界面，在视频轨中插入名为“蓝色.mp4”的素材，*1.* 选择【文件】菜单，*2.* 在弹出的下拉菜单中选择【保存修整后的视频】命令，如图 6-61 所示。

第 2 步 保存完成后，用户可以在文件夹中查看输出的视频文件，通过以上步骤即可完成将修整后的素材输出为视频文件的操作，如图 6-62 所示。

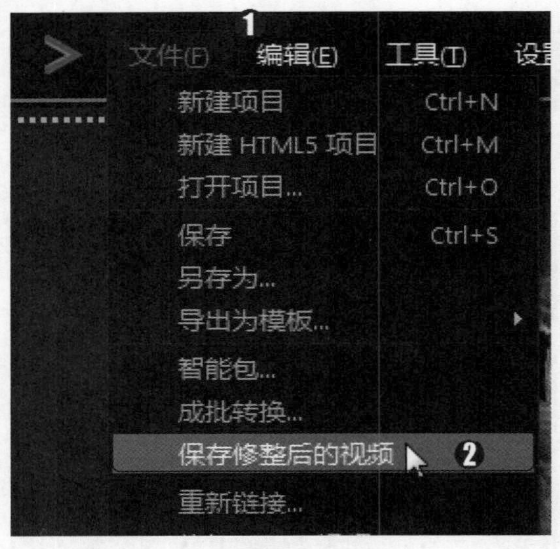

图 6-61

图 6-62

Section 6.6 思考与练习

通过对本章内容的学习，读者可以掌握剪辑与精修视频素材的基本知识以及一些常见的操作方法，在本节中将针对本章知识点进行相关知识测试，以达到巩固与提高的目的。

1. 填空题

(1) 在会声会影 2019 的编辑界面中，可以对视频素材进行相应的剪辑，其中包括“黄色标记剪辑视频”“__________”“__________”和“通过按钮剪辑视频”4 种常用的视频素材剪辑方法。

(2) 在会声会影 2019 中，用户还可以通过修整栏来剪辑视频。修整栏中两个修整拖柄之间的部分代表素材中__________部分，拖动拖柄即可对素材进行修整，且在预览窗口中显示与拖柄相对应的帧画面。

2. 判断题

(1) 在会声会影编辑器中，打开【多重修整视频】对话框后，用户可以对视频进行快速搜索间隔的操作，该操作可以快速在两个场景之间进行切换。 ( )

(2) 在会声会影 2019 中，用户可以通过【根据滑轨位置分隔素材】按钮直接对视频进行编辑。 ( )

3. 思考题

(1) 如何按场景分割视频文件？

(2) 如何通过修整栏剪辑视频？

制作视频转场特效

- ❖ 转场基本操作
- ❖ 添加单色画面过渡
- ❖ 设置转场效果
- ❖ 制作视频转场特效

本章主要介绍了转场基本操作、添加单色画面过渡、设置转场效果和制作视频转场特效方面的知识与技巧，在本章的最后还针对实际的工作需求，讲解了制作马赛克转场效果、制作燃烧转场效果、制作画中画转场效果和制作三维相册翻页转场效果的方法。通过对本章内容的学习，读者可以掌握制作视频转场特效方面的知识，为深入学习会声会影 2019 知识奠定基础。

Section 7.1 转场的基本操作

在制作一部影片的过程中，不同的场景直接连接会使效果显得十分生硬，而在两个不同场景之间添加转场后，会使得场景与场景之间的过渡变得自然且生动有趣。本节将详细介绍转场的相关知识。

7.1.1 自动添加转场

在会声会影 2019 中，自动添加转场是默认的功能，当用户将素材添加到时间轴面板中时，会声会影将自动在两段素材之间添加转场效果。下面将详细介绍自动添加转场的操作方法。

配套素材路径：配套素材/第 7 章

素材文件名称：狗.jpg、猫.jpg、自动添加转场.VSP

操作步骤 >> Step by Step

第 1 步 进入会声会影 2019 的编辑界面，*1.* 选择【设置】菜单，*2.* 在弹出的下拉菜单中选择【参数选择】命令，如图 7-1 所示。

图 7-1

第 2 步 弹出【参数选择】对话框，*1.* 切换到【编辑】选项卡，*2.* 选中【自动添加转场效果】复选框，*3.* 单击【确定】按钮，如图 7-2 所示。

图 7-2

第 3 步 在时间轴面板中插入名为“狗.jpg”和“猫.jpg”的素材，如图 7-3 所示。

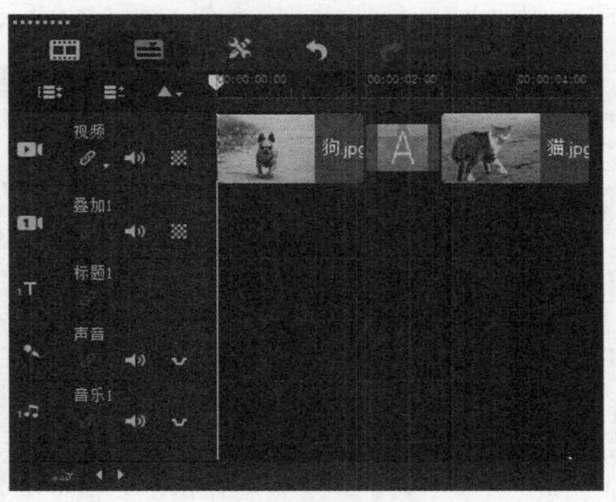

图 7-3

第 4 步 单击导览面板中的【播放】按钮，预览自动添加转场效果，如图 7-4 所示。

图 7-4

7.1.2 手动添加转场

使用预定义的转场效果虽然方便，但约束太多，且不能很好地控制效果。下面将详细介绍手动添加转场的操作方法。

配套素材路径：配套素材/第 7 章

素材文件名称：夜晚 1.jpg、夜晚 2.jpg、手动添加转场.VSP

操作步骤 >> Step by Step

第 1 步 进入会声会影 2019 的编辑界面，在时间轴面板中插入名为“夜晚 1.jpg”和“夜晚 2.jpg”的素材，如图 7-5 所示。

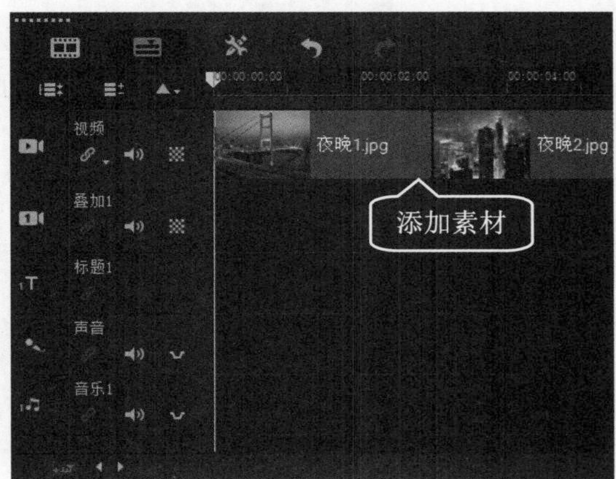

图 7-5

第 2 步 在【选项】面板中，***1.*** 单击【转场】按钮，***2.*** 单击素材库上方的【全部】下拉按钮，***3.*** 在弹出的下拉列表中选择【三维】选项，如图 7-6 所示。

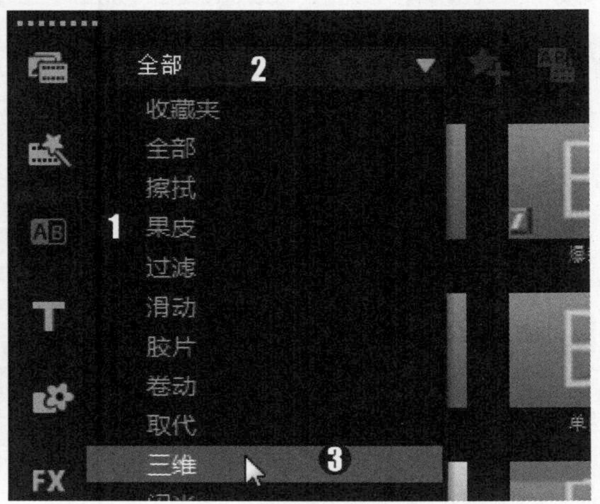

图 7-6

第 3 步 打开三维转场组，在其中选择【飞行翻转】转场效果，如图 7-7 所示。

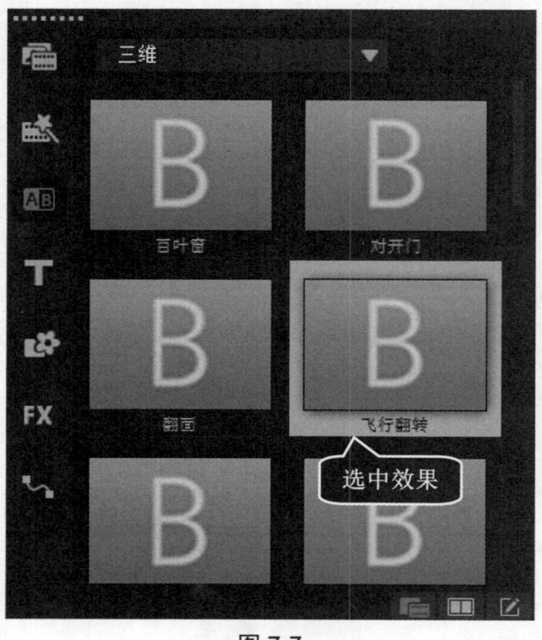

图 7-7

第 4 步 按住鼠标左键并将其拖曳至时间轴面板中两个素材之间，通过以上步骤即可完成手动添加转场效果的操作，如图 7-8 所示。

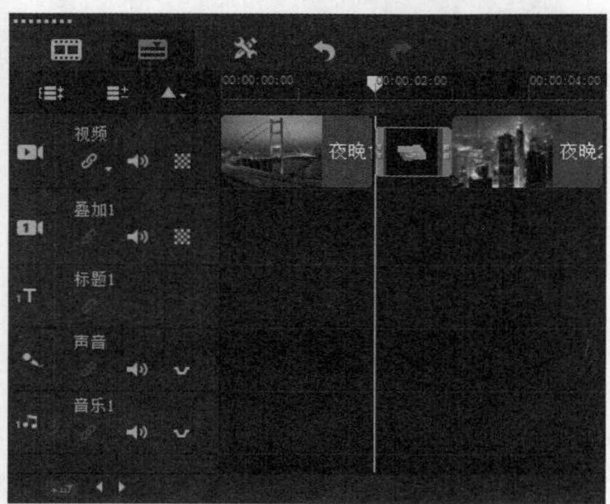

图 7-8

知识拓展

进入【转场】素材库后，默认状态下显示【收藏夹】转场组，用户可以将其他类别中常用的转场效果添加至【收藏夹】转场组中，方便以后调用到其他视频素材之间，从而提高视频编辑效率。

7.1.3 对素材应用随机效果

在会声会影 2019 中，用户可以随机应用【转场】素材库中的转场素材，以便制作出意想不到的艺术效果。下面将详细介绍随机应用效果的操作方法。

配套素材路径：配套素材/第 7 章

素材文件名称：江雪 1.jpg、江雪 2.jpg、随机效果.VSP

操作步骤 >> Step by Step

第 1 步 进入会声会影 2019 的编辑界面，在时间轴面板中插入名为“江雪 1.jpg”和“江雪 2.jpg”的素材，如图 7-9 所示。

第 2 步 在【选项】面板中，***1.*** 单击【转场】按钮，***2.*** 单击素材库上方的【对视频轨应用随机效果】按钮，如图 7-10 所示。

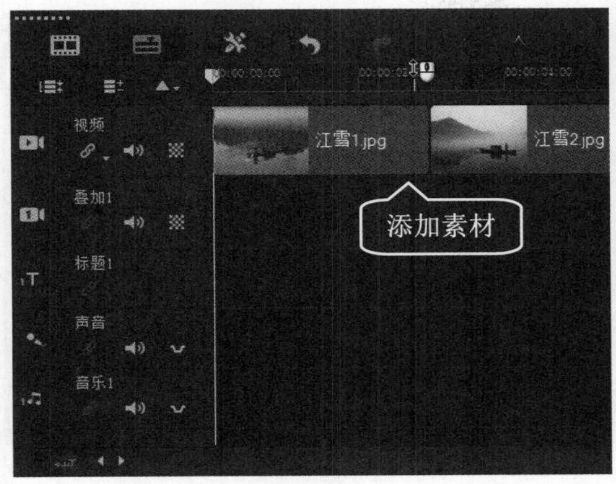

图 7-9

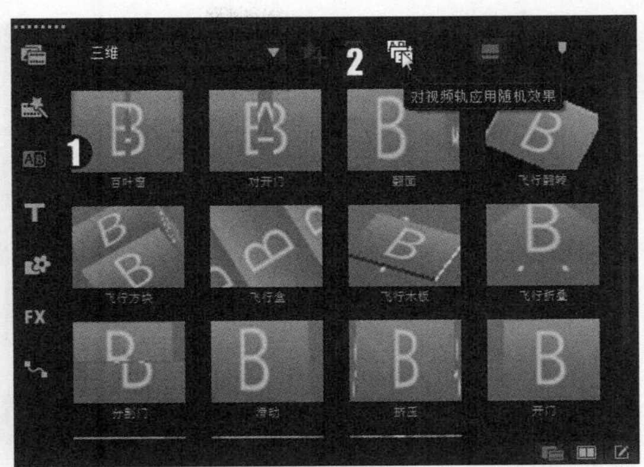

图 7-10

第 3 步 可以看到在时间轴面板中，两个素材之间已经插入了一个转场效果，如图 7-11 所示。

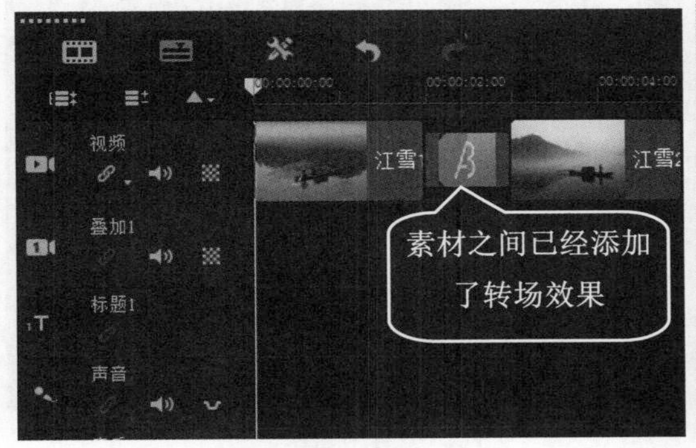

图 7-11

第 4 步 在导览面板中单击【播放】按钮，查看插入的随机转场效果，如图 7-12 所示。

图 7-12

7.1.4　添加到“收藏夹”

用户可以从不同类别中收集自己喜欢的转场，将它们保存到收藏夹文件夹中。通过这种方式，可以很方便地找到常用的转场。下面详细介绍添加到“收藏夹”的方法。

操作步骤 >> Step by Step

第 1 步 进入会声会影 2019 的编辑界面，在【选项】面板中，***1.*** 单击【转场】按钮，***2.*** 单击素材库上方的【全部】下拉按钮，***3.*** 在弹出的下拉列表中选择【时钟】选项，如图 7-13 所示。

第 2 步 打开【时钟】素材库，***1.*** 选择【分割】转场效果，***2.*** 单击素材库上方的【添加到收藏夹】按钮，如图 7-14 所示。

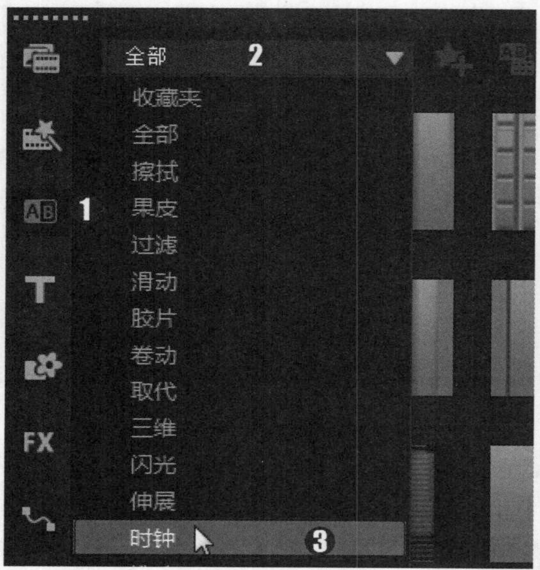

图 7-13

第 3 步 *1.* 单击素材库上方的【时钟】下拉按钮，*2.* 在弹出的下拉列表中选择【收藏夹】选项，如图 7-15 所示。

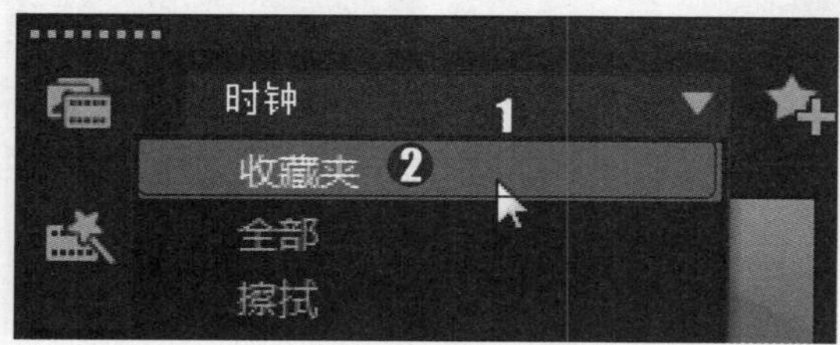

图 7-15

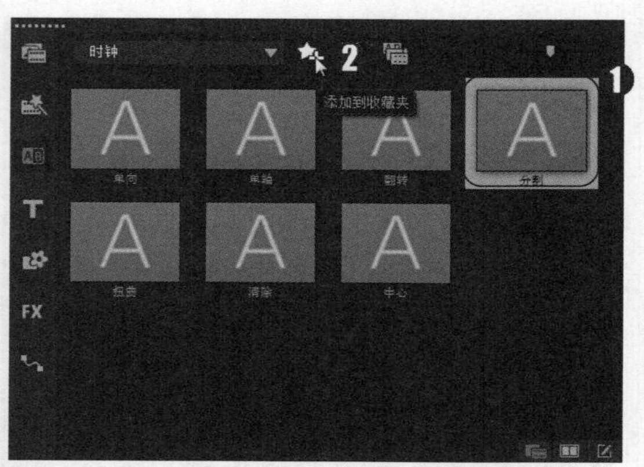

图 7-14

第 4 步 打开【收藏夹】素材库，可以查看添加的【分割】转场效果，如图 7-16 所示。

图 7-16

7.1.5 从“收藏夹”中删除

如果“收藏夹”中的转场效果过多，查看起来杂乱，用户也可以从“收藏夹”中删除不再使用的转场效果。下面将详细介绍其操作方法。

操作步骤 >> Step by Step

第 1 步 在【选项】面板中切换至【转场】选项卡，进入【收藏夹】素材库，用鼠标右击准备删除的转场效果，在弹出的快捷菜单中选择【删除】命令，如图 7-17 所示。

第 2 步 弹出信息提示框，提示是否删除此略图，单击【是】按钮即可完成将转场效果从收藏夹素材库中删除的操作，如图 7-18 所示。

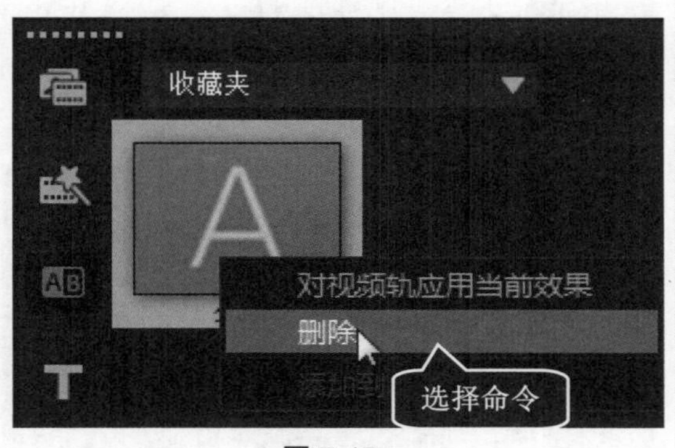

图 7-17

图 7-18

Section 7.2 添加单色画面过渡

在会声会影 2019 中，用户可以使用单色的画面效果对场景进行过渡，使视频转场独具风格。添加单色画面过渡的操作包括添加单色画面、自定义单色素材和添加黑屏过渡效果等。本节将介绍添加单色画面过渡方面的知识。

7.2.1 添加单色画面

单色画面过渡是一种特殊的视频转场效果，起到划分视频片段、间歇过渡的作用。下面介绍添加单色画面的操作方法。

配套素材路径：配套素材/第 7 章

素材文件名称：花.jpg、添加单色画面.VSP、

操作步骤 >> **Step by Step**

第 1 步 进入会声会影 2019 的编辑界面，在时间轴面板中打开名为“花.jpg”的素材文件，如图 7-19 所示。

图 7-19

第 2 步 在【选项】面板中，***1.*** 单击【图形】按钮，***2.*** 选择【颜色】选项，***3.*** 选择蓝色色块，如图 7-20 所示。

图 7-20

第 3 步 按住鼠标左键并将其拖曳至故事板中的适当位置，如图 7-21 所示。

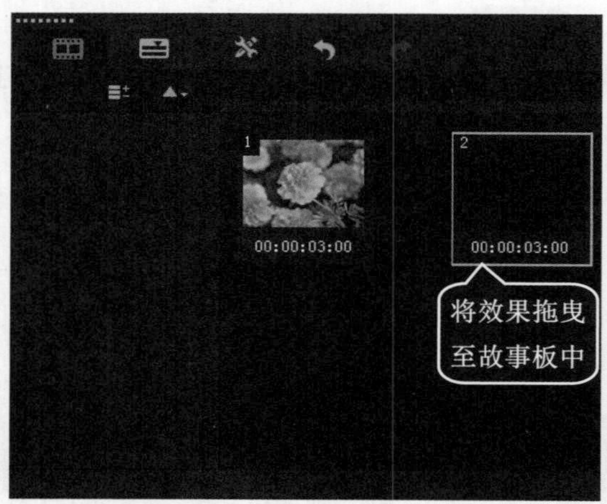

图 7-21

第 4 步 **1.** 单击【转场】按钮，**2.** 选择【过滤】选项，**3.** 选择【打碎】转场效果，如图 7-22 所示。

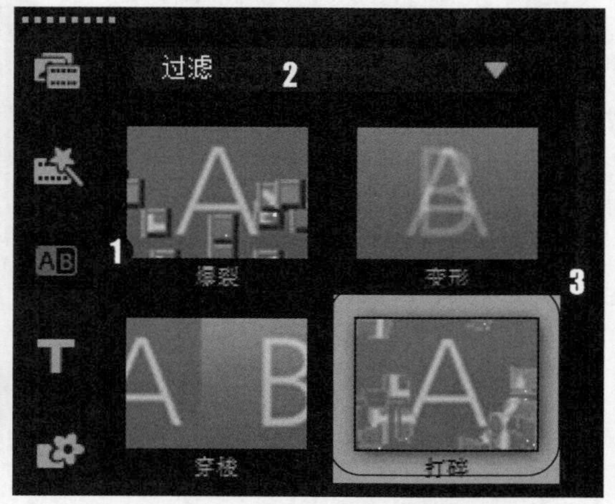

图 7-22

第 5 步 按住鼠标左键并将所选效果拖曳至故事板中的适当位置，如图 7-23 所示。

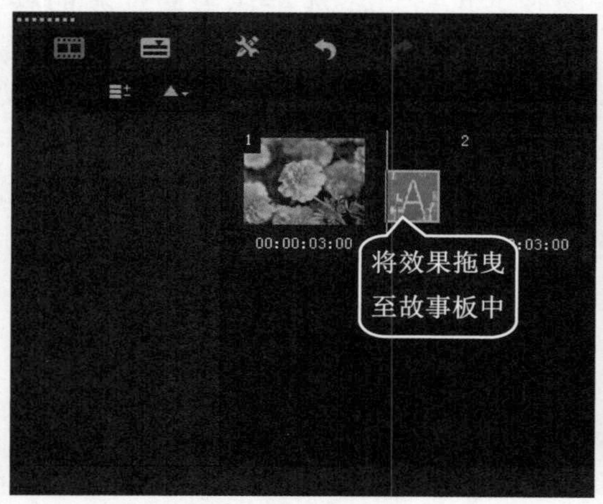

图 7-23

第 6 步 单击导览面板中的【播放】按钮，预览添加的单色画面效果，如图 7-24 所示。

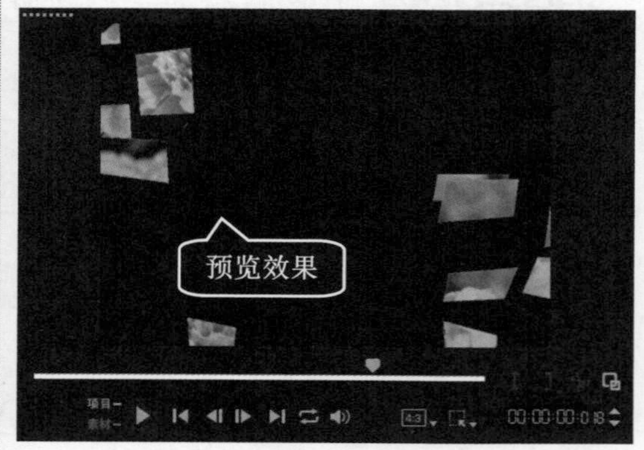

图 7-24

7.2.2 自定义单色素材

在会声会影 2019 中，如果【图形】面板中的颜色不能满足用户的编辑需求，用户可以自定义单色素材。下面介绍自定义单色素材的操作方法。

配套素材路径：配套素材/第 7 章

素材文件名称：高楼.jpg、高楼.VSP、自定义单色素材.VSP

操作步骤 >> Step by Step

第 1 步 进入会声会影 2019 的编辑界面，打开名为“高楼.VSP”的项目文件素材，在故事板中选中色彩色块，如图 7-25 所示。

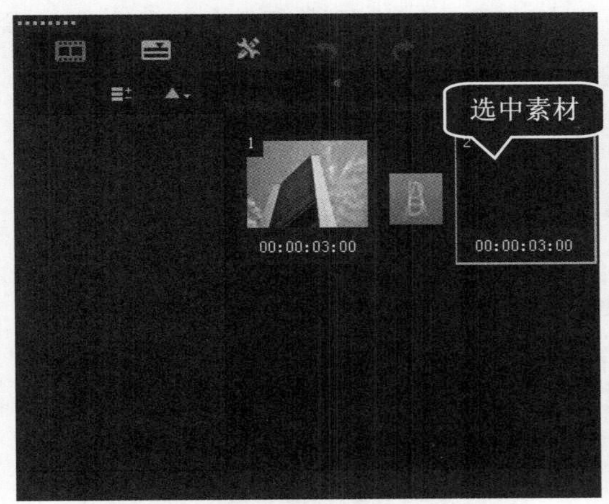

图 7-25

第 2 步 在故事板中选中需要编辑的色彩色块，在【颜色】面板中单击【色彩选取器】左侧的色块，弹出颜色面板，选择第 2 行第 2 个颜色，如图 7-26 所示。

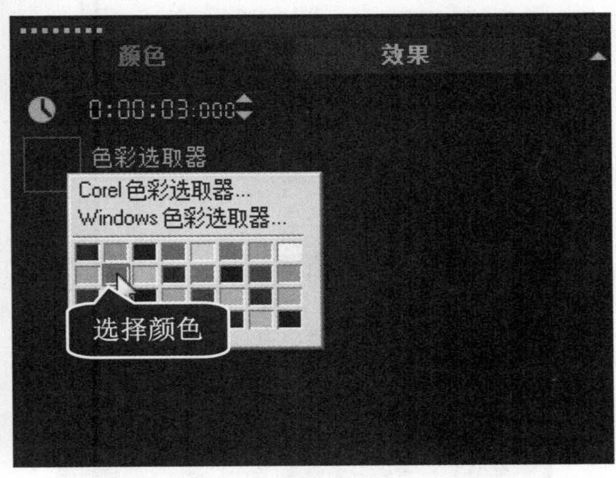

图 7-26

第 3 步 可以看到故事板中的颜色色块已经更改，如图 7-27 所示。

图 7-27

第 4 步 单击导览面板中的【播放】按钮，预览自定义的单色素材效果，如图 7-28 所示。

图 7-28

7.2.3 添加黑屏过渡效果

在会声会影 2019 中，添加黑屏过渡效果的方法非常简单，只需在黑色和素材之间添加“交叉淡化”转场即可。下面介绍添加黑屏过渡效果的操作方法。

配套素材路径：配套素材/第 7 章

素材文件名称：太阳.jpg、添加黑屏过渡效果.VSP

操作步骤 >> Step by Step

第 1 步 进入会声会影 2019 的编辑界面，在故事板中插入名为“太阳.jpg”的图像素材，如图 7-29 所示。

图 7-29

第 2 步 在【选项】面板中，***1.*** 选择【图形】选项，***2.*** 选择【颜色】选项，***3.*** 选择黑色色块，如图 7-30 所示。

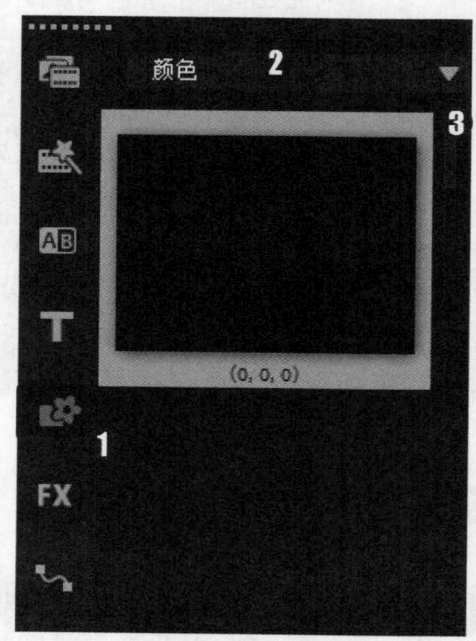

图 7-30

第 3 步 按住鼠标左键并将所选色块拖曳至故事板中的开始位置，如图 7-31 所示。

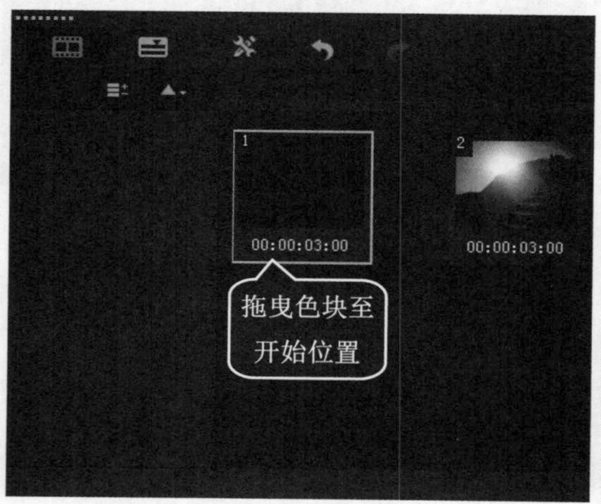

图 7-31

第 4 步 在【选项】面板中，***1.*** 选择【转场】选项，***2.*** 选择【全部】选项，***3.*** 选择【交叉淡化】效果，如图 7-32 所示。

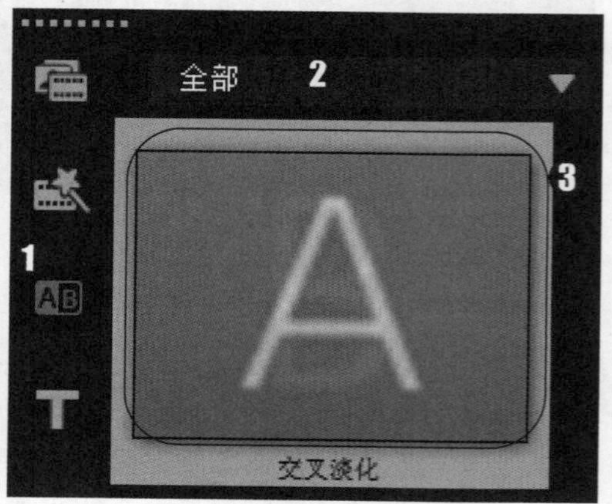

图 7-32

第 5 步　按住鼠标左键将【交叉淡化】效果拖曳至故事板中的适当位置，如图 7-33 所示。

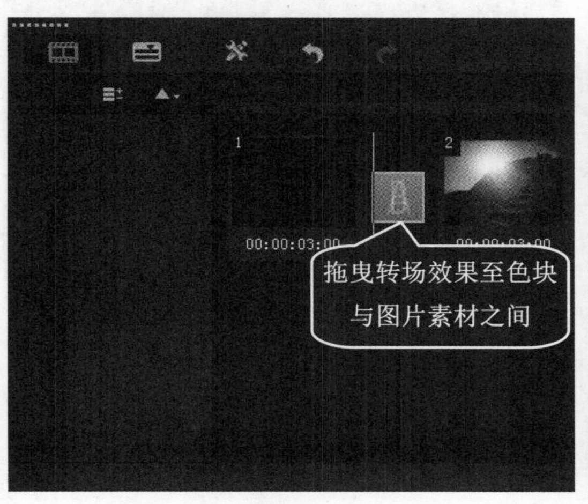

图 7-33

第 6 步　在导览面板中单击【播放】按钮，即可查看添加的黑屏过渡效果，如图 7-34 所示。

图 7-34

Section 7.3 设置转场效果

为素材之间添加转场效果并对其进行调节后，用户还可以对转场效果的属性进行一些设置，从而制作出丰富的视觉效果。本节详细介绍设置转场效果方面的知识。

7.3.1 设置转场边框效果

在会声会影 2019 中，有许多的转场可以设置边框效果，使转场效果更加美观。下面详细介绍调整转场边框的操作方法。

配套素材路径：配套素材/第 7 章

素材文件名称：春.jpg、夏.jpg、秋.jpg、冬.jpg、四季变换.VSP、转场边框.VSP

操作步骤 >> Step by Step

第 1 步　进入会声会影 2019 的编辑界面，在故事板中插入名为“四季变换”的项目文件；选择“春”与“夏”图像素材之间的转场效果，如图 7-35 所示。

第 2 步　***1.*** 单击【显示选项面板】按钮，显示【选项】面板，***2.*** 设置【边框】微调框的数值为 8，***3.*** 在【色彩】选取框中选择边框颜色，***4.*** 在【柔化边缘】区域选择【中等柔化边缘】选项，如图 7-36 所示。

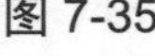
图 7-35

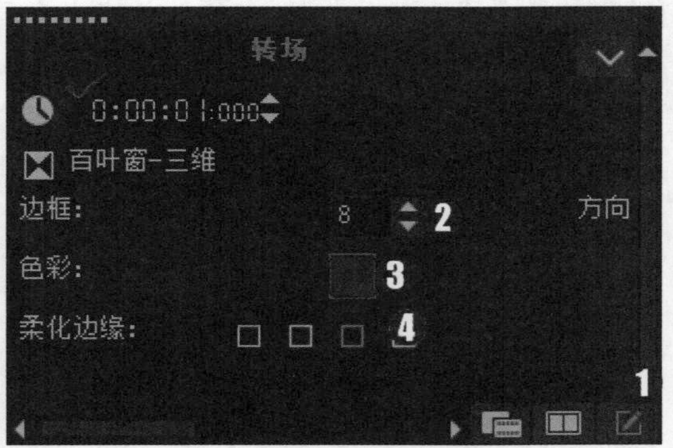

图 7-36

第 3 步 在导览面板中单击【播放】按钮即可查看效果。通过以上步骤即可完成设置转场边框的效果，如图 7-37 所示。

图 7-37

知识拓展

在会声会影 2019 中，在【转场】面板中，不是所有类型的转场效果都适合添加边框，用户在选择转场效果时应注意区分。

7.3.2 调整转场时间长度

添加转场效果后，用户可以根据需要设置转场的时间长度，便于用户的编辑需要。下面详细介绍调整转场时间长度的操作方法。

配套素材路径：配套素材/第 7 章

素材文件名称：春.jpg、夏.jpg、秋.jpg、冬.jpg、四季变换.VSP、转场时间长度.VSP

操作步骤 >> Step by Step

第 1 步 进入会声会影 2019 的编辑界面，在故事板中插入名为“四季变换”的项目文件，选择“夏”与“秋”图像素材之间的转场效果，如图 7-38 所示。

图 7-38

第 2 步 *1.* 单击【显示选项面板】按钮，显示【选项】面板，**2.** 在【区间】微调框中设置转场效果的持续时间，如图 7-39 所示。

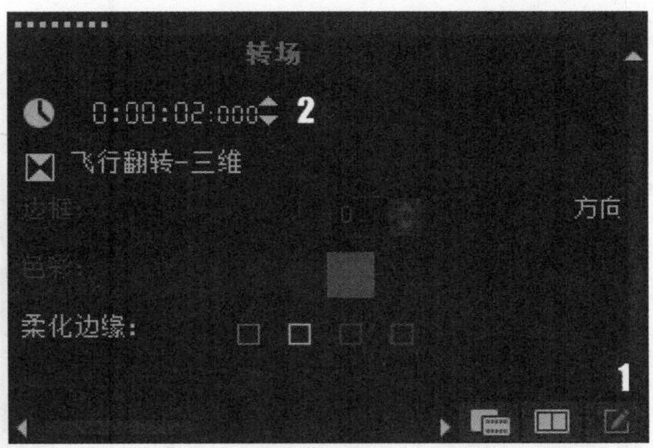

图 7-39

7.3.3 替换转场效果

在会声会影 2019 中，用户可以在故事板中直接替换转场效果。下面将详细介绍替换转场的操作方法。

配套素材路径：配套素材/第 7 章

素材文件名称：春.jpg、夏.jpg、秋.jpg、冬.jpg、四季变换.VSP、替换转场效果.VSP

操作步骤 >> Step by Step

第 1 步 进入会声会影 2019 的编辑界面，在故事板中插入名为“四季变换”的项目文件，选择“春”与“夏”图像素材之间的转场效果，如图 7-40 所示。

第 2 步 在【选项】面板中，*1.* 选择【转场】选项，*2.* 选择【爆裂】转场效果，如图 7-41 所示。

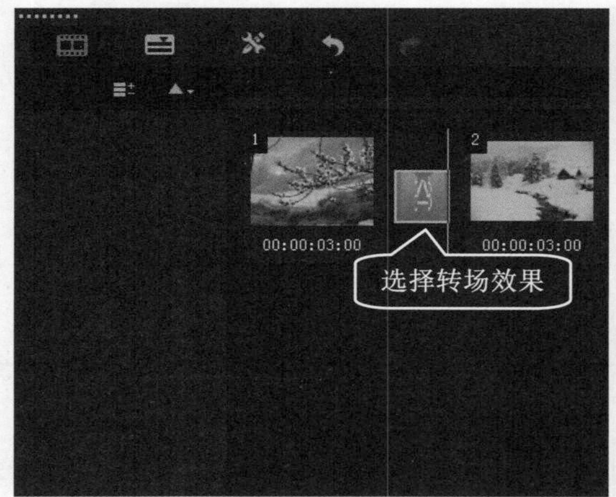

图 7-40

第 3 步 按住鼠标左键并将转场效果拖曳至“春”与“夏”两图片素材之间，可以看到转场效果已经改变，如图 7-42 所示。

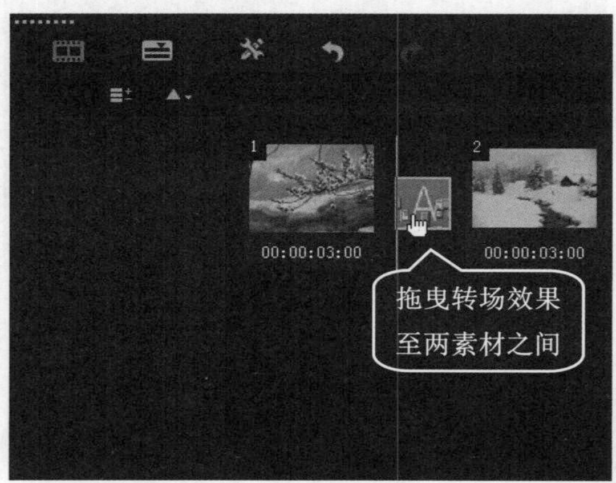

图 7-42

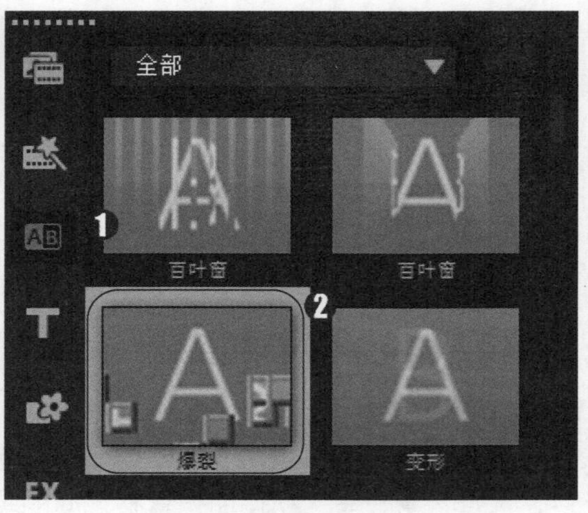

图 7-41

第 4 步 在导览面板中单击【播放】按钮即可查看效果。通过以上步骤即可完成替换转场效果的操作，如图 7-43 所示。

图 7-43

7.3.4 删除转场效果

在会声会影 2019 中，用户可以在【故事板视图】面板中直接删除转场效果。下面详细介绍删除转场的操作方法。

在故事板中，在导入的素材之间添加转场效果后，使用鼠标右击准备删除的转场效果，然后在弹出的快捷菜单中选择【删除】命令，即可完成删除转场的操作，如图 7-44 所示。

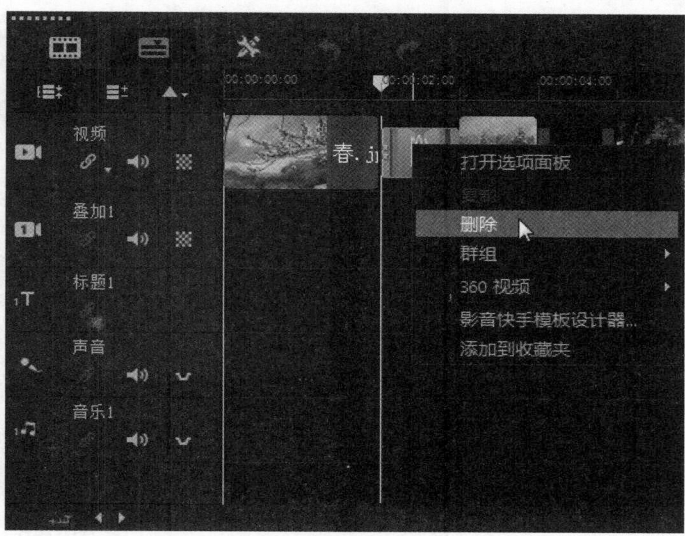

图 7-44

Section 7.4 专题课堂——制作视频转场特效

在会声会影 2019 中，转场效果的种类繁多，在影片中某些转场效果独具特色，可以为视频添加非凡的视觉体验。本节主要介绍通过各种转场制作视频切换特效的操作方法。

7.4.1 制作遮罩转场效果

在会声会影 2019 的“遮罩”转场素材库中，包括 6 种不同的遮罩转场类型。用户可以根据需要将遮罩转场效果添加至素材之间。下面介绍制作遮罩转场效果的方法。

配套素材路径：配套素材/第 7 章

素材文件名称：草原 1.jpg、草原 2.jpg、遮罩转场效果.VSP

操作步骤 >> Step by Step

第 1 步 进入会声会影 2019 的编辑界面，在故事板中插入名为“草原 1”和“草原 2”图像素材，如图 7-45 所示。

第 2 步 在【选项】面板中，***1.*** 选择【转场】选项，***2.*** 选择【遮罩】选项，***3.*** 选择【遮罩 A】效果，如图 7-46 所示。

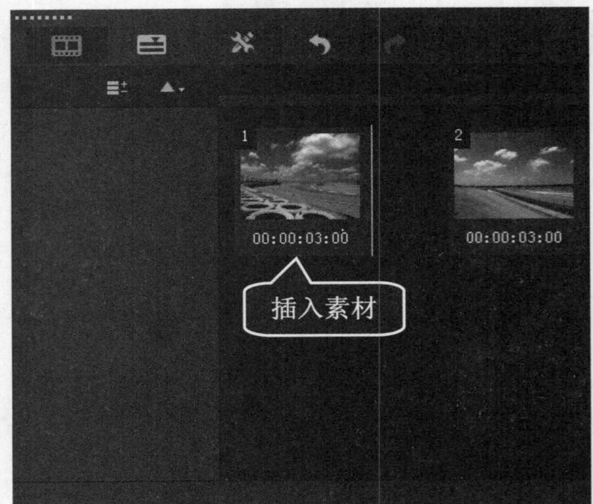

图 7-45

第 3 步 按住鼠标左键将转场效果拖曳至两图片素材之间，如图 7-47 所示。

图 7-47

第 5 步 弹出【遮罩-遮罩 A】对话框，*1.* 选择一种遮罩样式，*2.* 单击【确定】按钮，如图 7-49 所示。

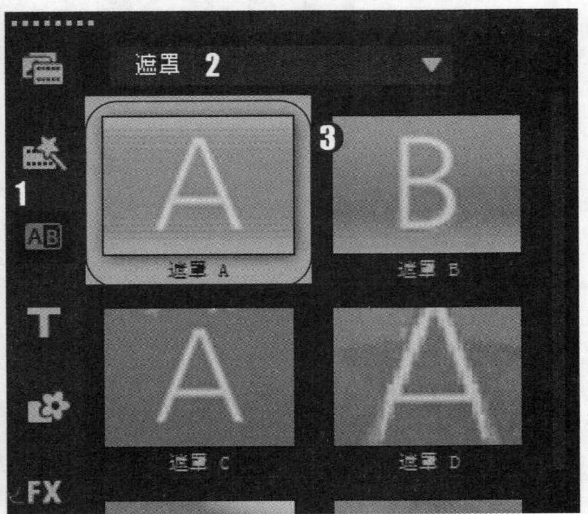

图 7-46

第 4 步 打开【转场】选项面板，单击【自定义】按钮，如图 7-48 所示。

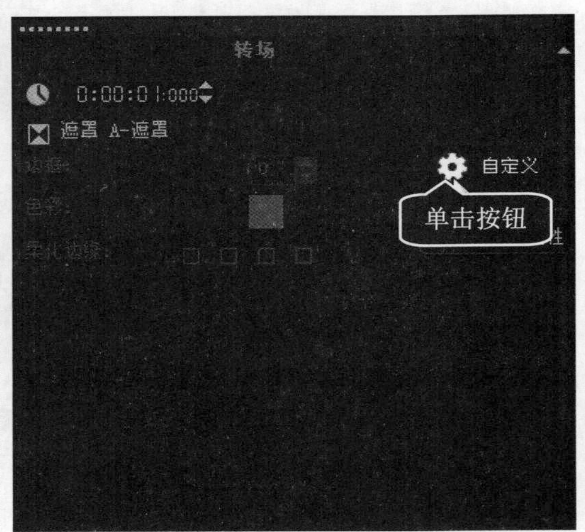

图 7-48

第 6 步 在导览面板中单击【播放】按钮，预览制作的特效，如图 7-50 所示。

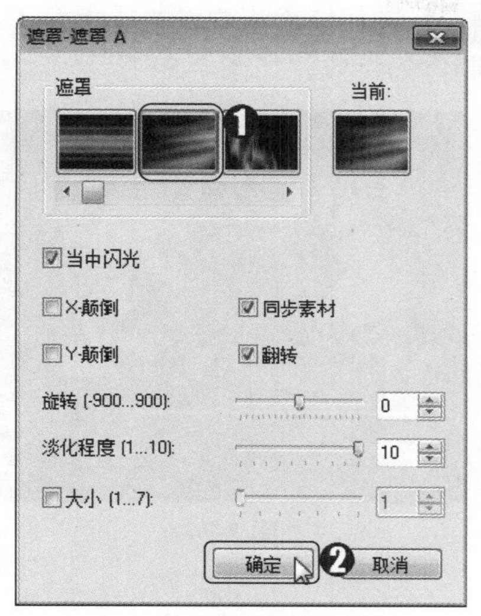

图 7-49

图 7-50

7.4.2 制作三维漩涡转场效果

在会声会影 2019 中，“漩涡”转场效果是三维转场类型中的一种，是指素材 A 以漩涡碎片的方式进行过渡，显示素材 B。下面介绍制作三维漩涡转场效果的方法。

配套素材路径：配套素材/第 7 章

素材文件名称：小镇 1.jpg、小镇 2.jpg、三维漩涡转场效果.VSP

操作步骤 >> Step by Step

第 1 步 进入会声会影 2019 的编辑界面，在故事板中插入名为“小镇 1”和“小镇 2”的图像素材，如图 7-51 所示。

图 7-51

第 2 步 在【选项】面板中，***1.*** 选择【转场】选项，***2.*** 选择【三维】选项，***3.*** 选择【漩涡】效果，如图 7-52 所示。

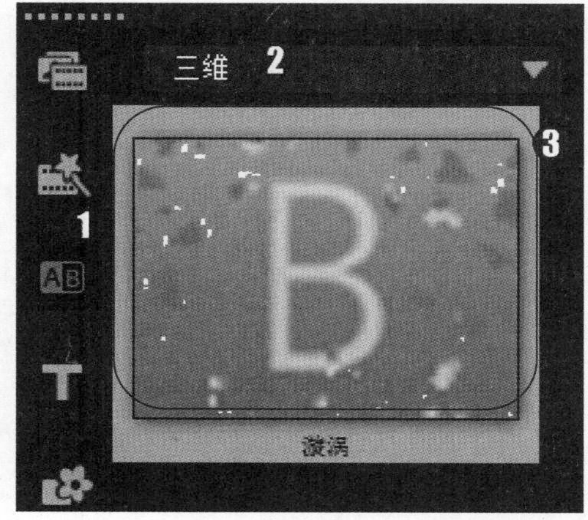

图 7-52

第 3 步 按住鼠标左键并将转场效果拖曳至两图片素材之间，如图 7-53 所示。

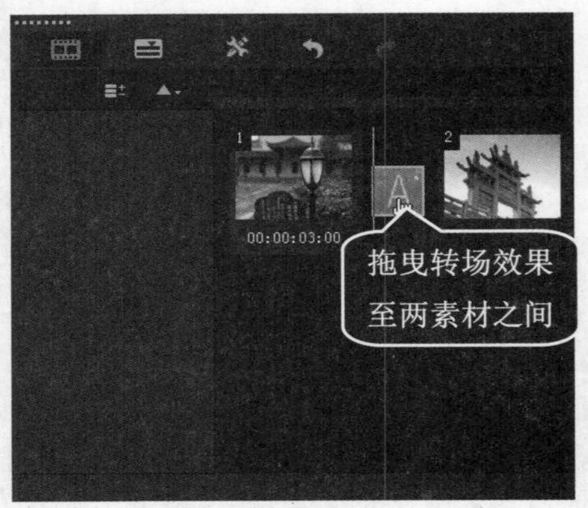

图 7-53

第 4 步 在导览面板中单击【播放】按钮，预览制作的特效，如图 7-54 所示。

图 7-54

专家解读

在视频后期特效处理中，“漩涡”转场特效也经常用在覆叠画面中，可以制作出瓷器摔在地上破碎的画面效果。

7.4.3 制作三维开门转场效果

在会声会影 2019 中，“开门”转场效果也是“三维”素材库中的一种，是指素材 A 以开门的方式进行过渡，显示素材 B。下面介绍制作三维开门转场效果的方法。

配套素材路径：配套素材/第 7 章

素材文件名称：桥 1.jpg、桥 2.jpg、三维开门转场效果.VSP

操作步骤 >> Step by Step

第 1 步 进入会声会影 2019 的编辑界面，在故事板中插入名为“桥 1”和“桥 2”的图像素材，如图 7-55 所示。

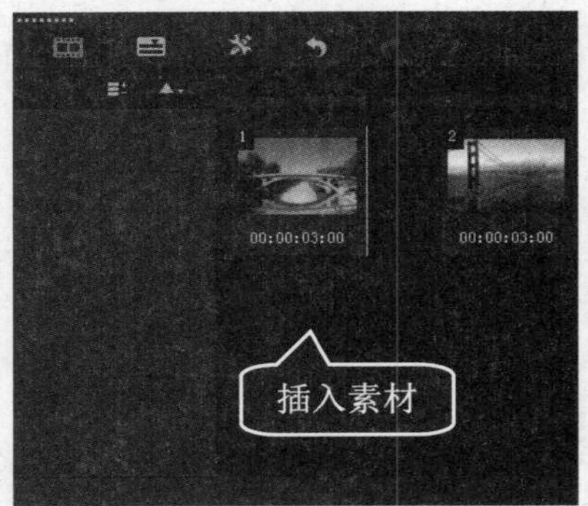

图 7-55

第 2 步 在【选项】面板中，***1.*** 选择【转场】选项，***2.*** 选择【三维】选项，***3.*** 选择【对开门】效果，如图 7-56 所示。

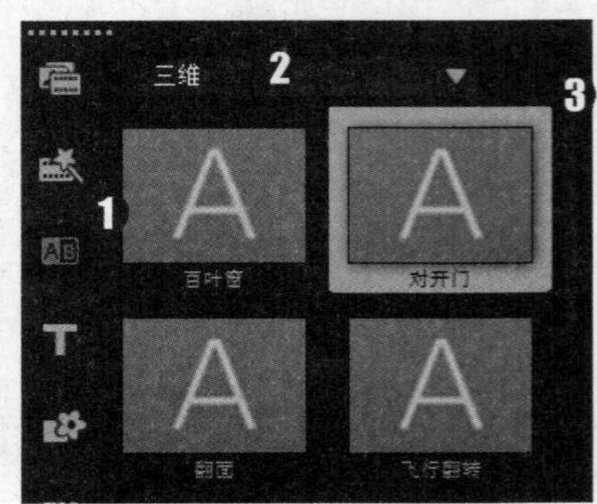

图 7-56

第 3 步 按住鼠标左键并将转场效果拖曳至两图片素材之间，如图 7-57 所示。

图 7-57

第 4 步 在导览面板中单击【播放】按钮，预览制作的特效，如图 7-58 所示。

图 7-58

Section 7.5 实践经验与技巧

在本节的学习过程中，将侧重介绍和讲解与本章知识点有关的实践经验与技巧，主要内容将包括制作马赛克转场效果、制作燃烧转场效果、制作画中画转场效果等方面的知识与操作技巧。

7.5.1 制作马赛克转场效果

在会声会影 2019 中，“马赛克”转场效果是“过滤”转场类型中的一种，是指素材 A 以马赛克的方式进行过渡，显示素材 B。下面介绍制作马赛克转场效果的方法。

配套素材路径：配套素材/第 7 章

素材文件名称：教堂 1.jpg、教堂 2.jpg、马赛克转场效果.VSP

操作步骤 >> Step by Step

第 1 步 进入会声会影 2019 的编辑界面，在故事板中插入名为“教堂 1”和“教堂 2”的图像素材，如图 7-59 所示。

第 2 步 在【选项】面板中，***1.*** 选择【转场】选项，***2.*** 选择【过滤】选项，***3.*** 选择【马赛克】效果，如图 7-60 所示。

图 7-59

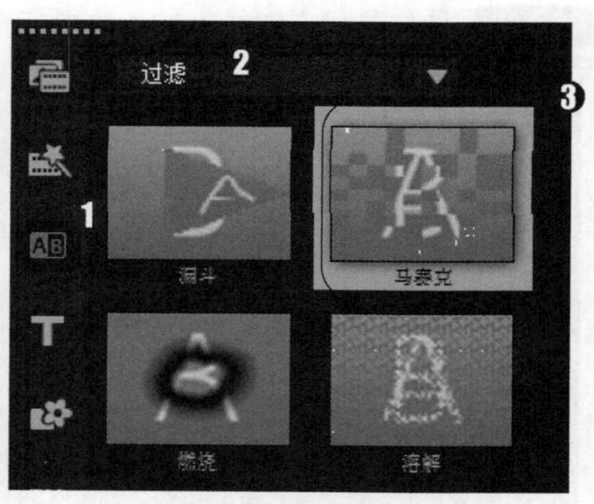

图 7-60

第 3 步 按住鼠标左键并将转场效果拖曳至两图片素材之间，如图 7-61 所示。

图 7-61

第 4 步 在导览面板中单击【播放】按钮，预览制作的特效，如图 7-62 所示。

图 7-62

7.5.2 制作燃烧转场效果

在会声会影 2019 中，“燃烧”转场效果是“过滤”转场类型中的一种，是指素材 A 以燃烧特效的方式进行过渡，显示素材 B。下面介绍制作燃烧转场效果的方法。

配套素材路径：配套素材/第 7 章

素材文件名称：飞机 1.jpg、飞机 2.jpg、燃烧转场效果.VSP

操作步骤 >> **Step by Step**

第 1 步 进入会声会影 2019 的编辑界面，在故事板中插入名为“飞机 1”和“飞机 2”的图像素材，如图 7-63 所示。

第 2 步 在【选项】面板中，***1.*** 选择【转场】选项，***2.*** 选择【过滤】选项，***3.*** 选择【燃烧】效果，如图 7-64 所示。

图 7-63

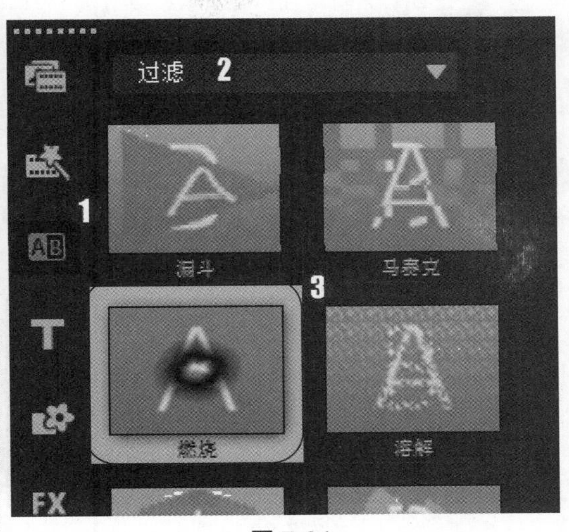

图 7-64

第 3 步 按住鼠标左键并将转场效果拖曳至两图片素材之间，如图 7-65 所示。

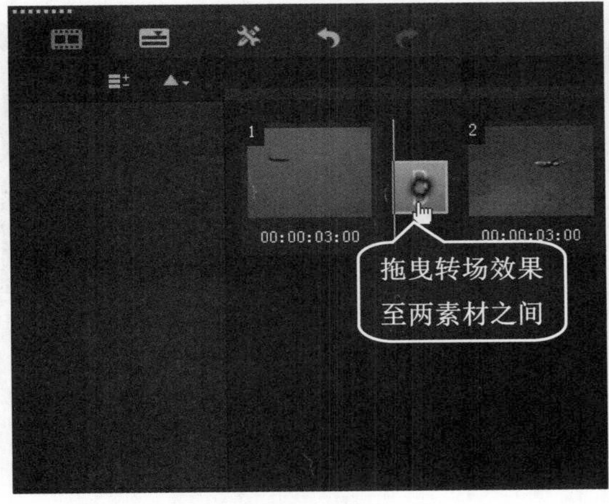

图 7-65

第 4 步 在导览面板中单击【播放】按钮，预览制作的特效，如图 7-66 所示。

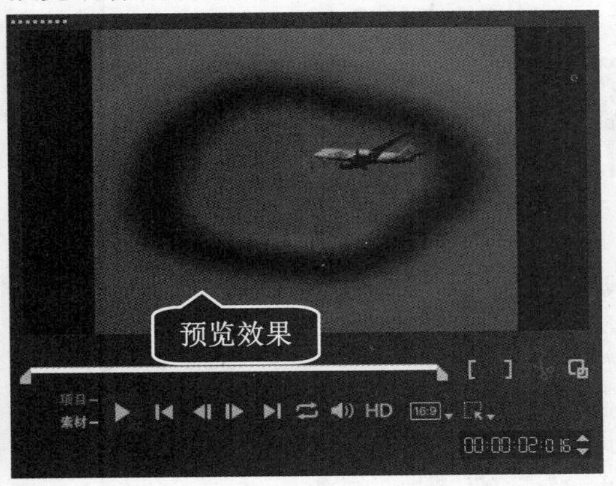

图 7-66

一点即通

在“燃烧”转场效果上右击，在弹出的快捷菜单中选择【对视频轨应用当前效果】命令，也可以在两幅图像素材之间应用“燃烧”转场效果。

7.5.3 制作画中画转场效果

在会声会影 2019 中，用户不仅可以为视频轨中的素材添加转场效果，还可以为覆叠轨中的素材添加转场效果。下面介绍制作画中画转场效果的方法。

配套素材路径：配套素材/第 7 章

素材文件名称：背景.jpg、烟花 1.jpg、烟花 2.jpg、画中画转场效果.VSP

操作步骤 >> Step by Step

第 1 步 进入会声会影 2019 的编辑界面，在视频轨中插入名为“背景.jpg 的图像素材，并设置时长为 00:00:05:000，如图 7-67 所示。

图 7-67

第 2 步 在覆叠轨中插入名为“烟花 1”和“烟花 2”的图像素材，如图 7-68 所示。

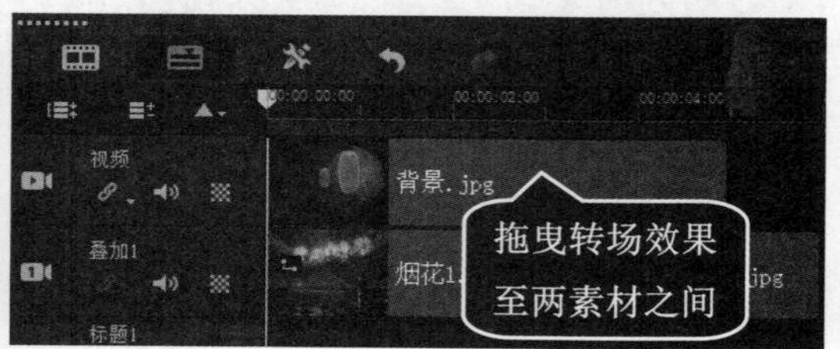

图 7-68

第 3 步 在【选项】面板中，***1.*** 选择【转场】选项，***2.*** 选择【果皮】选项，***3.*** 选择【对开门】效果，如图 7-69 所示。

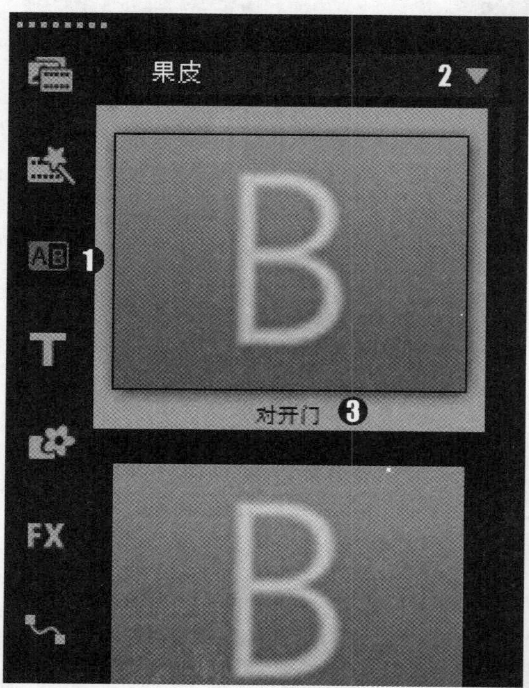

图 7-69

第 4 步 按住鼠标左键并将转场效果拖曳至两图片素材之间，如图 7-70 所示。

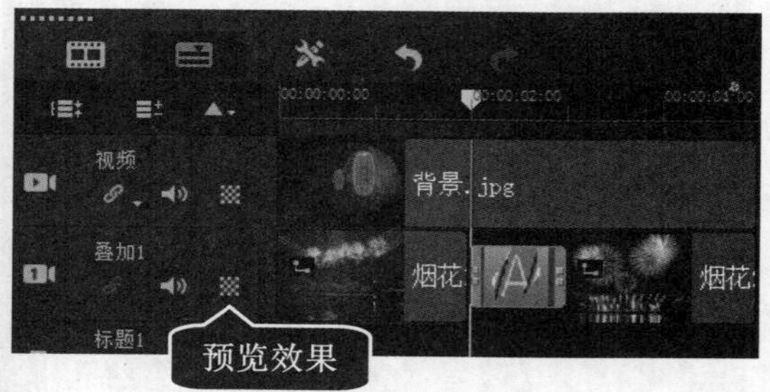

图 7-70

第 5 步 在导览面板中单击【播放】按钮，预览制作的特效，如图 7-71 所示。

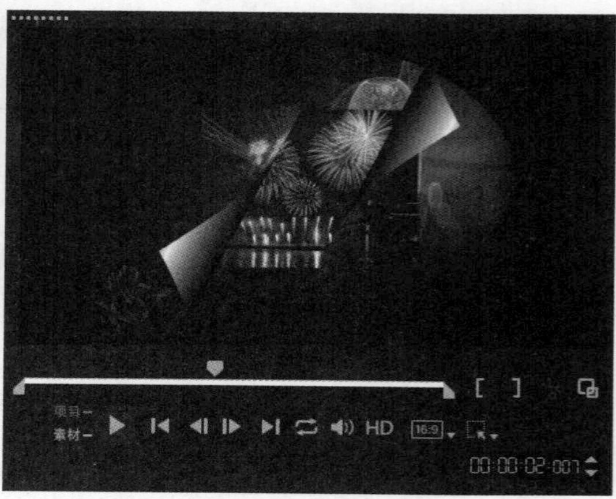

图 7-71

7.5.4 制作三维相册翻页转场效果

在会声会影 2019 中，“翻转”转场效果是“相册”转场类型中的一种，用户可以通过自定义参数来制作三维相册翻页效果。下面介绍制作三维相册翻页转场效果的方法。

配套素材路径：配套素材/第 7 章

素材文件名称：沙漠.jpg、冰川.jpg、三维相册翻页转场效果.VSP

操作步骤 >> Step by Step

第 1 步 进入会声会影 2019 的编辑界面，在故事板中插入名为“沙漠”和“冰川”的图像素材，如图 7-72 所示。

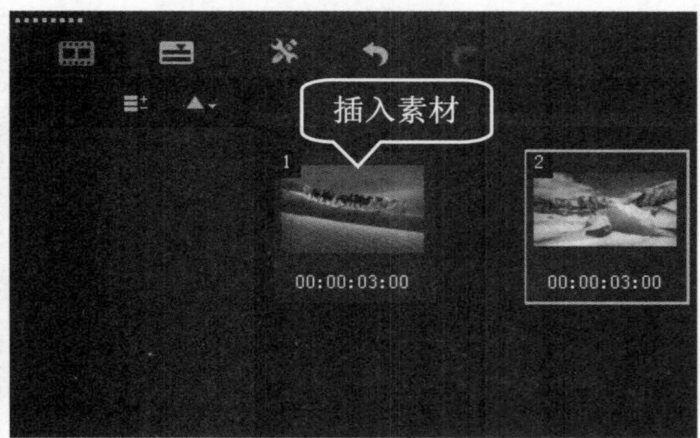

图 7-72

第 2 步 在【选项】面板中，***1.*** 选择【转场】选项，***2.*** 选择【相册】选项，***3.*** 选择【翻转】效果，如图 7-73 所示。

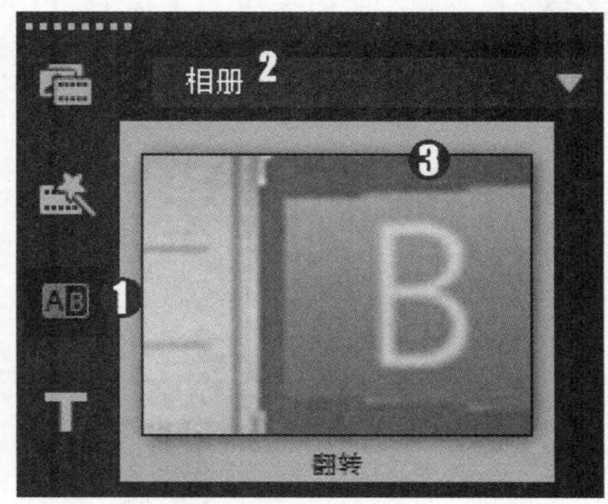

图 7-73

第 3 步 按住鼠标左键并将转场效果拖曳至两图片素材之间，如图 7-74 所示。

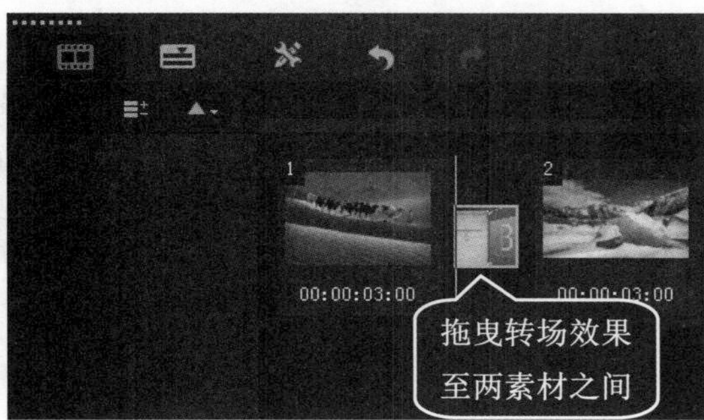

图 7-74

第 4 步 在【转场】选项面板中，***1.*** 设置【区间】为 00:00:02:000，***2.*** 单击【自定义】按钮，如图 7-75 所示。

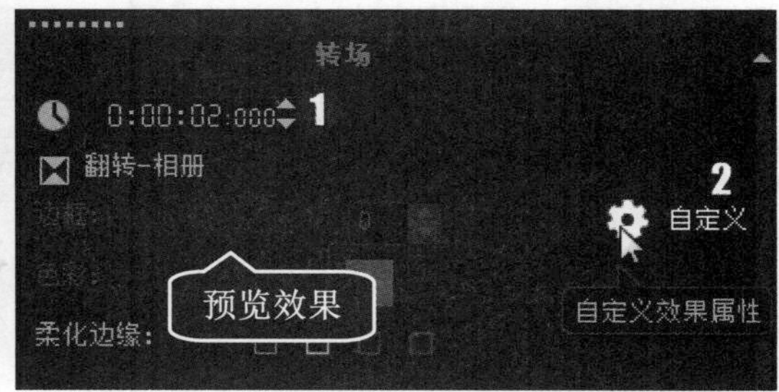

图 7-75

第 5 步 弹出【翻转-相册】对话框，***1.*** 设置【布局】为第一个样式，***2.*** 设置【相册封面模板】为第 4 个样式，如图 7-76 所示。

第 6 步 ***1.*** 切换到【背景和阴影】选项卡，***2.*** 设置【背景模板】为第 2 个样式，如图 7-77 所示。

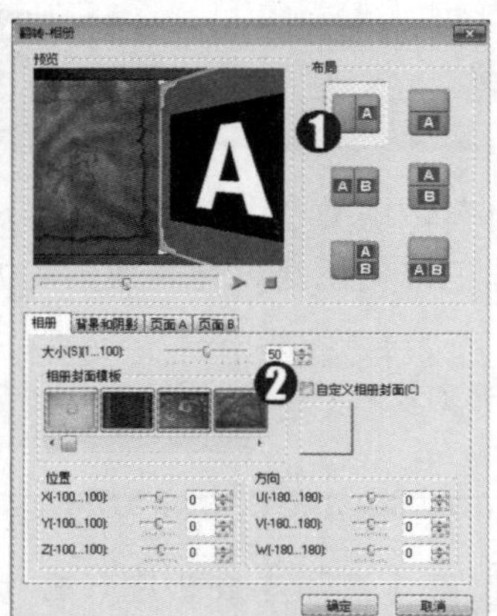

图 7-76

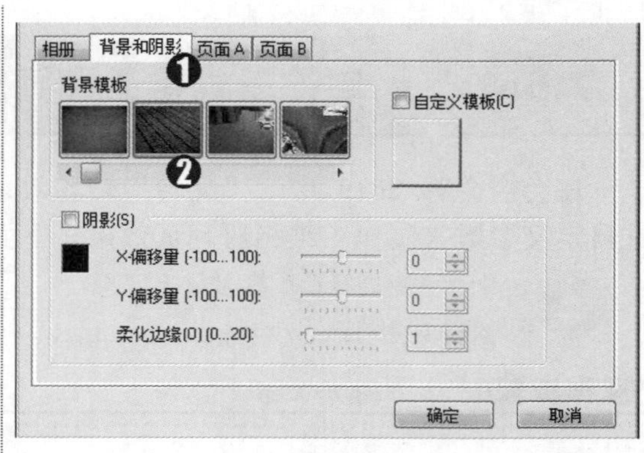

图 7-77

第 7 步 ***1.*** 切换到【页面 A】选项卡，***2.*** 设置【相册页面模板】为第 3 个样式，如图 7-78 所示。

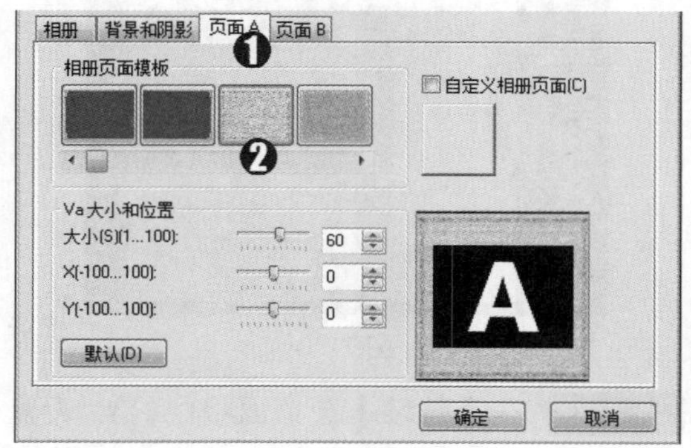

图 7-78

第 8 步 ***1.*** 切换到【页面 B】选项卡，***2.*** 设置【相册页面模板】为第 3 个样式，***3.*** 单击【确定】按钮即可完成操作，如图 7-79 所示。

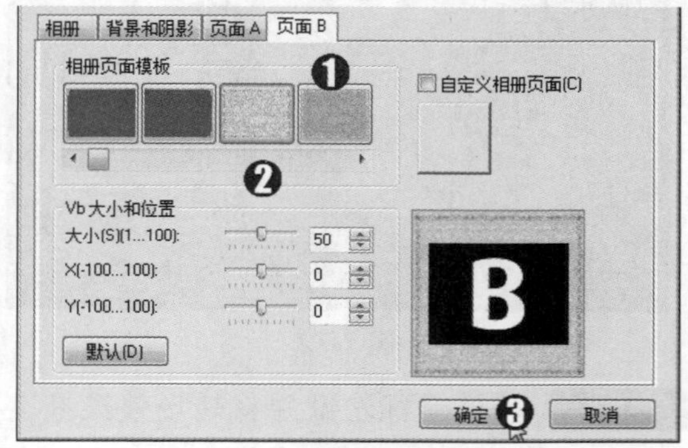

图 7-79

通过对本章内容的学习，读者可以掌握制作视频转场特效的基本知识以及一些常见的操作方法。在本节中将针对本章知识点进行相关知识测试，以达到巩固与提高的目的。

1. 填空题

(1) 用户可以将其他类别中常用的转场效果添加至__________转场组中，方便以后调用到其他视频素材之间，从而提高视频编辑效率。

(2) 在会声会影 2019 中，添加黑屏过渡效果的方法非常简单，只需在黑色和素材之间添加__________转场即可。

2. 判断题

(1) 在会声会影 2019 中，自动添加转场是默认的功能，当用户将素材添加到时间轴面板中时，会声会影将自动在两段素材之间添加转场效果。 (　　)

(2) 在会声会影 2019 的【转场】面板中，所有类型的转场效果都适合添加边框。 (　　)

3. 思考题

(1) 如何对素材应用随机效果？

(2) 如何替换转场效果？

第8章 制作视频滤镜特效

- 添加与删除视频滤镜
- 设置视频滤镜属性
- 调整视频画面色彩
- 视频滤镜精彩应用案例

本章主要介绍了添加与删除视频滤镜、设置视频滤镜属性和调整视频画面色彩面的知识与技巧，在本章的最后还针对实际的工作需求，讲解了制作老电影特效、制作发散光晕特效和制作自动草绘特效的方法。通过对本章内容的学习，读者可以掌握制作视频滤镜特效方面的知识，为深入学习会声会影 2019 知识奠定基础。

Section 8.1 添加与删除视频滤镜

视频滤镜可以将特殊的效果添加到视频和图像中，改变原文件的外观和样式。滤镜可套用在素材的每个画面上，并设定开始值和结束值，而且还可以控制起始帧和结束帧之间的滤镜强弱与速度。本节将介绍添加与删除视频滤镜的相关知识。

8.1.1 添加单个视频滤镜

将素材文件添加到时间轴后，用户即可对导入的素材文件进行添加视频滤镜的操作。下面将详细介绍添加视频滤镜的操作方法。

配套素材路径：配套素材/第 8 章

素材文件名称：雕塑.jpg、单个视频滤镜.VSP

操作步骤 >> Step by Step

第 1 步 进入会声会影 2019 的编辑界面，在故事板中插入名为“雕塑”的图像素材，如图 8-1 所示。

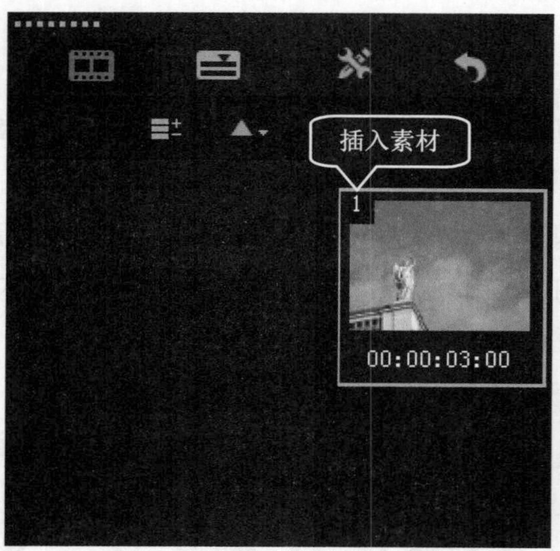

图 8-1

第 2 步 在【选项】面板中，***1.*** 选择【滤镜】选项，切换至【滤镜】素材库，***2.*** 选择【相机镜头】选项，***3.*** 选择【光芒】滤镜，如图 8-2 所示。

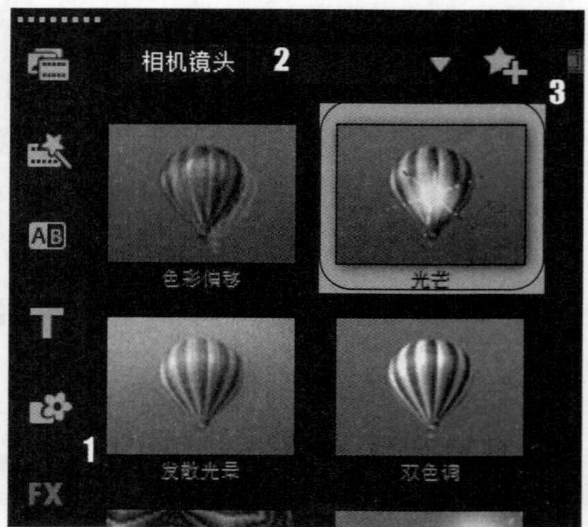

图 8-2

第 3 步 按住鼠标左键并将滤镜效果拖曳至故事板中的图像素材上，素材上出现 FX 标志，表示已经添加了滤镜，如图 8-3 所示。

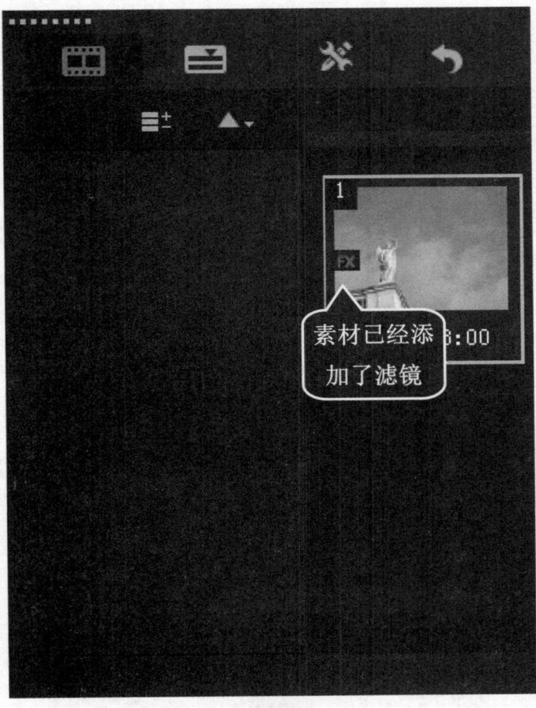

图 8-3

第 4 步 打开【效果】面板，***1.*** 单击【自定义滤镜】左侧的下三角按钮，***2.*** 在弹出的选项中选择第 1 行第 1 个滤镜样式，如图 8-4 所示。

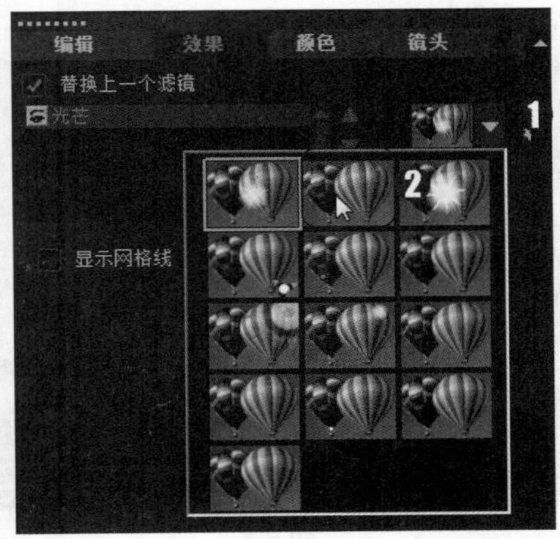

图 8-4

第 5 步 在导览面板中单击【播放】按钮，预览添加的滤镜效果，如图 8-5 所示。

图 8-5

8.1.2 添加多个视频滤镜

用户还可以在视频素材上添加多个视频滤镜，以便制作出丰富多彩的视频特效。在视频素材上添加多个视频滤镜的方法非常简单。下面详细介绍添加多个视频滤镜的操作方法。

配套素材路径：配套素材/第 8 章

素材文件名称：降落伞.jpg、多个视频滤镜.VSP

操作步骤 >> Step by Step

第 1 步 进入会声会影 2019 的编辑界面，在故事板中插入名为“降落伞.jpg”的图像素材，如图 8-6 所示。

图 8-6

第 2 步 在【选项】面板中，***1.*** 选择【滤镜】选项，切换至【滤镜】素材库，***2.*** 选择【相机镜头】选项，***3.*** 选择【镜头闪光】滤镜，如图 8-7 所示。

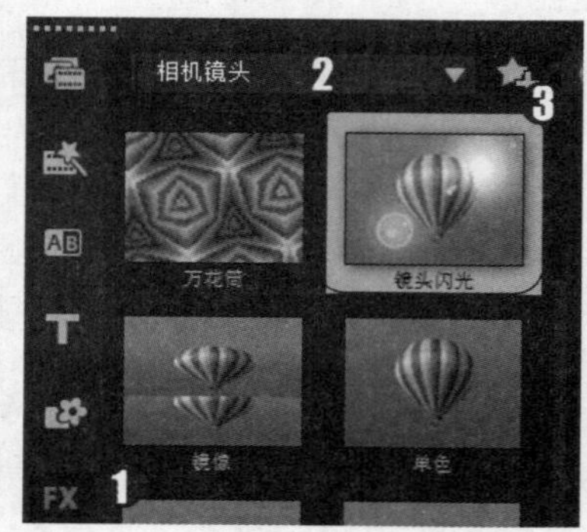

图 8-7

第 3 步 按住鼠标左键将滤镜效果拖曳至故事板中的图像素材上，素材上出现“FX”标志，表示已经添加了滤镜，如图 8-8 所示。

图 8-8

第 4 步 打开【效果】面板，取消选中【替换上一个滤镜】复选框，如图 8-9 所示。

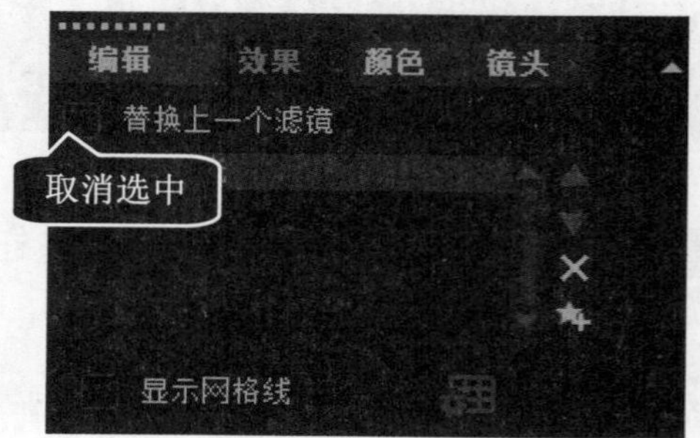

图 8-9

第 5 步 使用相同的方法为素材添加【色彩平衡】滤镜效果，如图 8-10 所示。

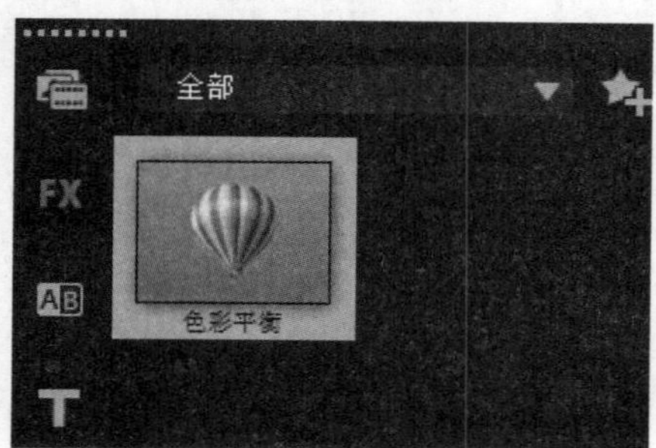

图 8-10

第 6 步 在导览面板中单击【播放】按钮，预览添加的滤镜效果，如图 8-11 所示。

图 8-11

知识拓展

会声会影 2019 提供了多种视频滤镜特效，使用这些视频滤镜特效，可以制作出各种变幻莫测的神奇视觉效果，从而使视频作品更能够吸引人们的眼球。

8.1.3 删除视频滤镜

如果添加的视频滤镜不符合编辑影片的要求，用户还可以将其删除。下面详细介绍删除视频滤镜的操作方法。

在视频素材上应用视频滤镜后，选中该视频素材，进入【选项】面板，在【添加的滤镜】列表框中，选择准备删除的滤镜效果，然后在其右侧，单击【删除滤镜】按钮✕，即可完成删除视频滤镜的操作，如图 8-12 所示。

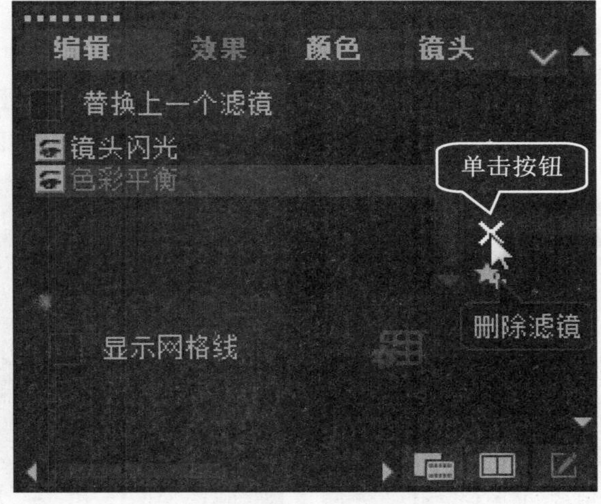

图 8-12

8.1.4 替换视频滤镜

在为素材添加视频滤镜后，若发现产生的效果并不是自己想要的，还可以选择其他视频滤镜来替换现有的视频滤镜。下面详细介绍替换视频滤镜的操作方法。

配套素材路径：配套素材/第 8 章

素材文件名称：窗.jpg、窗.VSP、替换视频滤镜.VSP

操作步骤 >> Step by Step

第 1 步 进入会声会影 2019 的编辑界面，在故事板中打开名为“窗”的项目文件，如图 8-13 所示。

第 2 步 在【效果】面板中，选中【替换上一个滤镜】复选框，如图 8-14 所示。

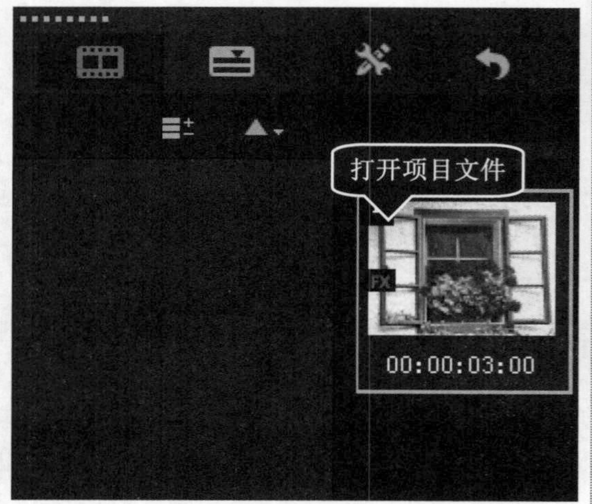

图 8-13

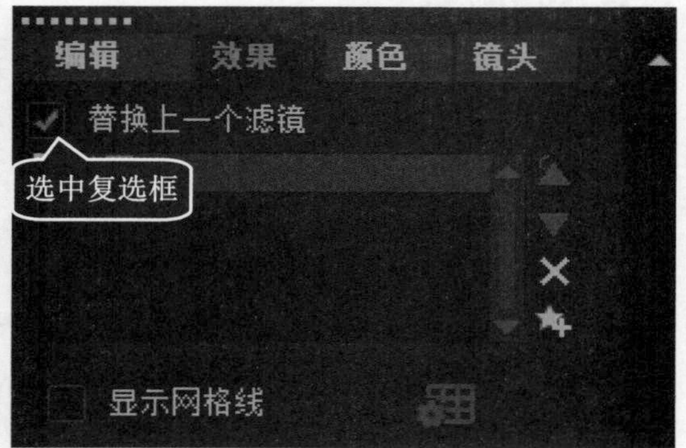

图 8-14

第 3 步 在【选项】面板中，*1.* 选择【滤镜】选项，切换至【滤镜】素材库，*2.* 选择【相机镜头】选项，*3.* 选择【单色】滤镜，如图 8-15 所示。

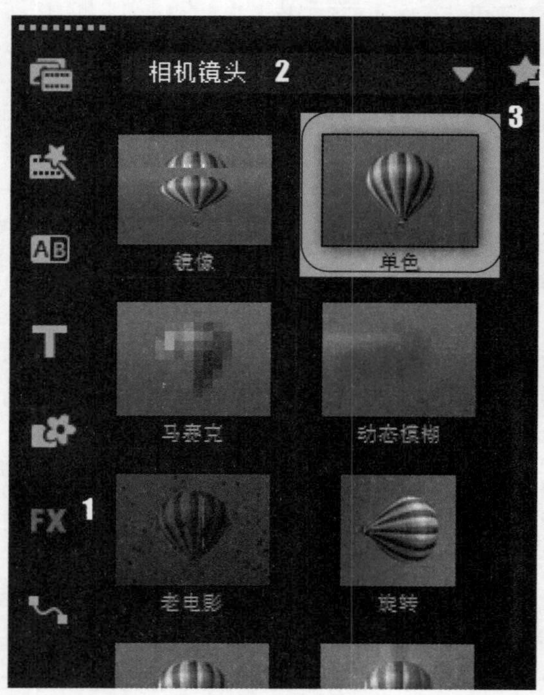

图 8-15

第 4 步 按住鼠标左键将滤镜效果拖曳至故事板中的图像素材上，在【效果】面板中可以查看到替换后的滤镜，如图 8-16 所示。

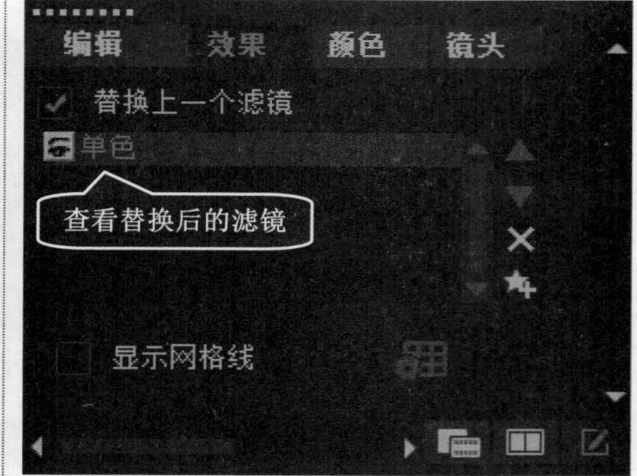

图 8-16

第 5 步 在导览面板中单击【播放】按钮，预览添加的滤镜效果，如图 8-17 所示。

图 8-17

Section 8.2 设置视频滤镜属性

在素材上添加视频滤镜后，系统会自动为所添加的视频滤镜效果指定一种预设模式，当使用系统所指定的滤镜预设模式制作出的画面效果不能达到所需的要求时，用户可以重新为所使用的滤镜效果指定预设模式或自定义滤镜效果。

8.2.1 指定滤镜预设模式

为滤镜指定预设模式的方法非常简单。下面介绍为滤镜指定预设模式的操作方法。

配套素材路径：配套素材/第 8 章

素材文件名称：灯塔.jpg、灯塔.VSP、指定滤镜预设模式.VSP

操作步骤 >> Step by Step

第 1 步 进入会声会影 2019 的编辑界面，在故事板中打开名为“灯塔”的项目文件，如图 8-18 所示。

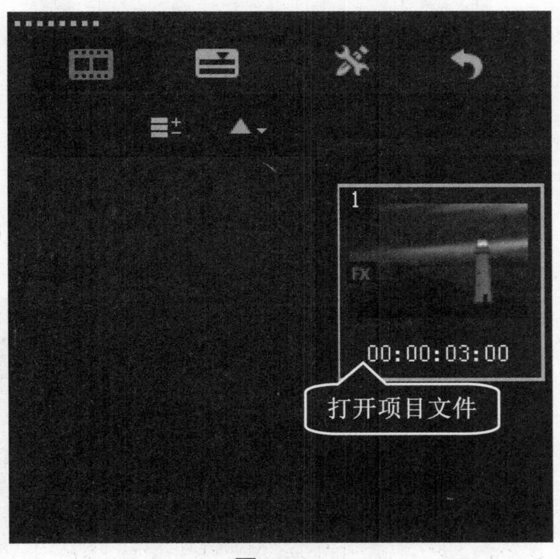

图 8-18

第 2 步 ***1.*** 在【效果】面板中单击【自定义滤镜】左侧的下三角按钮，***2.*** 在弹出的列表中选择第 2 行第 3 个滤镜预设样式，如图 8-19 所示。

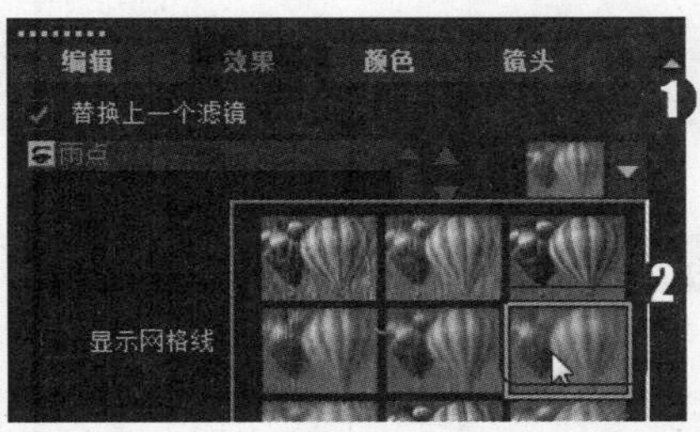

图 8-19

第 3 步 在导览面板中单击【播放】按钮，预览添加的滤镜效果，如图 8-20 所示。

图 8-20

8.2.2 自定义视频滤镜

为了使制作的视频滤镜效果更加丰富，用户可以自定义视频滤镜，通过设置视频滤镜效果的某些参数，从而制作出精美的画面效果。下面详细介绍自定义视频滤镜的操作方法。

配套素材路径：配套素材/第 8 章

素材文件名称：薰衣草.jpg、薰衣草.VSP、自定义视频滤镜.VSP

操作步骤 >> Step by Step

第 1 步 进入会声会影 2019 的编辑界面，在故事板中插入名为“薰衣草”的图像素材，如图 8-21 所示。

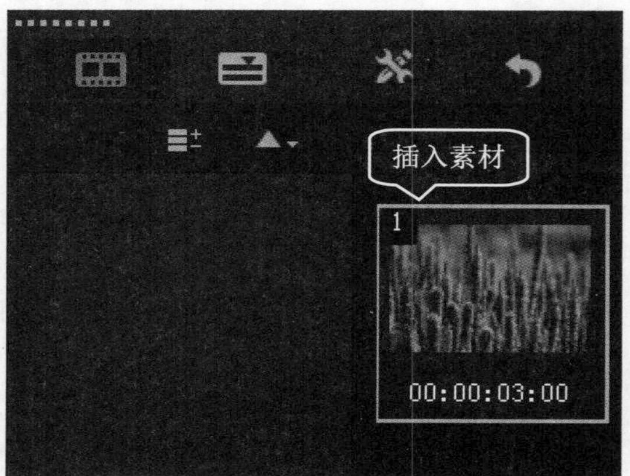

图 8-21

第 2 步 在【选项】面板中，*1.* 选择【滤镜】选项，切换至【滤镜】素材库，*2.* 选择【特殊】选项，*3.* 选择【气泡】滤镜，如图 8-22 所示。

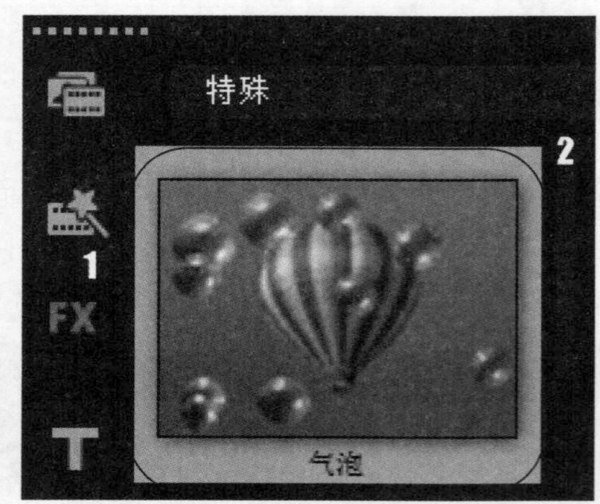

图 8-22

第 3 步 按住鼠标左键并将滤镜效果拖曳至故事板中的图像素材上，如图 8-23 所示。

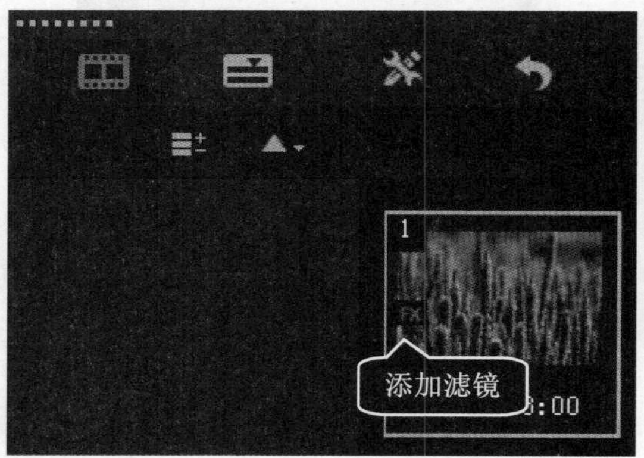

图 8-23

第 4 步 在【效果】面板中，单击【自定义滤镜】按钮，如图 8-24 所示。

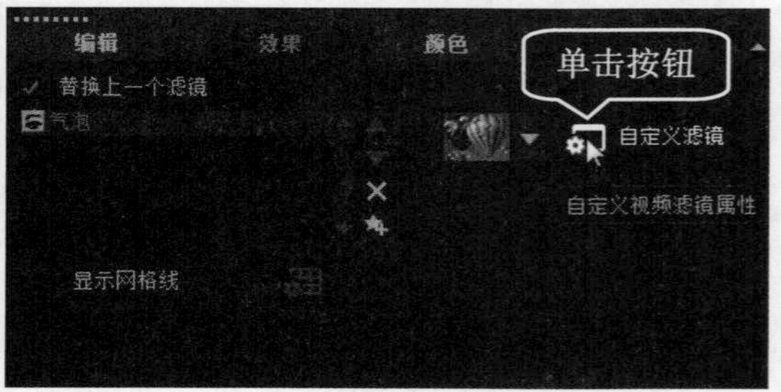

图 8-24

第 5 步 弹出【气泡】对话框，*1.* 选择第一个关键帧，*2.* 设置【大小】为 15，如图 8-25 所示。

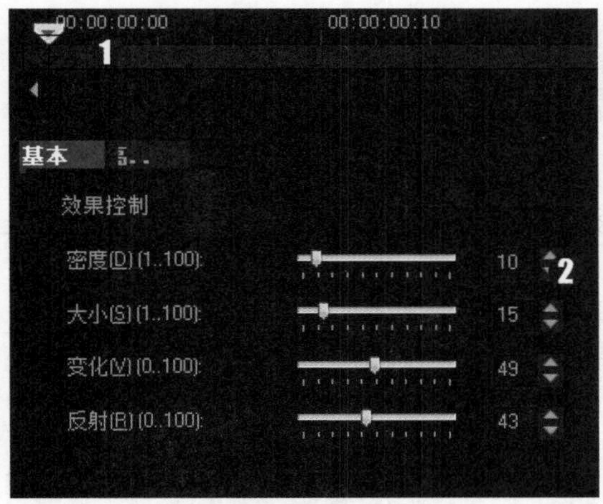

图 8-25

第 6 步 *1.* 选择最后一个关键帧，*2.* 设置【大小】为 20，*3.* 单击【确定】按钮，如图 8-26 所示。

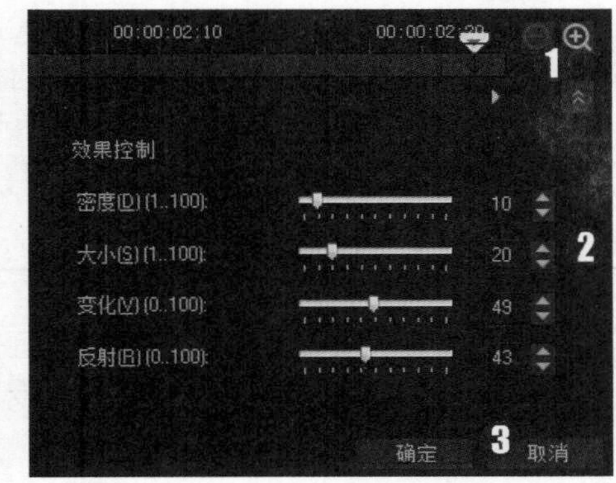

图 8-26

第 7 步 在导览面板中单击【播放】按钮，预览设置的自定义滤镜效果。通过以上步骤即可完成自定义滤镜的操作，如图 8-27 所示。

图 8-27

知识拓展

在自定义视频滤镜的操作过程中，由于会声会影 2019 中每种视频滤镜的参数均有所不同，因此相应的自定义对话框也会有很大差别，但对这些属性的调节方法大同小异。

Section 8.3 调整视频画面色彩

视频教程时间：2 分 39 秒

在会声会影 2019 中，用户可以根据需要为图像添加视频滤镜，调整素材的亮度和对比度。亮度和对比度的调节包括自动曝光、色彩平衡、偏色效果等。本节详细介绍调整视频画面色彩的相关知识。

8.3.1 自动曝光

【自动曝光】滤镜只有一种预设模式，它可以自动分析并调整画面的亮度和对比度，改善视频素材的明暗对比。下面详细介绍自动曝光滤镜的操作方法。

配套素材路径：配套素材/第 8 章

素材文件名称：房子.jpg、自动曝光.VSP

操作步骤 >> Step by Step

第 1 步 进入会声会影 2019 的编辑界面，在故事板中插入名为“房子”的图像素材，如图 8-28 所示。

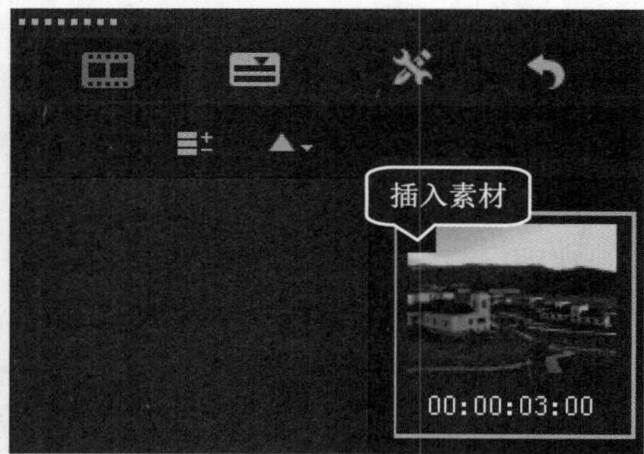

图 8-28

第 2 步 在【选项】面板中，***1.*** 选择【滤镜】选项，切换至【滤镜】素材库，***2.*** 选择【暗房】选项，***3.*** 选择【自动曝光】滤镜，如图 8-29 所示。

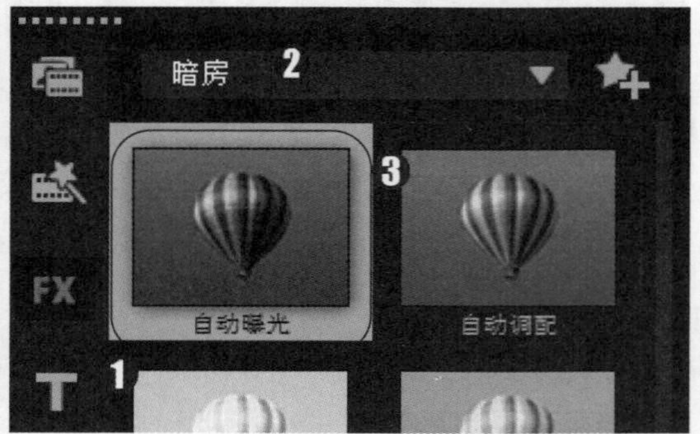

图 8-29

第 3 步 按住鼠标左键将滤镜效果拖曳至故事板中的图像素材上，如图 8-30 所示。

图 8-30

第 4 步 在导览面板中单击【播放】按钮预览效果，如图 8-31 所示。

图 8-31

8.3.2　亮度和对比度

在其他显示设备播放出来的画面与在计算机屏幕中的亮度和对比度会有些不同，因此用户可以根据需要使用【亮度和对比度】滤镜来调整画面。下面详细介绍使用亮度和对比度滤镜的操作方法。

配套素材路径：配套素材/第 8 章

素材文件名称：夜景.jpg、亮度和对比度.VSP

操作步骤 >> Step by Step

第 1 步 进入会声会影 2019 的编辑界面，在故事板中插入名为“夜景”的图像素材，如图 8-32 所示。

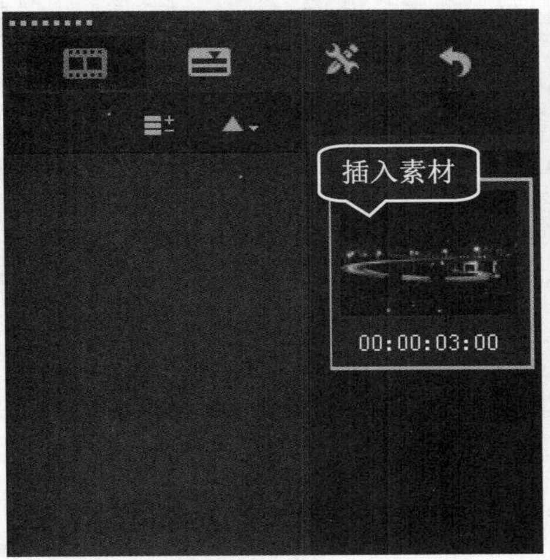

图 8-32

第 2 步 在【选项】面板中，***1.*** 选择【滤镜】选项，切换至【滤镜】素材库，***2.*** 选择【暗房】选项，***3.*** 选择【亮度和对比度】滤镜，如图 8-33 所示。

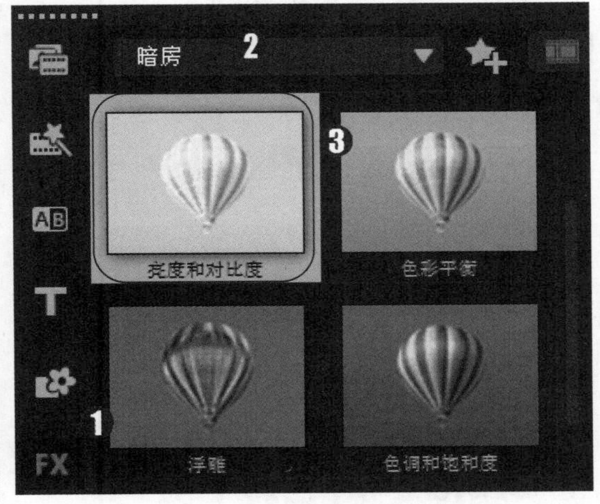

图 8-33

第 3 步 按住鼠标左键并将滤镜效果拖曳至故事板中的图像素材上，如图 8-34 所示。

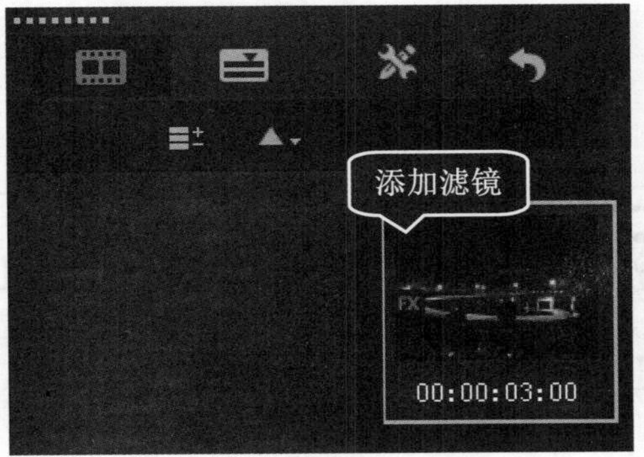

图 8-34

第 4 步 在【效果】选项卡中，单击【自定义滤镜】按钮，如图 8-35 所示。

图 8-35

第 5 步 弹出【亮度和对比度】对话框，**1.** 选择第一个关键帧，**2.** 设置【亮度】为-10，**3.**设置【对比度】为 10，如图 8-36 所示。

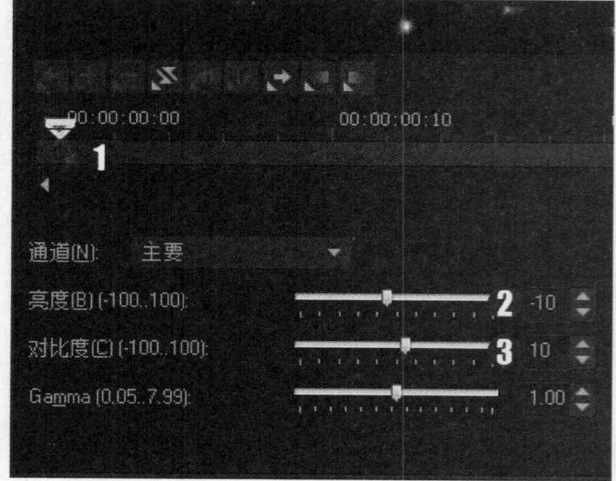

图 8-36

第 7 步 在导览面板中单击【播放】按钮，预览效果，如图 8-38 所示。

第 6 步 **1.** 选择最后一个关键帧，**2.** 设置【亮度】为 30，**3.** 设置【对比度】为 35，**4.** 单击【确定】按钮，如图 8-37 所示。

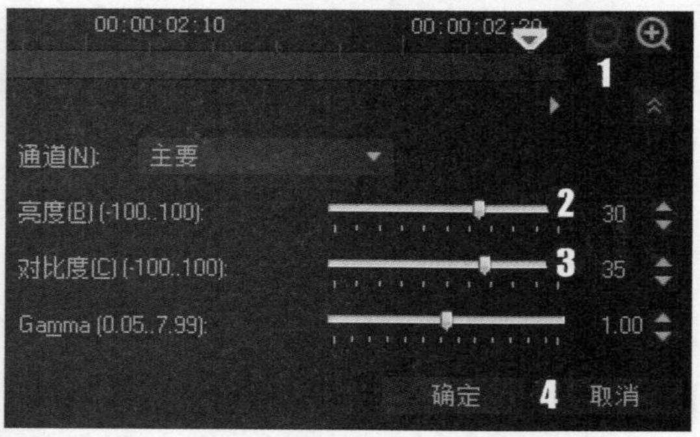

图 8-37

图 8-38

8.3.3 色彩平衡

应用【色彩平衡】滤镜可以改变画面中颜色混合的情况，使所有的色彩趋向于平衡。下面详细介绍使用色彩平衡滤镜的操作方法。

配套素材路径：配套素材/第 8 章

素材文件名称：花朵.jpg、色彩平衡.VSP

操作步骤 >> Step by Step

第 1 步 进入会声会影 2019 的编辑界面，在故事板中插入名为"花朵"的图像素材，如图 8-39 所示。

第 2 步 在【选项】面板中，**1.** 选择【滤镜】选项，切换至【滤镜】素材库，**2.** 选择【暗房】选项，**3.** 选择【色彩平衡】滤镜，如图 8-40 所示。

图 8-39

第 3 步 按住鼠标左键并将滤镜效果拖曳至故事板中的图像素材上，如图 8-41 所示。

图 8-41

第 5 步 弹出【色彩平衡】对话框，*1.* 选择最后一个关键帧，*2.* 设置【红】为 41、【绿】为 57、【蓝】为 112，*3.* 单击【确定】按钮，如图 8-43 所示。

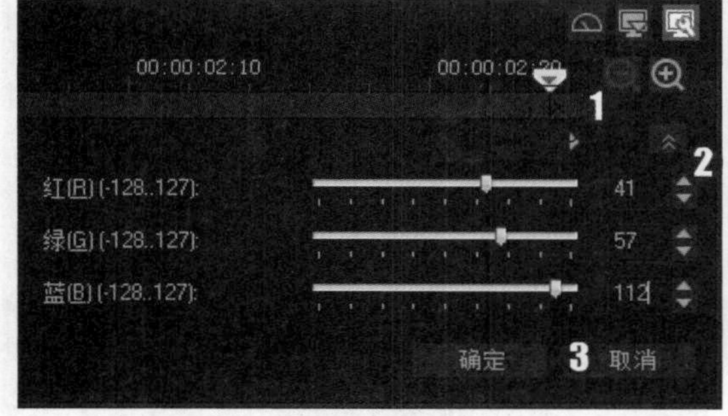

图 8-43

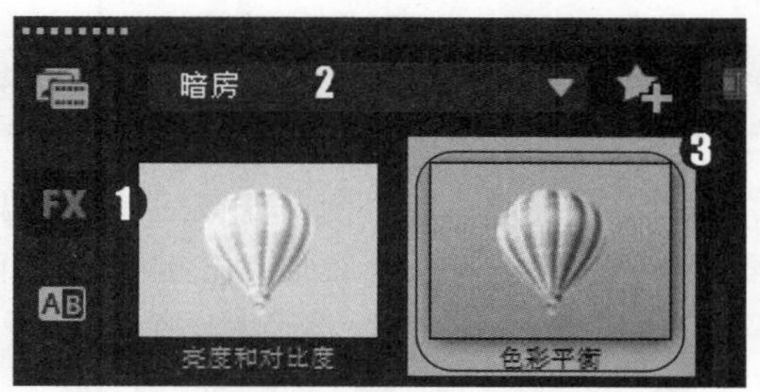

图 8-40

第 4 步 在【效果】面板中，单击【自定义滤镜】按钮，如图 8-42 所示。

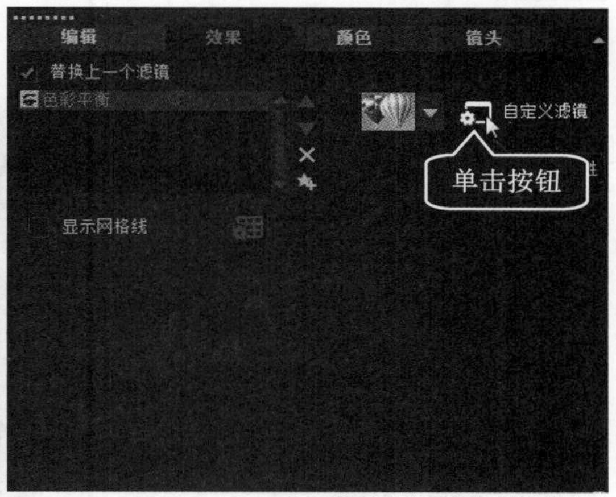

图 8-42

第 6 步 在导览面板中单击【播放】按钮，预览效果，如图 8-44 所示。

图 8-44

8.3.4 消除视频偏色效果

如果应用【色彩平衡】滤镜后还存在偏色的问题，用户可以在视频中插入关键帧，以消除偏色。下面详细介绍添加关键帧消除偏色的操作方法。

配套素材路径：配套素材/第 8 章

素材文件名称：风车.jpg、消除偏色.VSP

操作步骤 >> Step by Step

第 1 步 进入会声会影 2019 的编辑界面，在故事板中插入名为“风车”的图像素材，如图 8-45 所示。

图 8-45

第 2 步 为素材添加“色彩平衡”滤镜效果，在【效果】面板中单击【自定义滤镜】按钮，如图 8-46 所示。

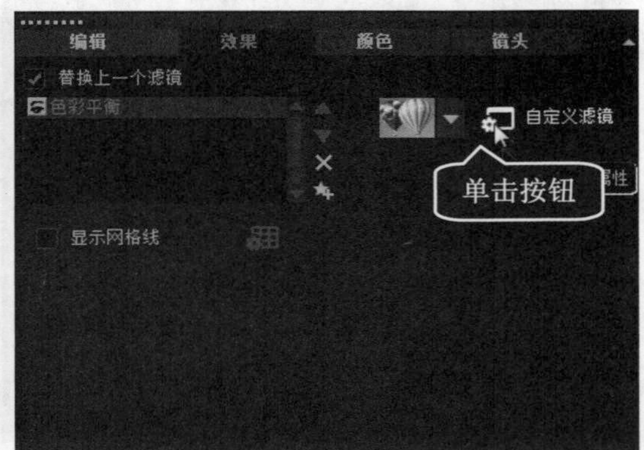

图 8-46

第 3 步 弹出【色彩平衡】对话框，***1.*** 将时间指示器移至 00:00:02:000 的位置，为其添加关键帧，***2.*** 设置【红】为-30、【绿】为 43、【蓝】为-5，***3.*** 单击【确定】按钮，如图 8-47 所示。

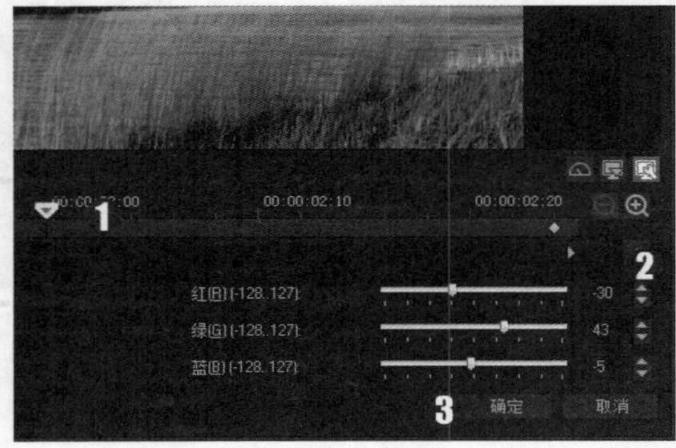

图 8-47

第 4 步 在导览面板中单击【播放】按钮，预览效果，如图 8-48 所示。

图 8-48

Section 8.4 专题课堂——视频滤镜精彩应用案例

会声会影 2019 为用户提供了大量的滤镜效果，用户可以根据需要应用这些滤镜效果制作出精美的画面。本节主要介绍通过滤镜制作各种视频特效的操作方法。

8.4.1 制作下雨场景特效

在会声会影 2019 中，【雨点】滤镜可以在画面上添加雨丝的效果，模仿大自然中下雨的场景。下面介绍制作下雨场景特效的方法。

配套素材路径：配套素材/第 8 章

素材文件名称：阴天.jpg、下雨特效.VSP

操作步骤 >> **Step by Step**

第 1 步　进入会声会影 2019 的编辑界面，在故事板中插入名为“阴天”的图像素材，如图 8-49 所示。

图 8-49

第 2 步　*1.* 选择【滤镜】素材库，*2.* 选择【特殊】选项，*3.* 选择【雨点】滤镜效果，如图 8-50 所示。

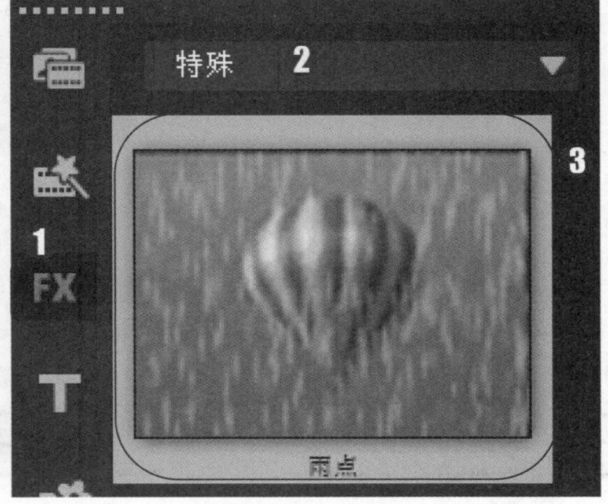

图 8-50

第 3 步　将滤镜添加至素材上，展开选项面板，单击【自定义滤镜】按钮，如图 8-51 所示。

第 4 步　弹出【雨点】对话框，*1.* 选择第 1 个关键帧，*2.* 设置【密度】为 1251，如图 8-52 所示。

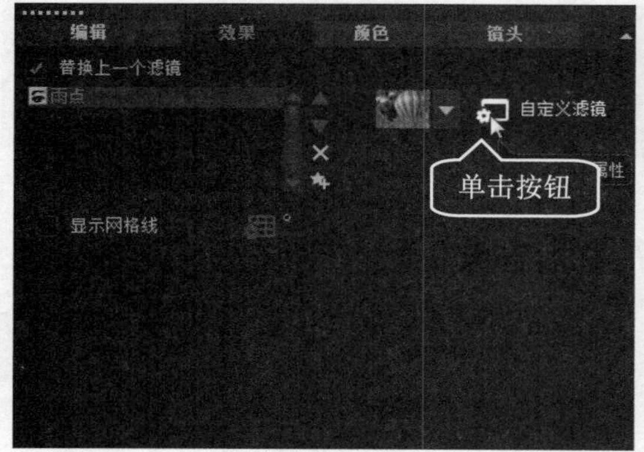

图 8-51

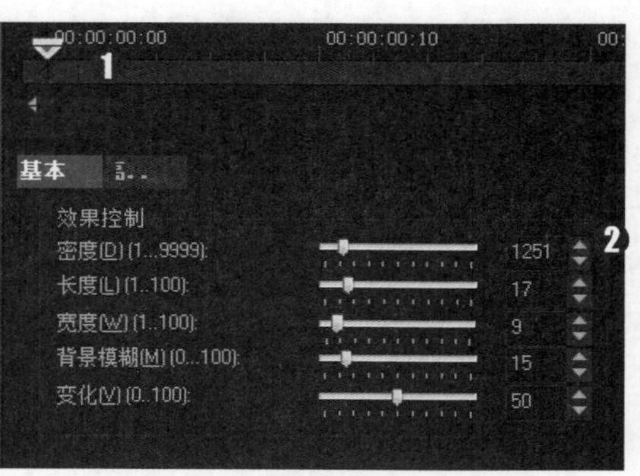

图 8-52

第 5 步 ***1.*** 选择最后一个关键帧，***2.*** 设置【密度】为 1100，***3.*** 单击【确定】按钮，如图 8-53 所示。

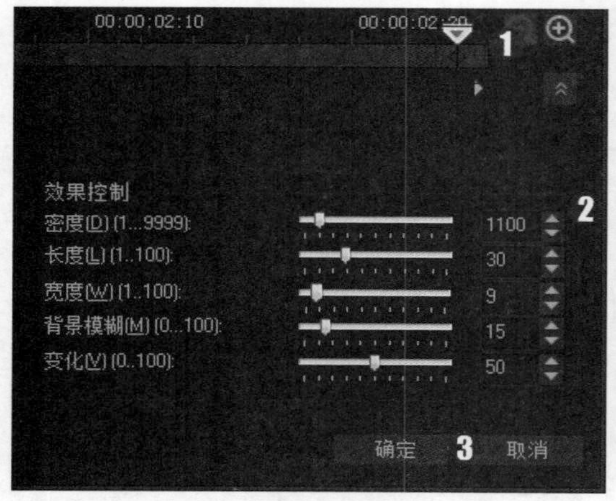

图 8-53

第 6 步 在导览面板中单击【播放】按钮，预览下雨特效，如图 8-54 所示。

图 8-54

8.4.2 制作雪花飘落特效

在会声会影 2019 中，使用【雨点】滤镜不仅可以制作出下雨的效果，还可以模仿大自然中下雪的场景。下面介绍制作雪花飘落特效的方法。

配套素材路径：配套素材/第 8 章

素材文件名称：雪乡.jpg、雪花特效.VSP

操作步骤 >> Step by Step

第 1 步 进入会声会影 2019 的编辑界面，在故事板中插入名为“雪乡”的图像素材，如图 8-55 所示。

第 2 步 ***1.*** 选择【滤镜】素材库，***2.*** 选择【特殊】选项，***2.*** 选择【雨点】滤镜效果，如图 8-56 所示。

图 8-55

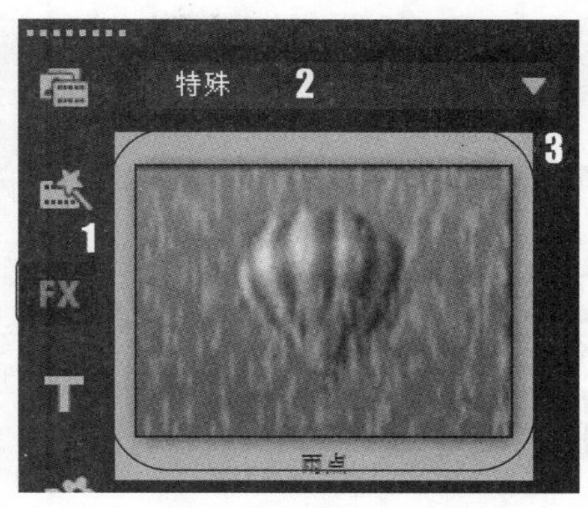

图 8-56

第 3 步 将滤镜添加至素材上，展开选项面板，单击【自定义滤镜】按钮，如图 8-57 所示。

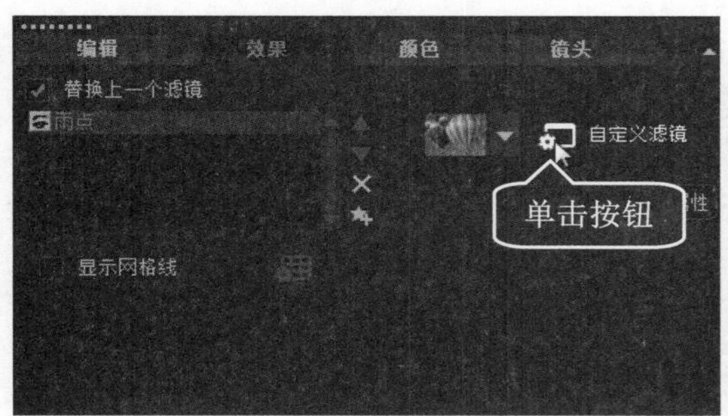

图 8-57

第 4 步 弹出【雨点】对话框，*1.* 选择第 1 个关键帧，*2.* 设置【密度】为 1200、【长度】为 6、【宽度】为 50、【背景模糊】为 15、【变化】为 65，如图 8-58 所示。

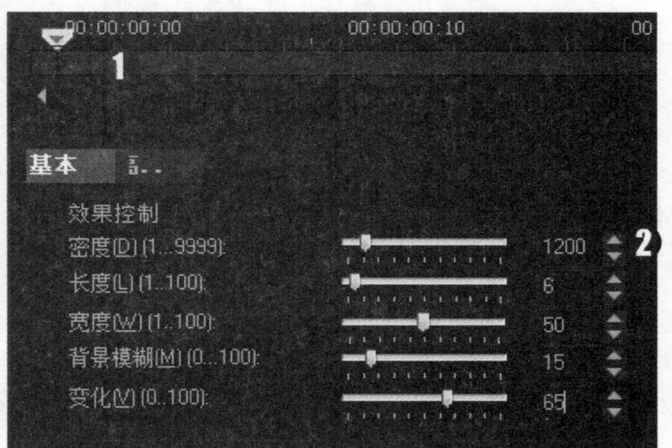

图 8-58

第 5 步 *1.* 选择最后一个关键帧，*2.* 设置【密度】为 1300、【长度】为 5、【宽度】为 50、【背景模糊】为 15、【变化】为 50，*3.* 单击【确定】按钮，如图 8-59 所示。

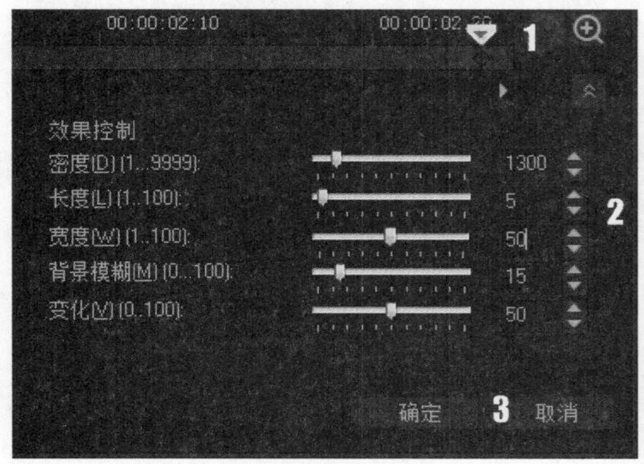

图 8-61

第 6 步 在导览面板中单击【播放】按钮，预览雪花飘落特效，如图 8-60 所示。

图 8-60

Section

8.5 实践经验与技巧

在本节的学习过程中，将侧重介绍和讲解与本章知识点有关的实践经验与技巧，主要内容包括制作老电影特效、制作发散光晕特效以及制作自动草绘特效等方面的知识与操作技巧。

8.5.1 制作老电影特效

在会声会影 2019 中，运用【老电影】滤镜可以制作出极具年代感的老电影画面特效。下面介绍制作老电影特效的方法。

配套素材路径：配套素材/第 8 章

素材文件名称：街道.jpg、老电影特效.VSP

操作步骤 >> Step by Step

第 1 步 进入会声会影 2019 的编辑界面，在故事板中插入名为“街道”的图像素材，如图 8-61 所示。

图 8-61

第 2 步 ***1.*** 选择【滤镜】素材库，***2.*** 选择【标题效果】选项，***3.*** 选择【老电影】滤镜效果，如图 8-62 所示。

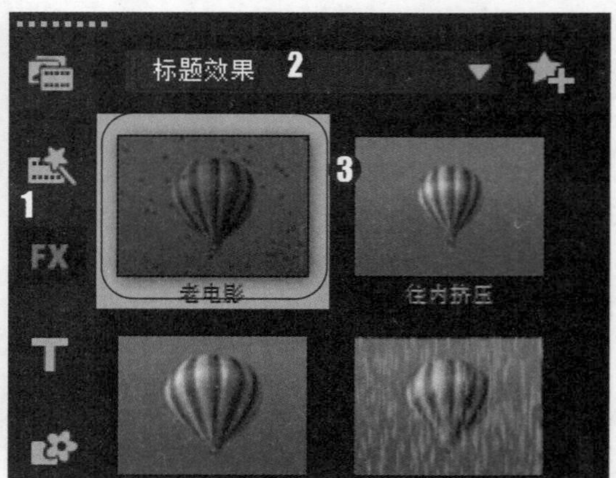

图 8-62

第 3 步 将滤镜添加到素材上，在【效果】面板中，***1.*** 单击【自定义滤镜】左侧的按钮，***2.*** 在弹出的列表中选择第 1 行第 2 个预设样式，如图 8-63 所示。

第 4 步 在导览面板中单击【播放】按钮，预览老电影特效，如图 8-64 所示。

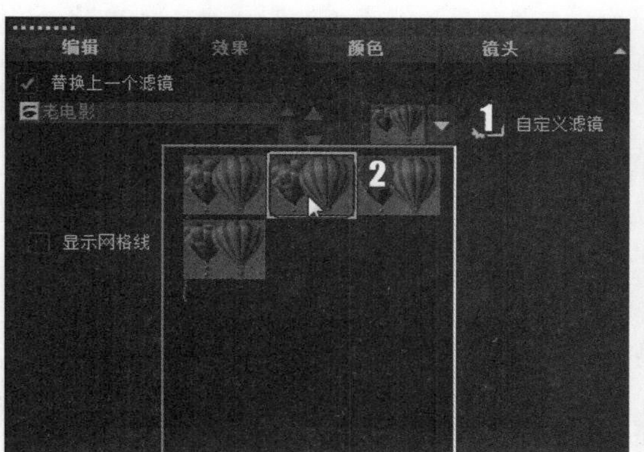

图 8-63

图 8-64

8.5.2 制作发散光晕特效

在会声会影 2019 中，应用【发散光晕】滤镜，可以制作出非常唯美的 MTV 视频画面色调特效。下面介绍制作发散光晕特效的方法。

配套素材路径：配套素材/第 8 章

素材文件名称：爱情.jpg、发散光晕特效.VSP

操作步骤 >> Step by Step

第 1 步 进入会声会影 2019 的编辑界面，在故事板中插入名为“爱情”的图像素材，如图 8-65 所示。

图 8-65

第 3 步 按住鼠标左键并拖曳滤镜至故事板中的图像素材上，如图 8-67 所示。

第 2 步 *1.* 选择【滤镜】素材库，*2.* 选择【相机镜头】选项，*3.* 选择【发散光晕】滤镜效果，如图 8-66 所示。

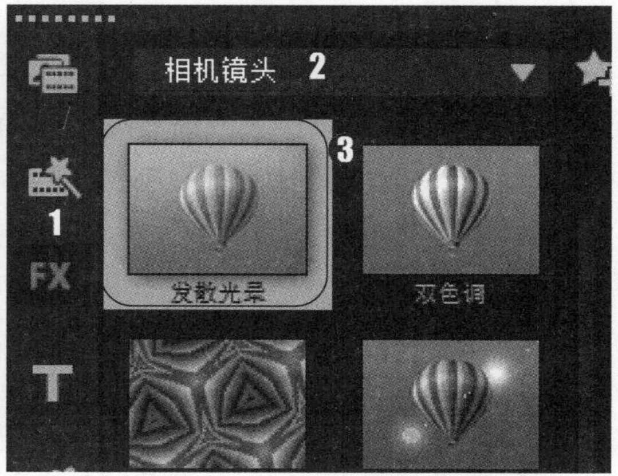

图 8-66

第 4 步 在导览面板中单击【播放】按钮，预览发散光晕特效，如图 8-68 所示。

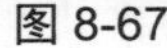

图 8-67

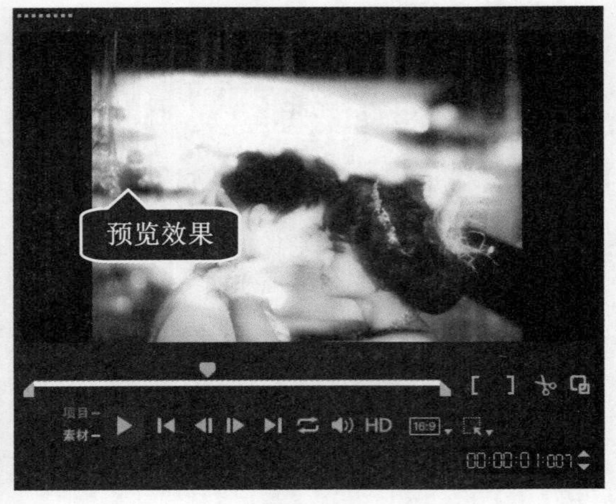

图 8-68

一点即通

在会声会影 2019 中，当用户为视频添加【散发光晕】滤镜效果后，单击【自定义滤镜】按钮左侧的下三角按钮，在弹出的下拉列表中可以选择【发散光晕】滤镜的特效类型，只需在喜欢的类型上单击鼠标左键即可。

Section 8.6 思考与练习

通过对本章内容的学习，读者可以掌握制作视频滤镜特效的基本知识以及一些常见的操作方法。在本节中将针对本章知识点进行相关知识测试，以达到巩固与提高的目的。

1. 填空题

(1) 在视频素材上应用视频滤镜后，选中该视频素材，进入__________面板，在【添加的滤镜】列表框中，选择准备删除的滤镜效果，然后在其右侧单击__________按钮，即可完成删除视频滤镜的操作。

(2) 在会声会影 2019 中，用户可以根据需要为图像添加视频滤镜，调整素材的亮度和对比度。亮度和对比度的调节包括自动曝光、__________、__________等。

2. 判断题

(1) 在素材上添加视频滤镜后，系统会自动为所添加的视频滤镜效果指定一种预设模式，当系统所指定的滤镜预设模式制作出的画面效果不能达到所需的要求时，用户可以重新为所使用的滤镜效果指定预设模式或自定义滤镜效果。 ( )

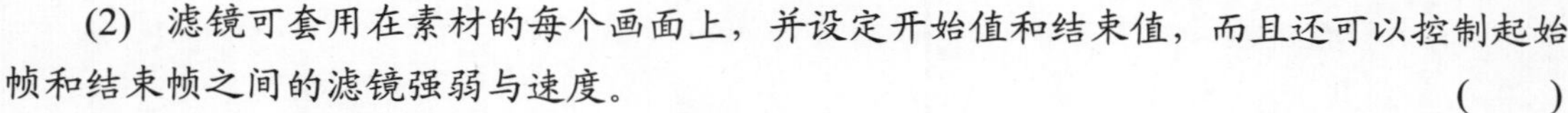

(2) 滤镜可套用在素材的每个画面上，并设定开始值和结束值，而且还可以控制起始帧和结束帧之间的滤镜强弱与速度。　　　　(　　)

3. 思考题

(1) 如何为视频添加自动曝光滤镜？

(2) 如何自定义视频滤镜？

第9章

视频覆叠与遮罩

本章要点

- ❖ 添加与删除覆叠素材
- ❖ 调整覆叠素材属性
- ❖ 应用视频遮罩
- ❖ 制作覆叠视频特效

本章主要介绍了添加与删除覆叠素材、调整覆叠素材属性、应用视频遮罩和制作覆叠视频特效方面的知识与技巧，在本章的最后还针对实际的工作需求，讲解了制作跳跃效果、制作画面同框分屏效果和制作特定遮罩效果的方法。通过对本章内容的学习，读者可以掌握视频覆叠和遮罩方面的知识，为深入学习会声会影 2019 知识奠定基础。

Section 9.1 添加与删除覆叠素材

覆叠功能是会声会影 2019 提供的一种视频编辑方法，它将视频素材添加到时间轴面板的覆叠轨中，设置相应属性后产生视频叠加的效果。本节主要介绍添加与删除覆叠素材的操作方法。

9.1.1 添加覆叠素材

在会声会影 2019 中，用户可以根据需要在视频轨中添加相应的覆叠素材，从而制作出更具观赏性的视频作品。下面介绍添加覆叠素材的方法。

配套素材路径：配套素材/第 9 章

素材文件名称：郁金香.jpg、蝴蝶.jpg、添加覆叠素材.VSP

操作步骤 >> Step by Step

第 1 步 进入会声会影 2019 的编辑界面，在视频轨中插入名为“郁金香”的素材，用鼠标右击覆叠轨的空白位置，在弹出的快捷菜单中选择【插入照片】命令，如图 9-1 所示。

图 9-1

第 2 步 弹出【浏览照片】对话框，*1.* 选择文件所在位置，*2.* 选中素材，*3.* 单击【打开】按钮，如图 9-2 所示。

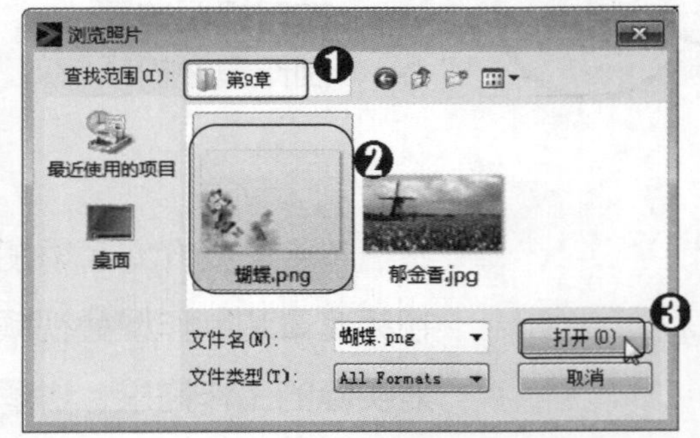

图 9-2

第 3 步 进入预览窗口中调整覆叠素材的位置和大小，通过以上步骤即可完成添加覆叠素材的操作，如图 9-3 所示。

图 9-3

9.1.2 删除覆叠素材

在会声会影 2019 中，如果用户不需要覆叠轨中的素材，可以将其删除。下面介绍删除覆叠素材的方法。

配套素材路径：配套素材/第 9 章

素材文件名称：烤鸭.jpg、烤鸭.VSP、删除覆叠素材.VSP

操作步骤 >> Step by Step

第 1 步 进入会声会影 2019 的编辑界面，打开名为“烤鸭”的项目文件，用鼠标右击覆叠轨的素材，在弹出的快捷菜单中选择【删除】命令，如图 9-4 所示。

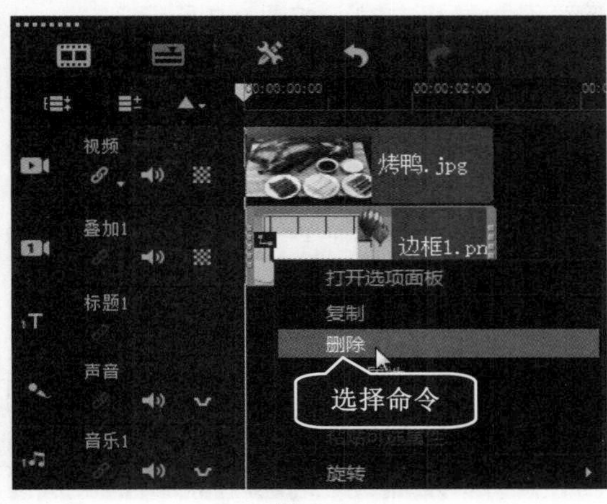

图 9-4

第 2 步 可以看到覆叠轨中的素材已经被删除，如图 9-5 所示。

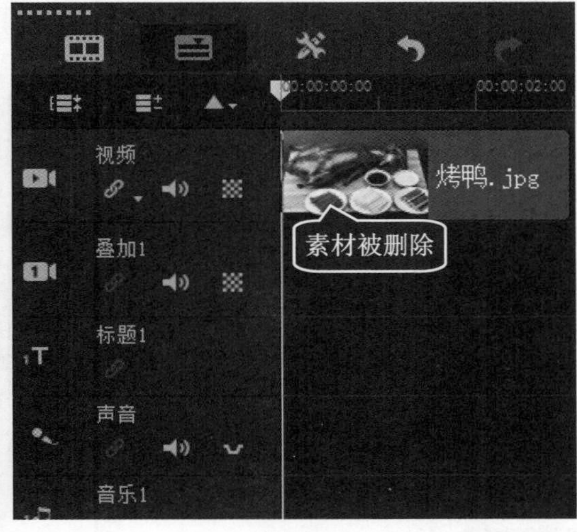

图 9-5

知识拓展

除了上述方法外，用户还可以选中覆叠轨中的素材，执行【编辑】→【删除】命令来删除素材；或者选中覆叠轨中的素材，按 Delete 键也可以快速删除素材。

Section 9.2 调整覆叠素材属性

在会声会影 2019 的覆叠轨中，添加素材后可以设置覆叠对象的属性，包括调整覆叠对象的大小、位置、形状、透明度及边框颜色等。本节主要介绍设置覆叠对象属性的操作方法。

9.2.1 调整覆叠素材的形状

在会声会影 2019 中，用户可以调整覆叠素材的形状，包括任意倾斜或者扭曲覆叠素材，以配合倾斜或扭曲的覆叠画面，使视频应用变得更加自由。下面介绍调整覆叠素材形状的方法。

配套素材路径：配套素材/第 9 章

素材文件名称：娇艳欲滴.jpg、边框 2.jpg、调整覆叠素材形状.VSP

操作步骤 >> **Step by Step**

第 1 步 进入会声会影 2019 的编辑界面，在视频轨和覆叠轨中分别插入"边框 2"和"娇艳欲滴"的素材，如图 9-6 所示。

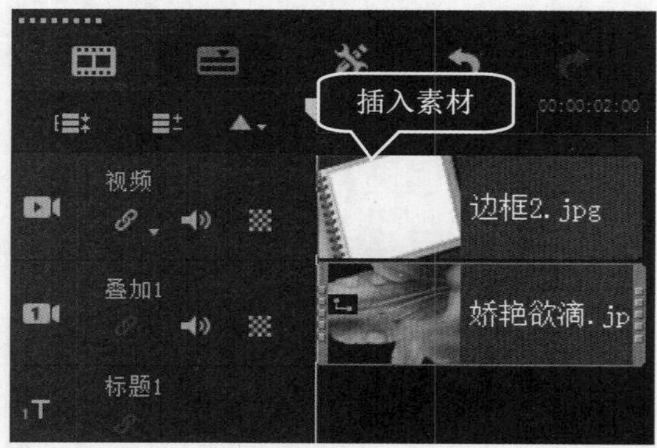

图 9-6

第 2 步 选中覆叠轨中的素材，在预览窗口中将鼠标指针移至右下角的绿色调节点上，按住鼠标左键并向右下角拖曳至合适位置后，释放鼠标左键，如图 9-7 所示。

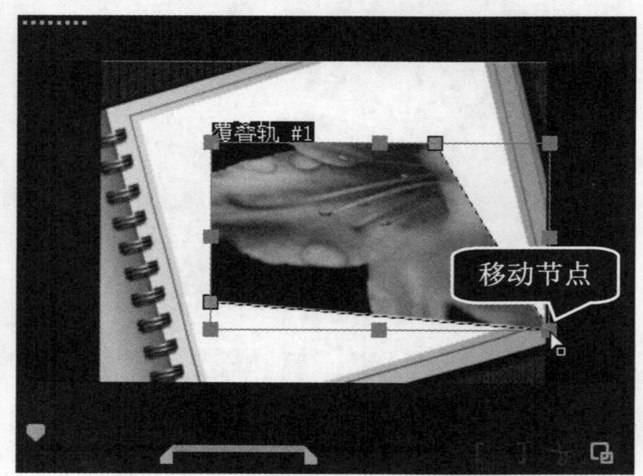

图 9-7

第 3 步 将鼠标指针移至左上角的绿色节点上，按住鼠标左键并向左侧拖曳至合适位置后，释放鼠标左键，如图 9-8 所示。

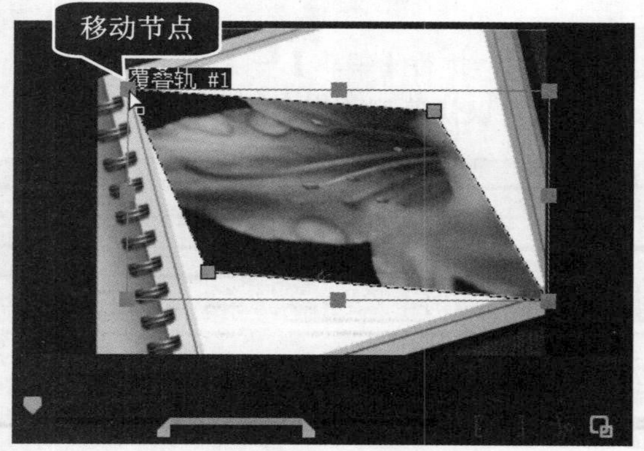

图 9-8

第 4 步 用同样的方法调整另外两个节点的位置，即可完成覆叠对象形状的调整，如图 9-9 所示。

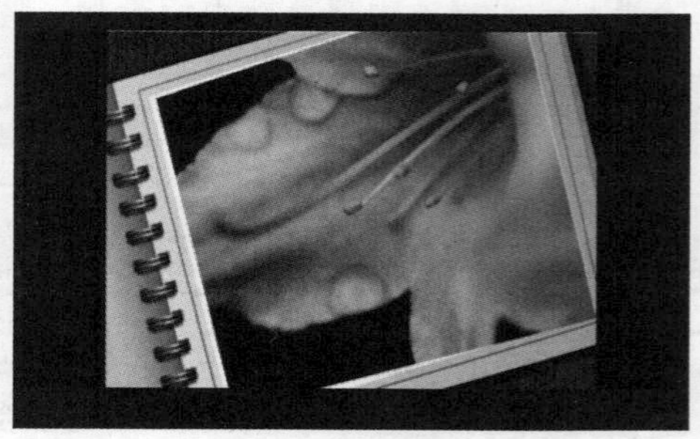

图 9-9

9.2.2 设置覆叠对象的透明度

在会声会影 2019 中，用户还可以根据需要设置覆叠素材的透明度，将素材以半透明的形式进行重叠，显示出若隐若现的效果。下面介绍调整覆叠素材透明度的方法。

配套素材路径：配套素材/第 9 章

素材文件名称：宠物.jpg、背景 2.jpg、调整覆叠对象透明度.VSP

操作步骤 >> Step by Step

第 1 步 进入会声会影 2019 的编辑界面，打开名为“宠物”的项目文件，如图 9-10 所示。

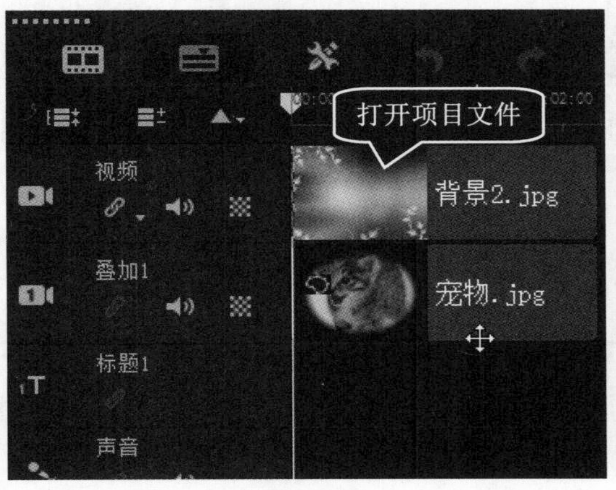

图 9-10

第 2 步 在【效果】面板中单击【遮罩和色度键】按钮，如图 9-11 所示。

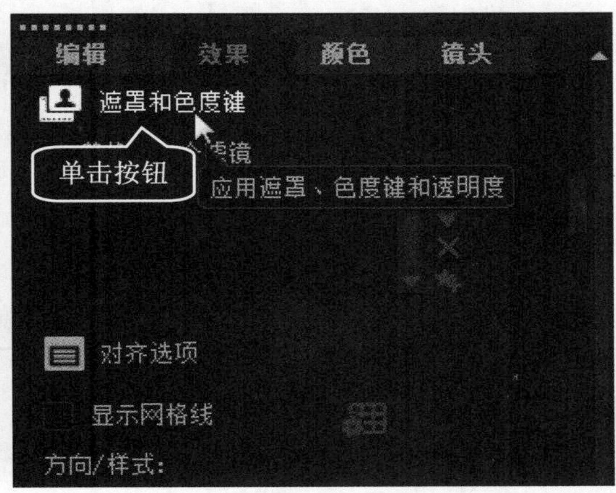

图 9-11

第 3 步 进入相应的选项面板，***1.*** 取消选中【应用覆叠选项】复选框，**2.** 在【透明度】微调框中输入 60，如图 9-12 所示。

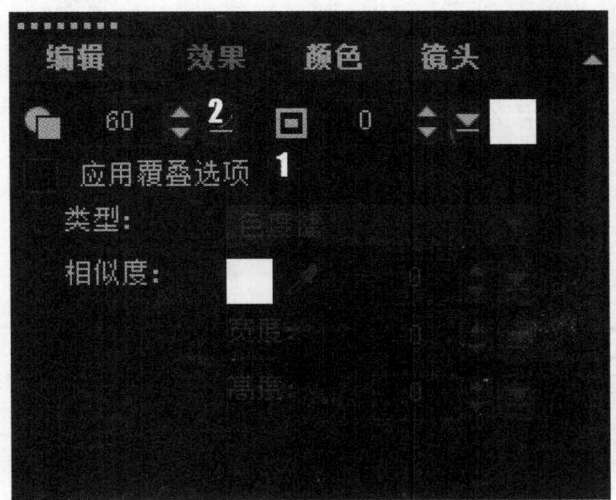

图 9-12

第 4 步 再选中【应用覆叠选项】复选框，如图 9-13 所示。

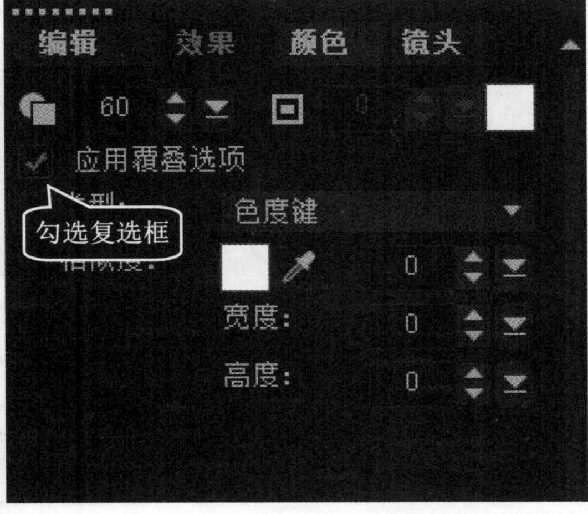

图 9-13

第 5 步 在预览窗口中查看设置透明度后的覆叠特效，通过以上步骤即可完成设置覆叠对象透明度的操作，如图 9-14 所示。

图 9-14

■ **指点迷津**

在【选项】面板中，单击【透明度】右侧的上下微调按钮，可以快速调整透明度的数值；单击右侧的下三角按钮，在弹出的滑块中也可以快速调整透明度数值。

9.2.3 调整大小与位置

在会声会影 2019 中，如果素材的大小和位置不符合需要，用户可以在预览窗口中调整覆叠素材的大小与位置。

配套素材路径：配套素材/第 9 章

素材文件名称：雪路.jpg、路标.jpg、调整大小与位置.VSP

操作步骤 >> Step by Step

第 1 步 进入会声会影 2019 的编辑界面，在视频轨和覆叠轨中分别插入“雪路”和“路标”的素材，如图 9-15 所示。

图 9-15

第 2 步 在预览窗口中查看当前的效果，如图 9-16 所示。

图 9-16

第 3 步 在预览窗口中选中覆叠素材，将鼠标指针移至素材四周的控制柄上，按住鼠标左键并拖曳至合适位置释放鼠标左键，调整素材的大小，然后调整覆叠素材的位置。最终效果如图 9-17 所示。

图 9-17

9.2.4 设置覆叠对象的边框和颜色

在会声会影 2019 中，为覆叠对象添加边框效果后，可以根据需要设置对象的边框颜色，增加画面美感。下面介绍设置覆叠对象的边框和颜色的方法。

配套素材路径：配套素材/第 9 章

素材文件名称：背景 4.jpg、誓言.jpg、设置边框和颜色.VSP

操作步骤 >> Step by Step

第 1 步 进入会声会影 2019 的编辑界面，在视频轨和覆叠轨中分别插入“背景 4”和“誓言”的素材，如图 9-18 所示。

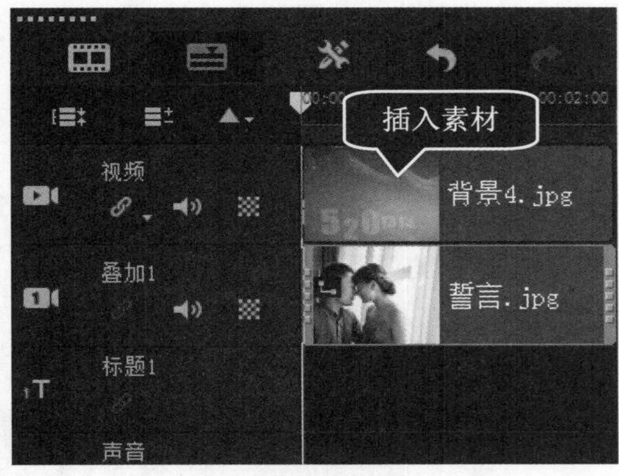

图 9-18

第 2 步 选择覆叠素材，在【效果】面板中单击【遮罩和色度键】按钮，如图 9-19 所示。

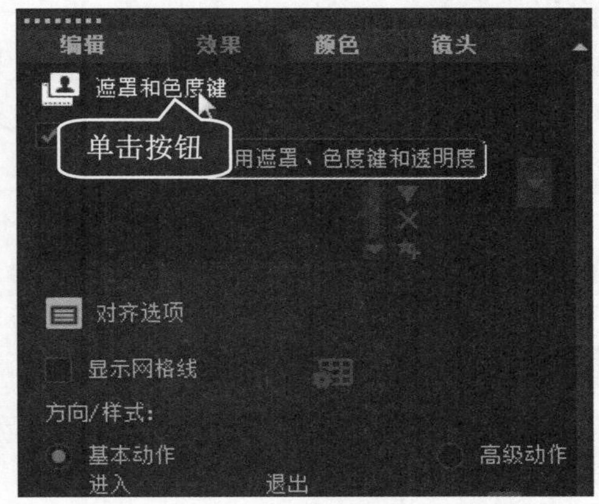

图 9-19

第 3 步 进入相应的选项面板，***1.*** 在【边框】微调框中输入 4，***2.*** 单击右侧的色块，在弹出的颜色面板中选择第 4 行第 7 个颜色，如图 9-20 所示。

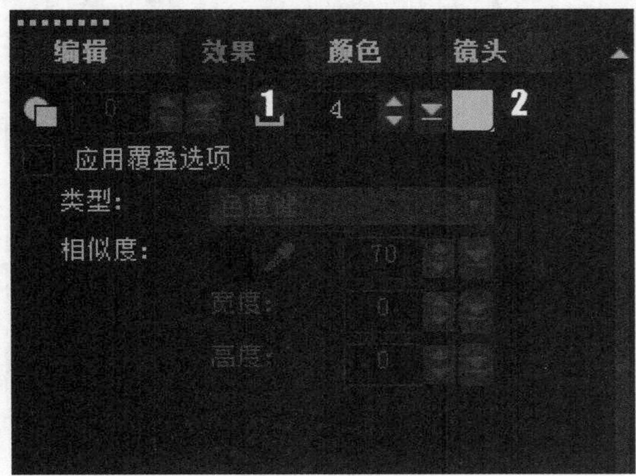

图 9-20

第 4 步 在预览窗口中预览设置的边框效果，如图 9-21 所示。

图 9-21

Section 9.3

应用视频遮罩

在会声会影 2019 中，用户还可以根据需要在覆叠轨中设置覆叠对象的遮罩效果，使制作的视频作品更美观。会声会影 2019 提供了多种遮罩效果。本节详细介绍常用的几种视频遮罩效果。

9.3.1 椭圆遮罩效果

在会声会影 2019 中，椭圆遮罩效果是指覆叠轨中的素材以椭圆的形式遮罩在视频轨中的素材上方。下面介绍应用椭圆遮罩效果的方法。

配套素材路径：配套素材/第 9 章

素材文件名称：儿童 1.jpg、儿童 2.jpg、儿童.VSP、椭圆遮罩.VSP

操作步骤 >> Step by Step

第 1 步 进入会声会影 2019 的编辑界面，打开名为“儿童 1”和“儿童 2”的项目文件，选择覆叠素材，如图 9-22 所示。

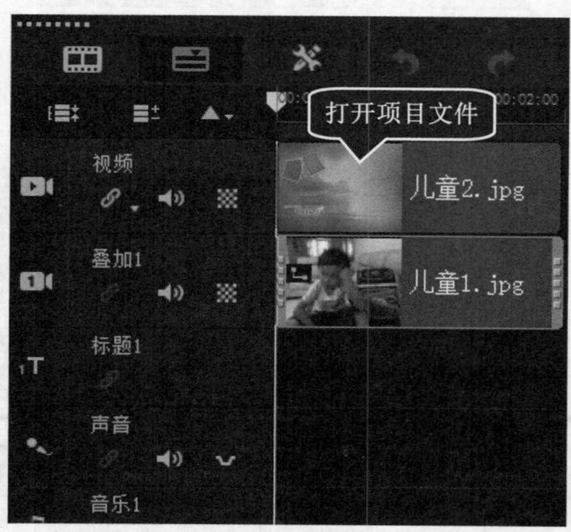

图 9-22

第 2 步 在【效果】面板中单击【遮罩和色度键】按钮，如图 9-23 所示。

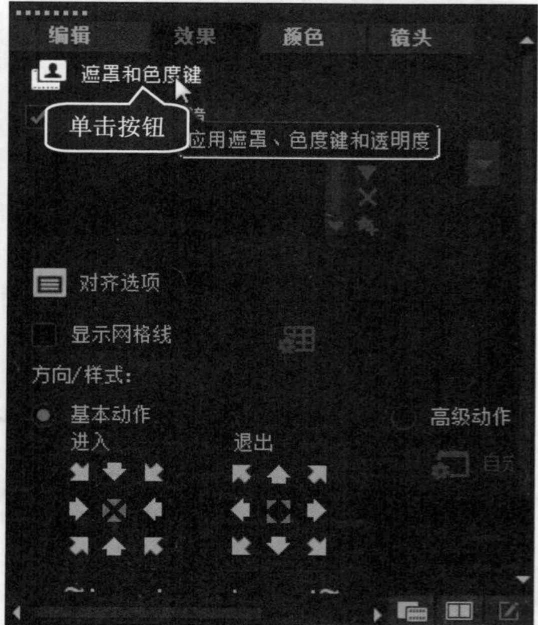

图 9-23

第 3 步 进入相应的选项面板，*1.* 选中【应用覆叠选项】复选框，*2.* 单击【类型】右侧的下拉按钮，在弹出的下拉列表中选择【遮罩帧】选项，*3.* 在右侧选择【椭圆遮罩】样式，如图 9-24 所示。

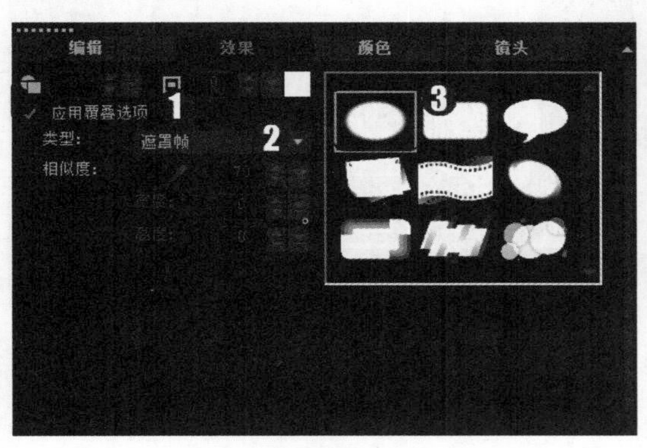

图 9-24

第 4 步 在预览窗口中预览设置的遮罩效果，如图 9-25 所示。

图 9-25

9.3.2 花瓣遮罩效果

在会声会影 2019 中，花瓣遮罩效果是指覆叠轨中的素材以花瓣的形式遮罩在视频轨中的素材上方。下面介绍应用花瓣遮罩效果的方法。

配套素材路径：配套素材/第 9 章

素材文件名称：荷花 1.jpg、荷花 2.jpg、荷花.VSP、花瓣遮罩.VSP

操作步骤 >> **Step by Step**

第 1 步 进入会声会影 2019 的编辑界面，打开名为“荷花 1”和“荷花 2”的项目文件，选择覆叠素材，如图 9-26 所示。

图 9-26

第 2 步 在【效果】面板中单击【遮罩和色度键】按钮，如图 9-27 所示。

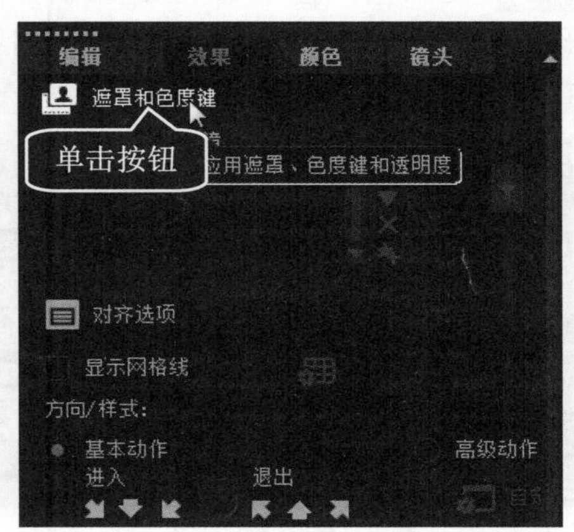

图 9-27

第 3 步 进入相应的选项面板，*1.* 选中【应用覆叠选项】复选框，*2.* 单击【类型】右侧的下拉按钮，在弹出的下拉列表中选择【遮罩帧】选项，*3.* 在右侧选择【花瓣遮罩】样式，如图 9-28 所示。

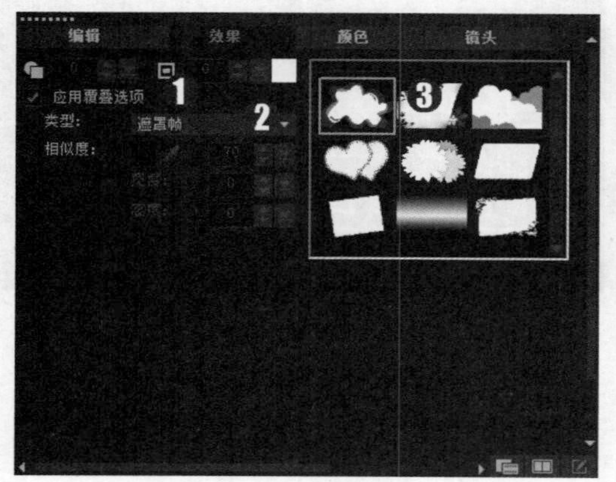

图 9-28

第 4 步 在预览窗口中预览设置的遮罩效果，如图 9-29 所示。

图 9-29

9.3.3 心形遮罩效果

在会声会影 2019 中，心形遮罩效果是指覆叠轨中的素材以心形的形式遮罩在视频轨中的素材上方。下面介绍应用心形遮罩效果的方法。

配套素材路径：配套素材/第 9 章

素材文件名称：婚纱照 1.jpg、婚纱照 2.jpg、婚纱照.VSP、心形遮罩.VSP

操作步骤 >> Step by Step

第 1 步 进入会声会影 2019 的编辑界面，打开名为“婚纱照 1”和“婚纱照 2”的项目文件，选择覆叠素材，如图 9-30 所示。

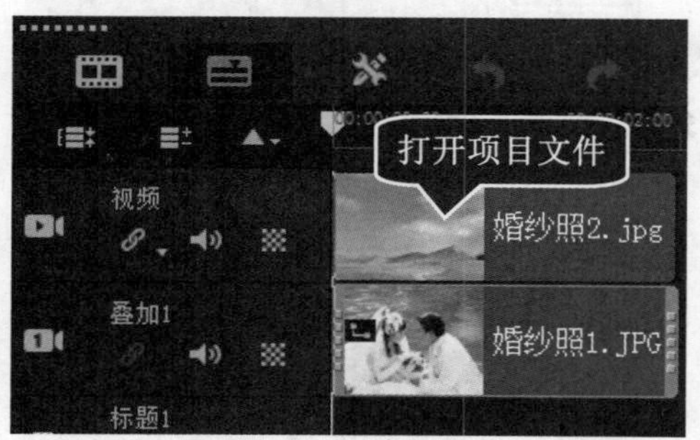

图 9-30

第 2 步 在【效果】面板中单击【遮罩和色度键】按钮，如图 9-31 所示。

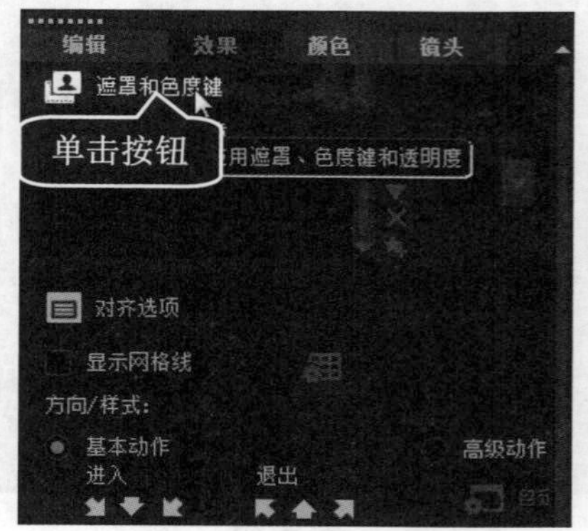

图 9-31

第 3 步 进入相应的选项面板，**1.** 选中【应用覆叠选项】复选框，**2.** 单击【类型】右侧的下拉按钮，在弹出的下拉列表中选择【遮罩帧】选项，**3.** 在右侧选择【心形遮罩】样式，如图 9-32 所示。

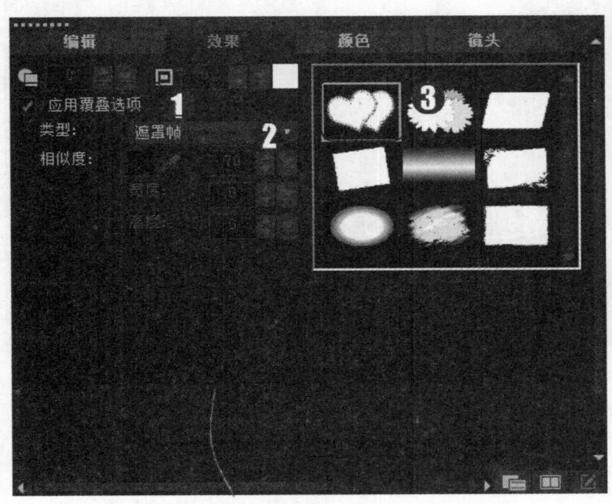

图 9-32

第 4 步 在预览窗口中预览设置的遮罩效果，如图 9-33 所示。

图 9-33

9.3.4 渐变遮罩效果

在会声会影 2019 中，渐变遮罩效果是指覆叠轨中的素材以渐变遮罩的方式附在视频轨中的素材上方。下面介绍应用渐变遮罩效果的方法。

配套素材路径：配套素材/第 9 章

素材文件名称：小狗 1.jpg、小狗 2.jpg、小狗.VSP、渐变遮罩.VSP

操作步骤 >> Step by Step

第 1 步 进入会声会影 2019 的编辑界面，打开名为“小狗 1”和“小狗 2”的项目文件，选择覆叠素材，如图 9-34 所示。

图 9-34

第 2 步 在【效果】选项卡中单击【遮罩和色度键】按钮，如图 9-35 所示。

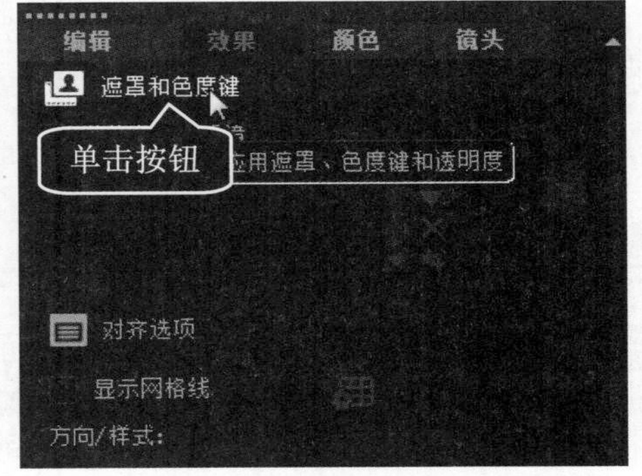

图 9-35

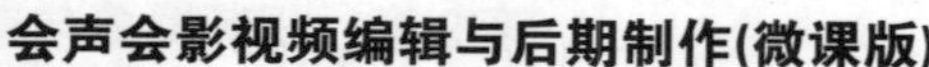

第 3 步 进入相应的选项面板，***1.*** 选中【应用覆叠选项】复选框，***2.*** 单击【类型】右侧的下拉按钮，在弹出的下拉列表中选择【遮罩帧】选项，***3.*** 在右侧选择【渐变遮罩】样式，如图 9-36 所示。

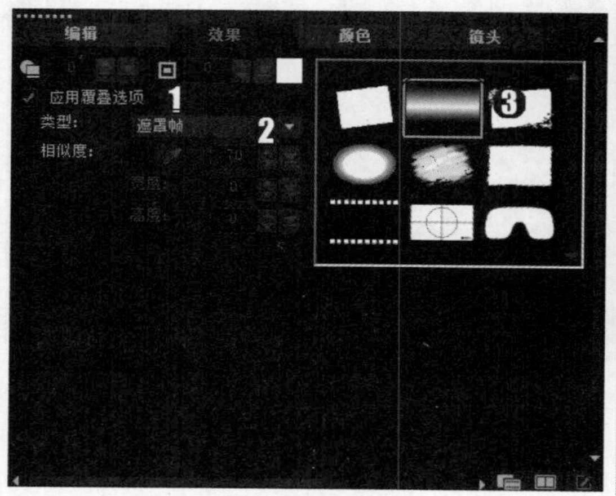

图 9-36

第 4 步 在预览窗口中预览设置的遮罩效果，如图 9-37 所示。

图 9-37

Section 9.4 专题课堂——制作覆叠视频特效

在会声会影 2019 中，覆叠有多重编辑方式，可以制作出多种不同样式的画中画特效，如照片滚屏画中画特效、制作相框画面移动效果等。

9.4.1 制作照片滚屏画中画效果

在会声会影 2019 中，滚屏画面是指覆叠素材从屏幕的一端滚动到屏幕另一端的效果。下面介绍制作照片滚屏画中画效果。

配套素材路径：配套素材/第 9 章

素材文件名称：写真 1.jpg、写真 2.jpg、相框.jpg、照片滚屏画中画.VSP

操作步骤 >> **Step by Step**

第 1 步 进入会声会影 2019 的编辑界面，在视频轨中插入名为“相框”的图片素材，并在【编辑】面板中设置素材的区间为 0:00:08:024，如图 9-38 所示。

第 2 步 在覆叠轨 1 中插入名为“写真 1”的图片素材，并在【编辑】面板中设置素材的区间为 0:00:07:000，如图 9-39 所示。

图 9-38

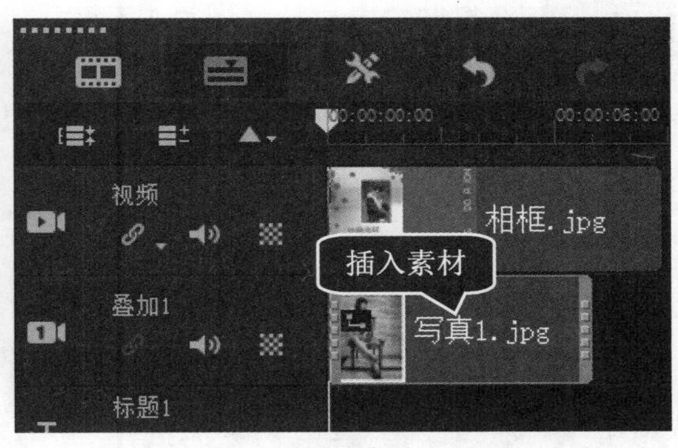

图 9-39

第 3 步　*1.* 选择【编辑】菜单，*2.* 在弹出的下拉菜单中选择【自定义动作】命令，如图 9-40 所示。

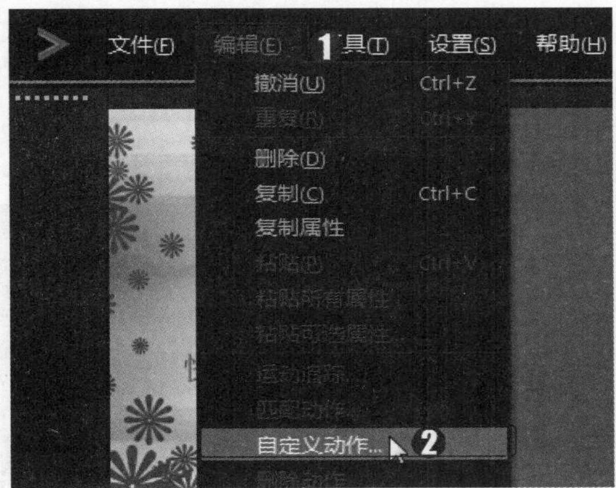

图 9-40

第 4 步　弹出【自定义动作】对话框，*1.* 选择第 1 个关键帧，*2.* 设置 X 和 Y 的参数，如图 9-41 所示。

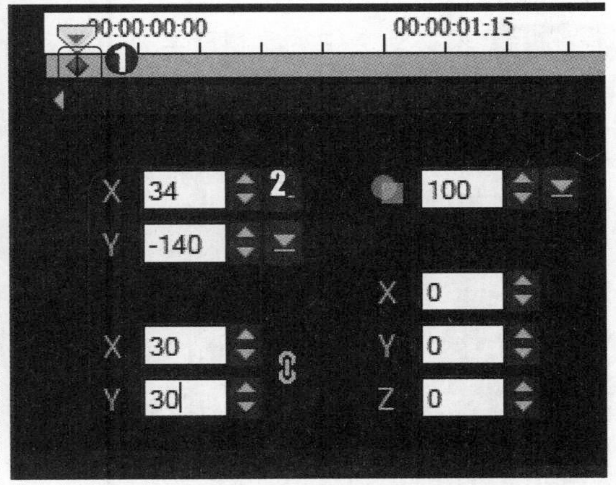

图 9-41

第 5 步　*1.* 选择第 2 个关键帧，*2.* 设置 X 和 Y 的参数，*3.* 单击【确定】按钮，如图 9-42 所示。

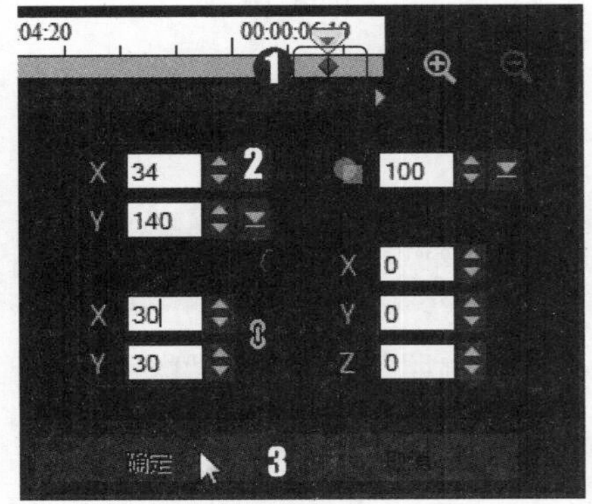

图 9-42

第 6 步　在时间轴面板中插入一条覆叠轨道，用鼠标右击第一条覆叠轨上的素材，在弹出的快捷菜单中选择【复制】命令，如图 9-43 所示。

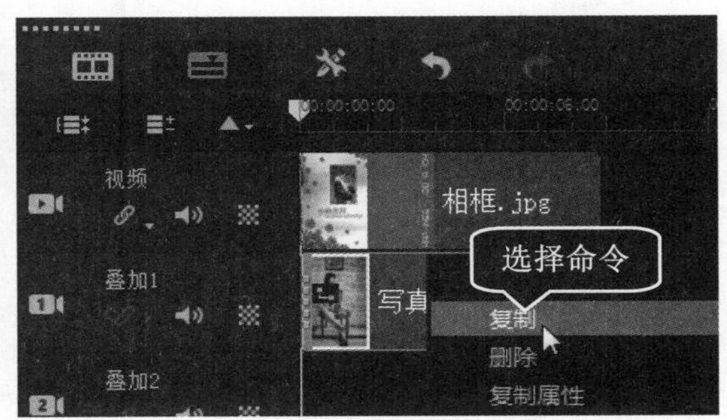

图 9-43

第 7 步 将复制的素材粘贴到第 2 条覆叠轨道中的合适位置，用鼠标右击粘贴的素材，在弹出的快捷菜单中选择【替换素材】→【照片】命令，如图 9-44 所示。

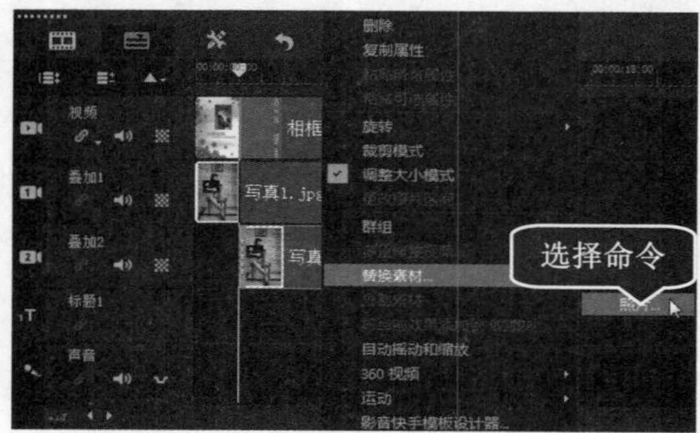

图 9-44

第 8 步 弹出【替换/重新链接素材】对话框，*1.* 选择文件所在位置，*2.* 选中素材，*3.* 单击【打开】按钮，如图 9-45 所示。

图 9-45

第 9 步 覆叠轨 2 中的素材已经被替换，如图 9-46 所示。

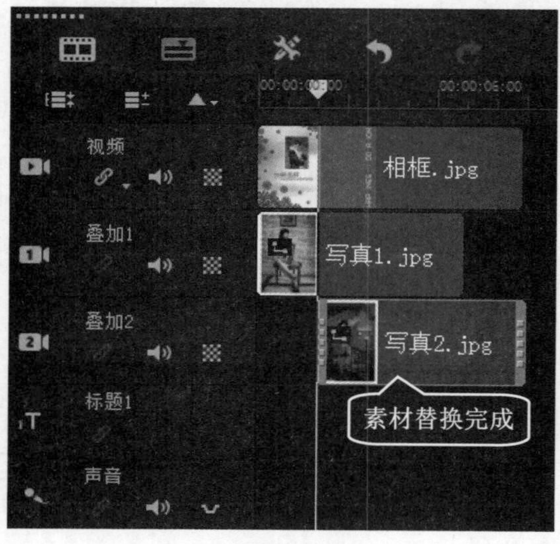

图 9-46

第 10 步 在导览面板中单击【播放】按钮，预览照片滚屏画中画特效，如图 9-47 所示。

图 9-47

9.4.2 制作相框画面效果

在会声会影 2019 中，使用“画中画”滤镜可以制作出照片展示相框型特效。下面介绍制作相框画面效果的方法。

配套素材路径：配套素材/第 9 章

素材文件名称：古镇.VSP、相框画面效果.VSP、

操作步骤 >> Step by Step

第 1 步 进入会声会影 2019 的编辑界面，打开名为“古镇 2”的项目文件，选择第一个覆叠素材，如图 9-48 所示。

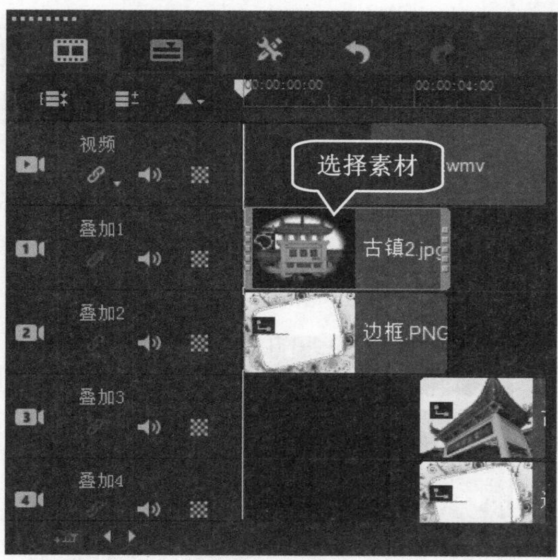

图 9-48

第 2 步 在【效果】选项卡中单击【遮罩和色度键】按钮，如图 9-49 所示。

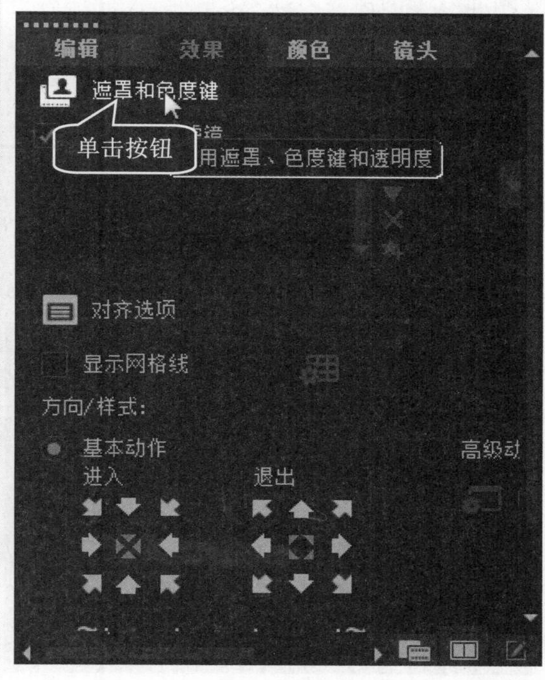

图 9-49

第 3 步 进入相应的选项面板，***1.*** 选中【应用覆叠选项】复选框，***2.*** 单击【类型】右侧的下拉按钮，在弹出的下拉列表中选择【遮罩帧】选项，***3.*** 在右侧选择最后一行第 1 个预设样式，如图 9-50 所示。

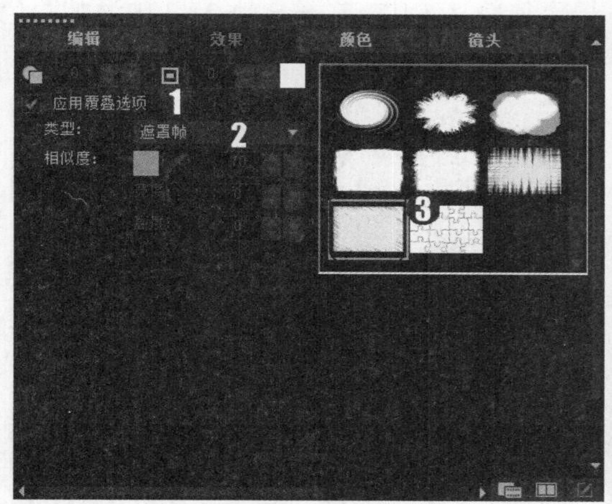

图 9-50

第 4 步 在导览面板中单击【播放】按钮，预览相框画面效果，如图 9-51 所示。

图 9-51

9.4.3 制作二分画面显示效果

在影视作品中，常有一个黑色条块分开屏幕的画面，称为二分画面。下面介绍制作二分画面效果的操作方法。

配套素材路径：配套素材/第 9 章

素材文件名称：落花.wmv、二分画面.VSP

操作步骤 >> Step by Step

第 1 步 进入会声会影 2019 的编辑界面，*1.* 在视频轨中插入名为“落花”的视频素材，*2.* 单击【轨道管理器】按钮，如图 9-52 所示。

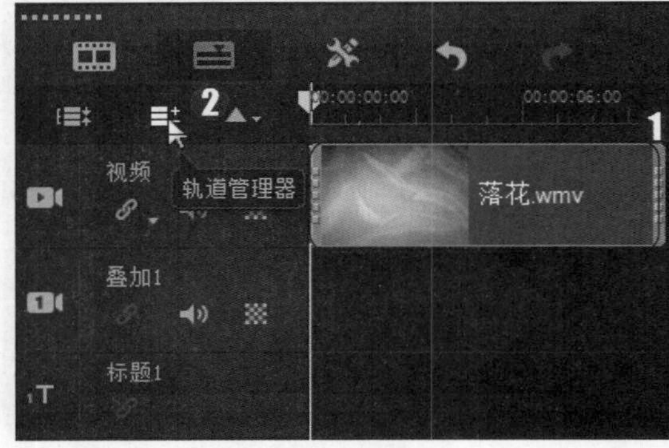

图 9-52

第 2 步 弹出【轨道管理器】对话框，*1.* 单击【覆叠轨】下拉按钮，在弹出的下拉列表框中选择 3，*2.* 单击【确定】按钮，如图 9-53 所示。

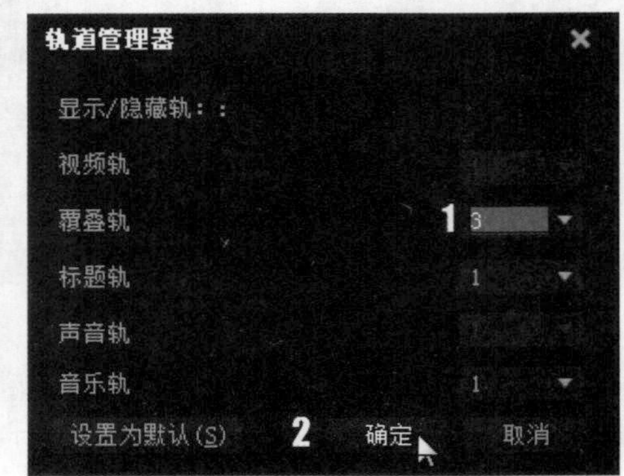

图 9-53

第 3 步 在库面板中，*1.* 选择【图形】选项，*2.* 选择【颜色】选项，*3.* 选择黑色色块效果，如图 9-54 所示。

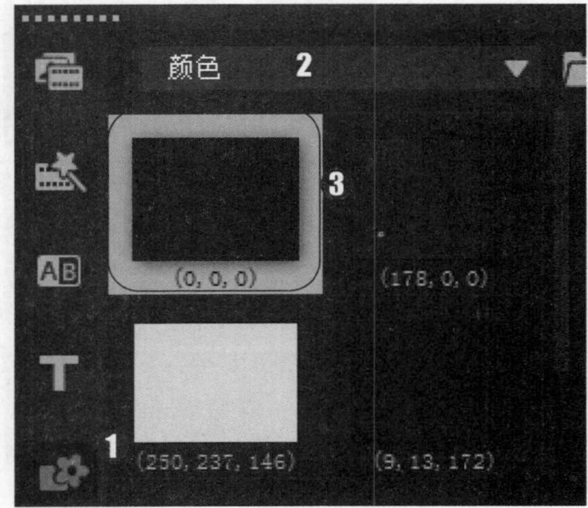

图 9-54

第 4 步 按住鼠标左键并拖动黑色色块效果至覆叠轨 1 中，在覆叠轨 2、3 中添加白色色块，如图 9-55 所示。

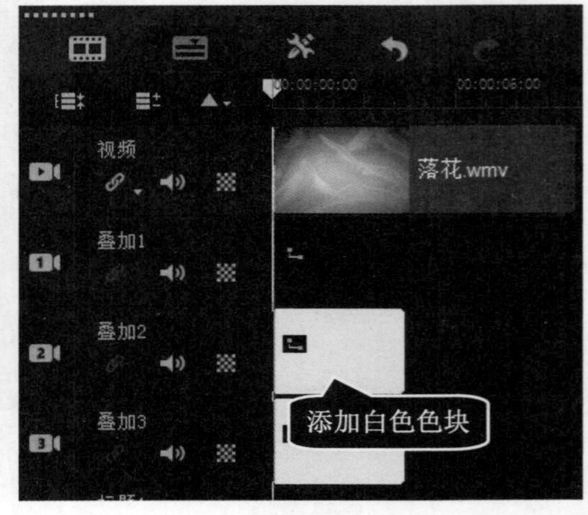

图 9-55

第 5 步 在预览窗口中调整素材大小和位置，在时间轴工具栏中单击【录制/捕获选项】按钮，如图 9-56 所示。

图 9-56

第 7 步 在素材库中查看捕获的素材，如图 9-58 所示。

图 9-58

第 9 步 在预览窗口中调整捕获素材的大小和位置，如图 9-60 所示。

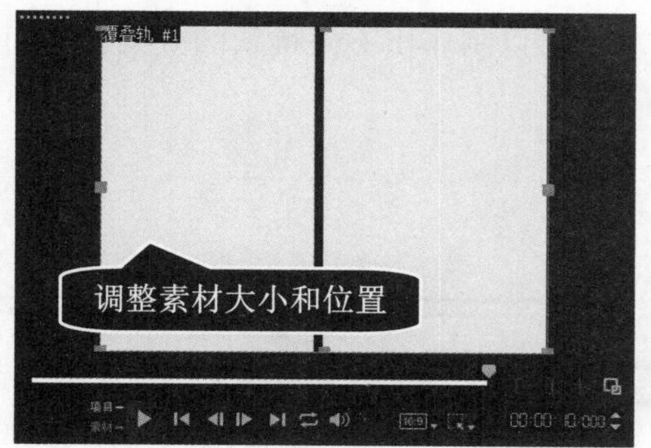

图 9-60

第 6 步 弹出【录制/捕获选项】对话框，单击【快照】按钮，如图 9-57 所示。

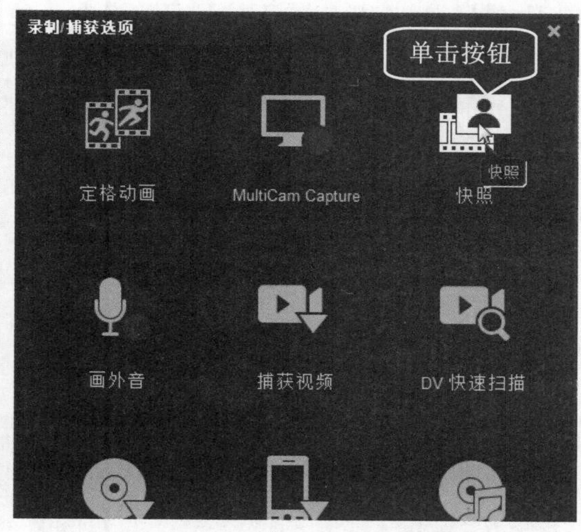

图 9-57

第 8 步 删除覆叠轨中的所有素材，拖曳捕获的素材到覆叠轨中，在时间轴中调整素材区间，如图 9-59 所示。

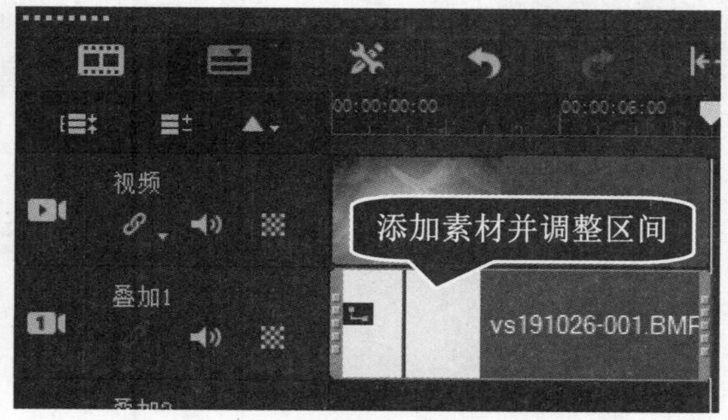

图 9-59

第 10 步 在【效果】选项卡中单击【遮罩和色度键】按钮，如图 9-61 所示。

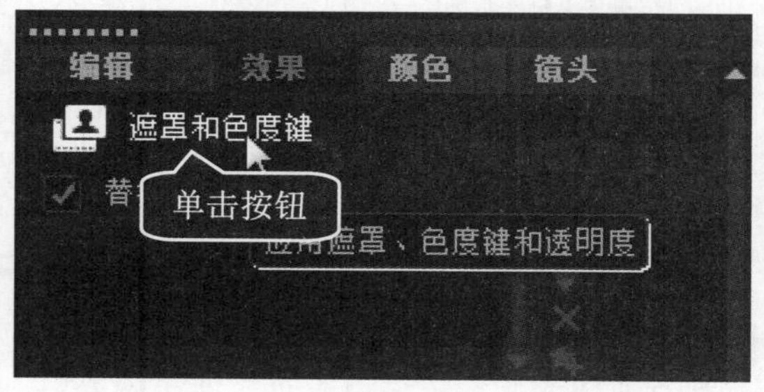

图 9-61

第 11 步 进入相应的选项面板，*1.* 选中【应用覆叠选项】复选框，*2.* 单击【类型】右侧的下拉按钮，在弹出的下拉列表中选择【色度键】选项，*3.* 设置【覆叠遮罩的色彩】为白色，*4.* 设置【针对遮罩的色彩相似度】为100，如图 9-62 所示。

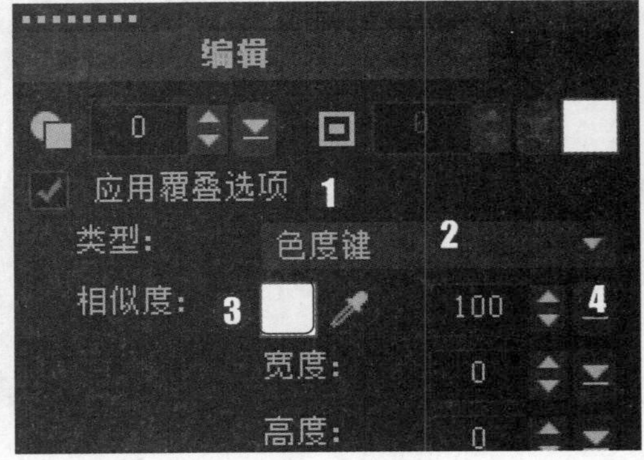

图 9-62

第 12 步 在导览面板中单击【播放】按钮，查看画面二分的效果，如图 9-63 所示。

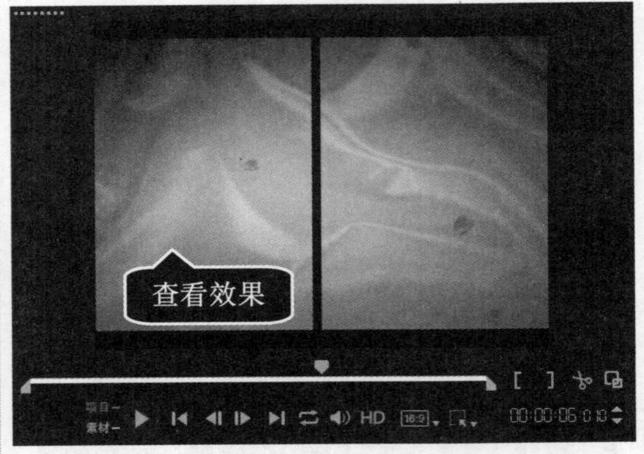

图 9-63

Section 9.5 实践经验与技巧

在本节的学习过程中，将侧重介绍和讲解与本章知识点有关的实践经验与技巧，主要内容包括制作跳跃效果、制作画面同框分屏效果、制作特定遮罩效果等方面的知识与操作技巧。

9.5.1 制作跳跃效果

在会声会影 2019 中，应用“自定义动作”功能可以制作出不停跳跃的效果。下面介绍制作跳跃效果的操作方法。

配套素材路径：配套素材/第 9 章

素材文件名称：奔跑.VSP、跳跃效果.VSP

操作步骤 >> Step by Step

第 1 步 进入会声会影 2019 的编辑界面，打开名为“奔跑”的项目文件，选中覆叠轨 2 中的第一个覆叠素材，如图 9-64 所示。

第 2 步 *1.* 切换到【编辑】选项卡，*2.* 在弹出的下拉菜单中选择【自定义动作】命令，如图 9-65 所示。

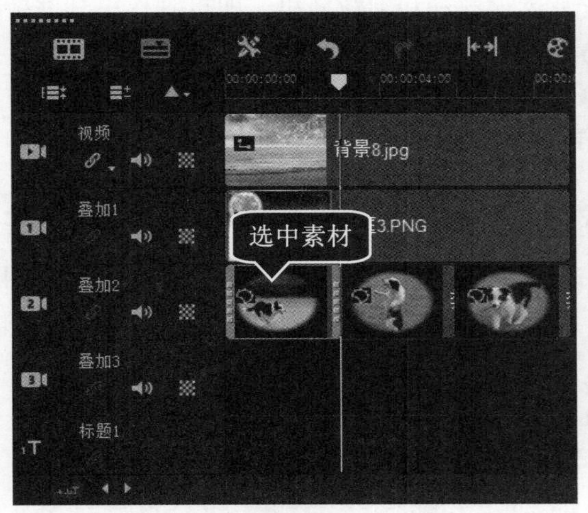

图 9-64

第 3 步 弹出【自定义动作】对话框，在 00:00:01:000 至 00:00:01:24 之间每 4 帧添加一个关键帧，共添加 7 个关键帧，如图 9-66 所示。

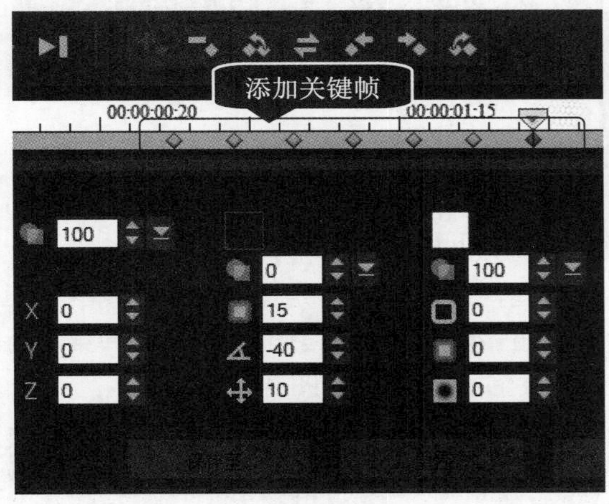

图 9-66

第 5 步 在导览面板中单击【播放】按钮，查看设置的跳跃效果，如图 9-68 所示。

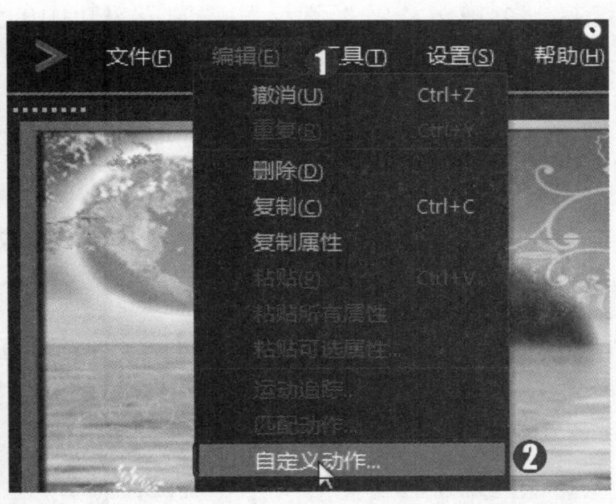

图 9-65

第 4 步 ***1.*** 调整所有单数关键帧的 Y 位置参数为 18，调整所有偶数关键帧的 Y 位置参数为-18，***2.*** 单击【确定】按钮，如图 9-67 所示。

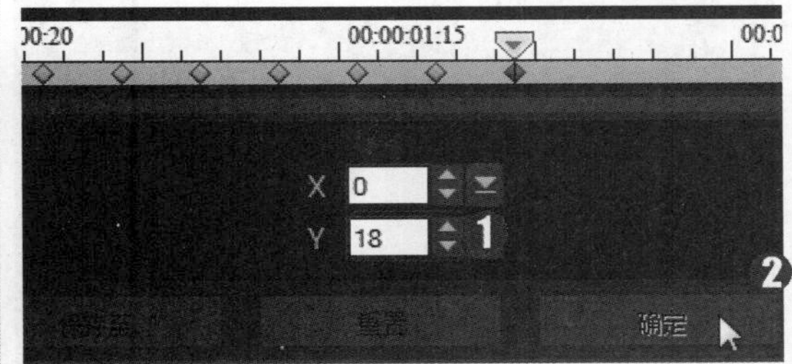

图 9-67

图 9-68

9.5.2 制作画面同框分屏效果

在会声会影 2019 中，打开【即时项目】素材库，在【分割画面】模板素材库中任意

选择一个模板，替换素材，并为覆叠轨中的素材添加摇动和缩放效果，即可制作出分屏效果。下面详细介绍制作画面同框分屏效果的方法。

配套素材路径：配套素材/第 9 章

素材文件名称：人物 1～人物 4.jpg、分屏效果.VSP

操作步骤 >> Step by Step

第 1 步 进入会声会影 2019 的编辑界面，***1.*** 在库面板中选择【即时项目】选项，***2.*** 选择【分割画面】选项，***3.*** 选择 IP-07 效果，如图 9-69 所示。

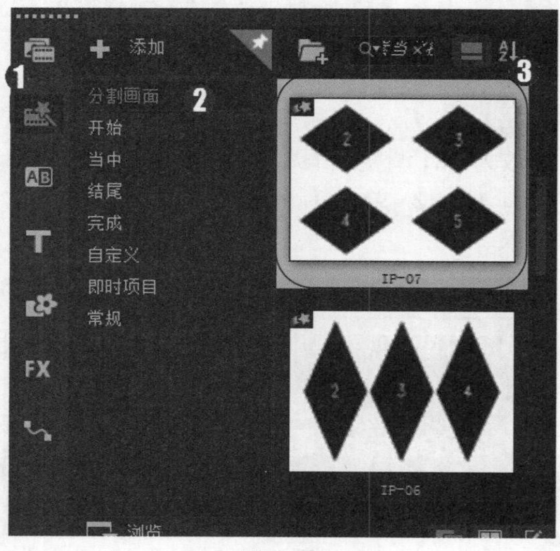

图 9-69

第 2 步 按住鼠标左键拖曳该效果至时间轴中的合适位置，用鼠标右击覆叠轨 1 中的素材文件，在弹出的快捷菜单中选择【替换素材】→【照片】命令，如图 9-70 所示。

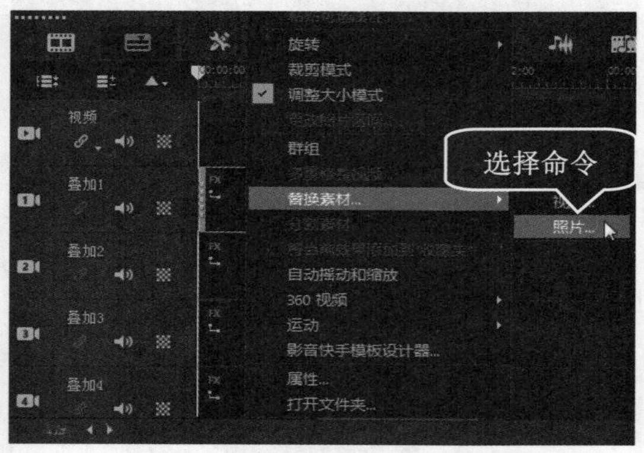

图 9-70

第 3 步 弹出【替换/重新链接素材】对话框，***1.*** 选择素材所在位置，***2.*** 选中素材，***3.*** 单击【打开】按钮，如图 9-71 所示。

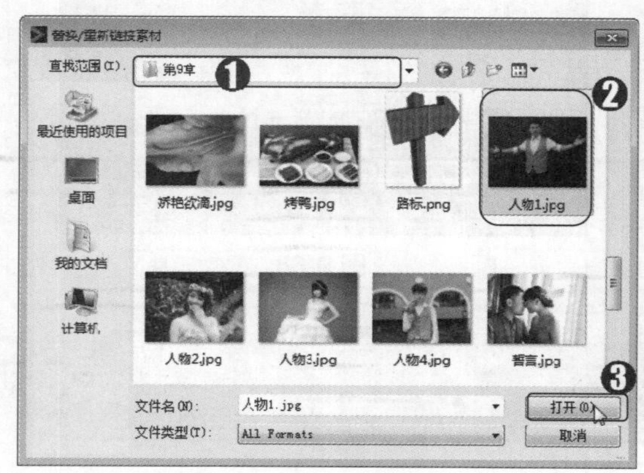

图 9-71

第 4 步 ***1.*** 在【编辑】面板中设置区间为 00:00:03:000，***2.*** 选中【应用摇动和缩放】复选框，***3.*** 单击【自定义】按钮左侧的下三角按钮，***4.*** 在弹出的下拉列表中选择第 1 行第 2 个预设样式，如图 9-72 所示。

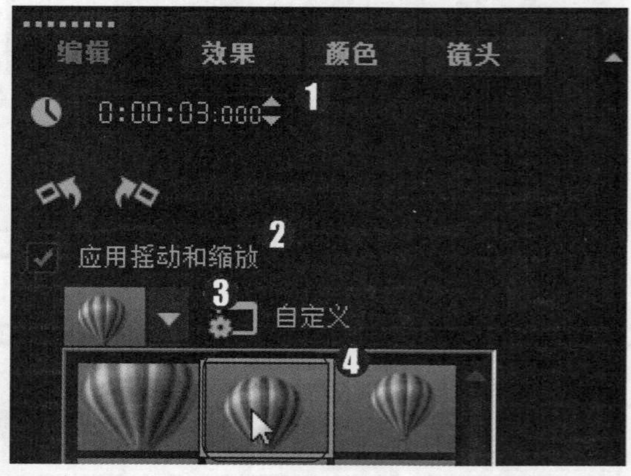

图 9-72

第 5 步 在预览窗口中通过拖曳素材四周的控制柄调整素材的大小和位置，如图 9-73 所示。

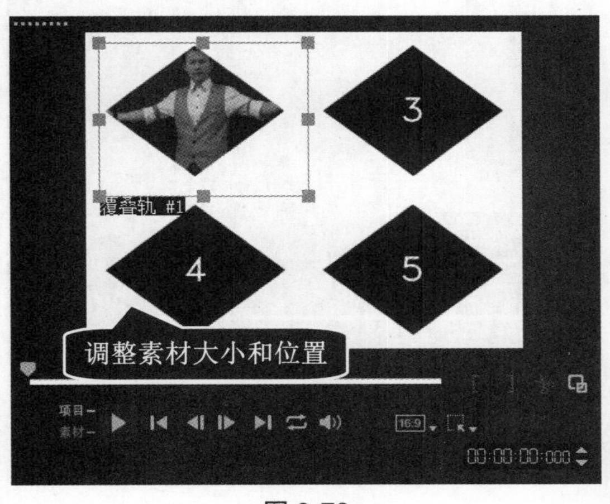

图 9-73

第 6 步 使用同样的方法替换其余的覆叠轨道中的素材，并设置素材区间为 00:00:03:000，单击【播放】按钮，即可预览制作的分屏效果，如图 9-74 所示

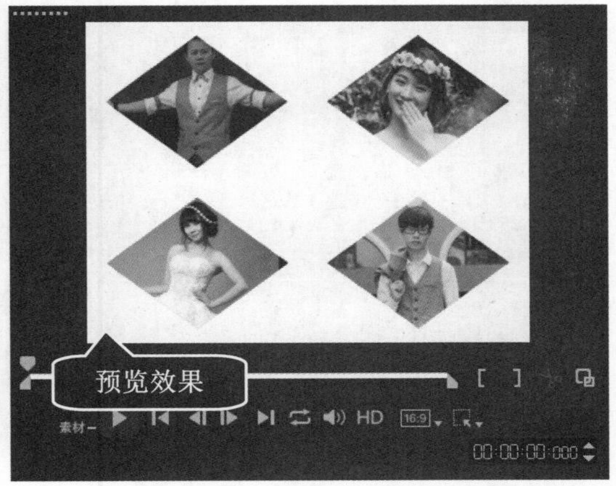

图 9-74

9.5.3 制作特定遮罩效果

在【遮罩创建器】对话框中，通过遮罩刷工具可以制作出特定画面或对象的遮罩效果，相当于 Photoshop 中的抠像功能。

配套素材路径：配套素材/第 9 章

素材文件名称：猴子 1.mpg、猴子 2.mpg、特定遮罩效果.VSP

操作步骤 >> Step by Step

第 1 步 进入会声会影 2019 的编辑界面，在视频轨和覆叠轨中各插入一段视频素材，*1.* 选中覆叠轨中的素材，*2.* 单击【遮罩创建器】按钮，如图 9-75 所示。

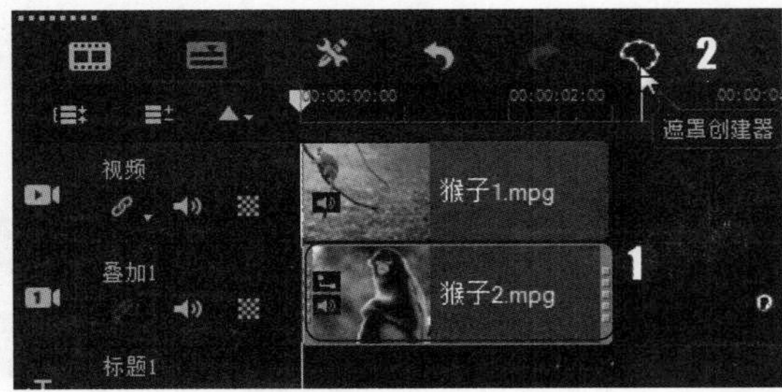

图 9-75

第 2 步 弹出【遮罩创建器】对话框，*1.* 在【遮罩类型】区域选中【静止】单选按钮，*2.* 在【遮罩工具】区域选择【遮罩刷】工具，如图 9-76 所示。

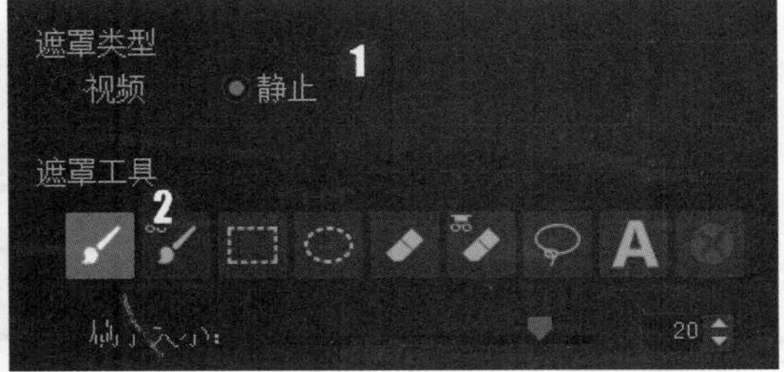

图 9-76

第 3 步 将鼠标指针移至左侧预览窗口，**1.** 在需要抠取的视频画面上按住鼠标左键拖曳，创建遮罩区，**2.** 创建完成后单击【确定】按钮，如图 9-77 所示。

图 9-77

第 4 步 在导览面板中单击【播放】按钮，预览遮罩效果，如图 9-78 所示。

图 9-78

Section 9.6 思考与练习

通过对本章内容的学习，读者可以掌握视频覆叠与遮罩的基本知识以及一些常见的操作方法。在本节中将针对本章知识点进行相关知识测试，以达到巩固与提高的目的。

1. 填空题

(1) 所谓__________功能，是会声会影 2019 提供的一种视频编辑方法，它将视频素材添加到时间轴面板的覆叠轨中，设置相应属性后产生视频叠加的效果。

(2) 在会声会影 2019 的覆叠轨中，添加素材后，可以设置覆叠对象的属性，包括调整覆叠对象的大小、__________、__________、透明度及边框颜色等。

2. 判断题

(1) 用户选中覆叠轨中的素材，按 Delete 键也可以快速删除素材。 ( )

(2) 用户不能在视频轨中添加相应的覆叠素材。 ( )

3. 思考题

(1) 如何调整覆叠对象的透明度？

(2) 如何为视频添加心形遮罩？

第10章

制作视频字幕特效

本章要点

- ❖ 创建标题字幕
- ❖ 设置标题字幕属性
- ❖ 静态和动态字幕特效

本章主要介绍了创建标题字幕、设置标题字幕属性以及静态和动态字幕特效方面的知识与技巧，在本章的最后还针对实际工作需求，讲解了制作下垂字幕、制作描边字幕、制作字幕弹跳运动效果和制作字幕扭曲变形效果的方法。通过对本章内容的学习，读者可以掌握制作视频字幕特效方面的知识，为深入学习会声会影 2019 知识奠定基础。

Section 10.1 创建标题字幕

在会声会影 2019 中，标题字幕是影片必不可少的元素，好的标题字幕不仅可以传送画面以外的信息，还可以增强影片的艺术效果，为影片设置漂亮的标题字幕，可以使影片更具吸引力。

10.1.1 添加标题字幕

标题字幕设计与书写是视频编辑的艺术手法之一，好的标题字幕可以起到美化视频的作用。下面介绍添加标题字幕的方法。

配套素材路径：配套素材/第 10 章

素材文件名称：蒲公英.jpg、标题字幕.VSP

操作步骤 >> Step by Step

第 1 步 进入会声会影 2019 的编辑界面，在时间轴中插入名为“蒲公英”的图像素材，如图 10-1 所示。

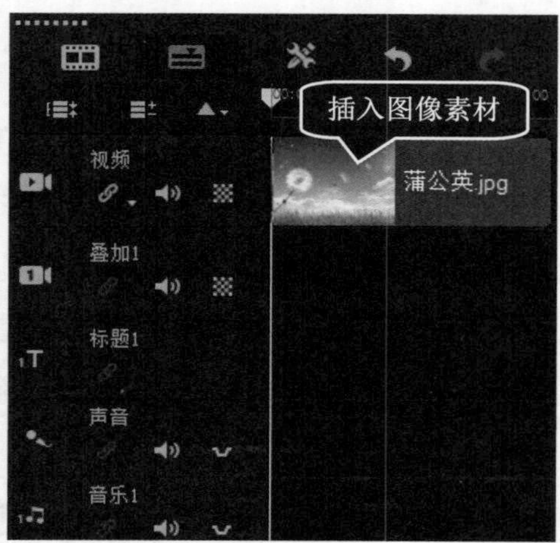

图 10-1

第 3 步 在预览窗口中双击鼠标左键，出现文本输入框，输入内容，如图 10-3 所示。

第 2 步 *1.* 在库面板中选择【标题】选项，切换至【标题】选项卡，*2.* 可以看到在预览窗口中出现“双击这里可以添加标题。”字样，如图 10-2 所示。

图 10-2

第 4 步 在完成输入后，调整字幕的位置并预览创建的标题字幕效果。通过以上步骤即可完成添加标题字幕的操作，如图 10-4 所示。

图 10-3

图 10-4

知识拓展

默认情况下，用户创建的字幕会自动添加到标题轨中，如果用户需要添加多个字幕文件，可以在时间轴面板中新增多标题轨道。此外，用户可以将字幕添加至覆叠轨中，还可以对覆叠轨中的标题字幕进行编辑操作。

10.1.2 使用标题模板创建标题

会声会影 2019 的【标题】素材库中提供了丰富的预设标题，用户可以直接将其添加到标题轨上，再根据需要修改标题的内容，使预设的标题能够与影片融为一体。

配套素材路径：配套素材/第 10 章

素材文件名称：美术馆.jpg、使用标题模板创建标题.VSP

操作步骤 >> Step by Step

第 1 步 进入会声会影 2019 的编辑界面，在时间轴中插入名为“美术馆”的图像素材，如图 10-5 所示。

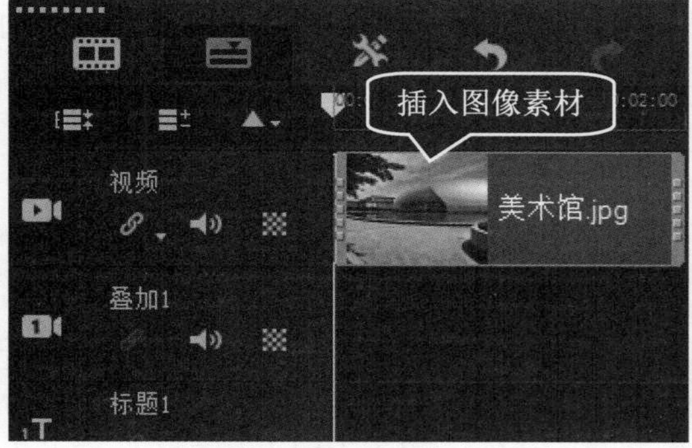

图 10-5

第 2 步 ***1.*** 在库面板中选择【标题】选项，***2.*** 在右侧的列表中选择一个标题样式，如图 10-6 所示。

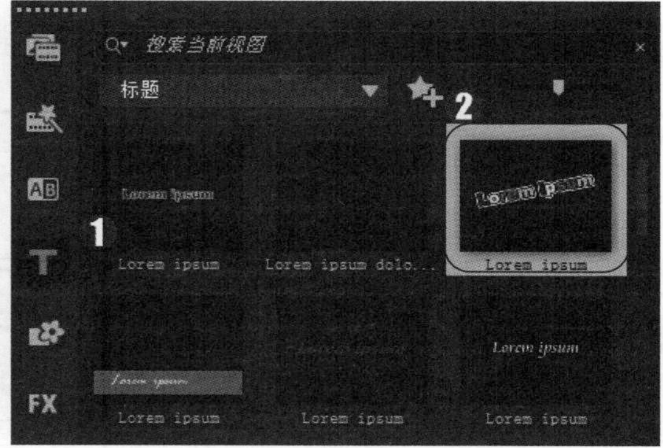

图 10-6

第 3 步 按住鼠标左键并拖曳字幕样式至时间轴的标题轨中，如图 10-7 所示。

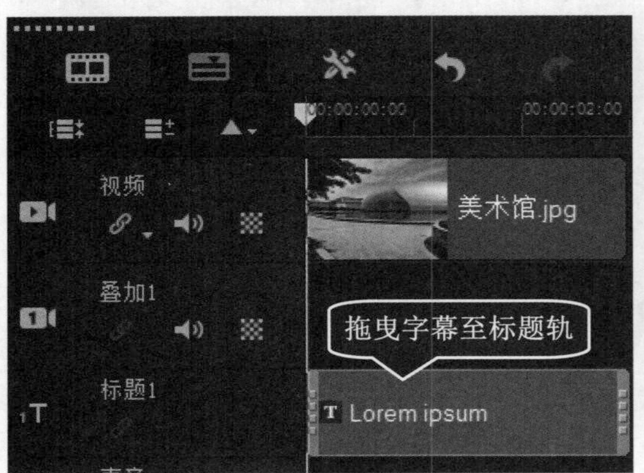

图 10-7

第 4 步 在预览窗口中更改文本的内容为“美术馆”，如图 10-8 所示。

图 10-8

第 5 步 选中文本，***1.*** 在【编辑】面板中设置字体为【叶根友毛笔行书 2.0 版】，***2.*** 设置字体大小为 70，***3.*** 设置颜色为黄色，如图 10-9 所示。

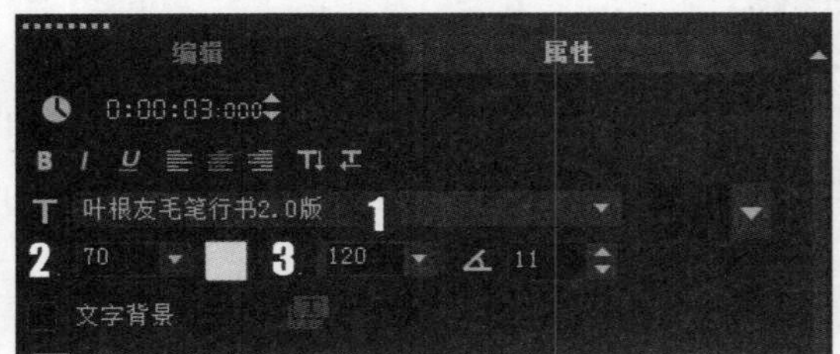

图 10-9

第 6 步 按住鼠标左键并拖曳字幕样式至时间轴的标题轨中，如图 10-10 所示。

图 10-10

10.1.3 删除标题字幕

会声会影 2019 的【标题】素材库中提供了丰富的预设标题，用户可以直接将其添加到标题轨上，再根据需要修改标题的内容，使预设的标题能够与影片融为一体。

配套素材路径：配套素材/第 10 章

素材文件名称：使用标题模板创建标题.VSP、删除标题字幕.VSP

操作步骤 >> Step by Step

第 1 步 进入会声会影 2019 的编辑界面，打开名为“使用标题模板创建标题”的项目文件，用鼠标右击字幕文件，在弹出的快捷菜单中选择【删除】命令，如图 10-11 所示。

第 2 步 可以看到时间轴面板中字幕文件已经被删除。通过以上步骤即可完成删除标题字幕的操作，如图 10-12 所示。

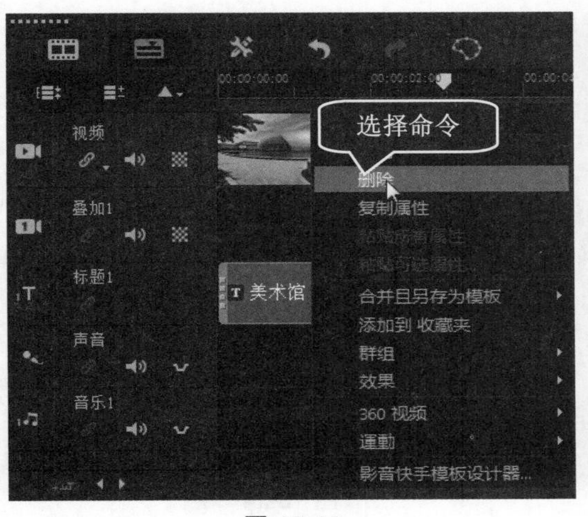

图 10-11

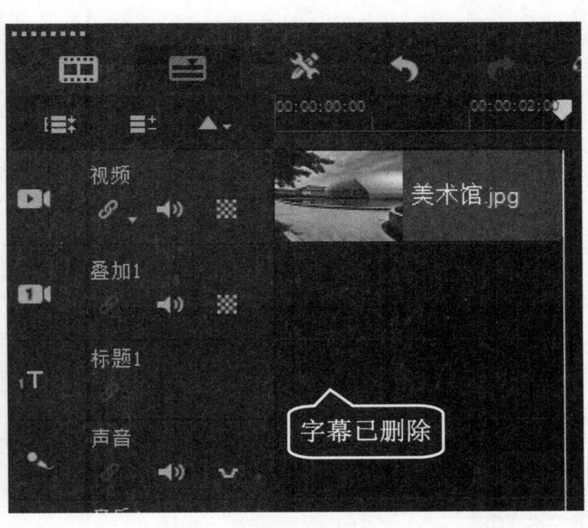

图 10-12

知识拓展

除了使用上述方法删除标题字幕外，还可以在时间轴中的标题轨中选中标题字幕，直接按键盘上的 Delete 键，也可以快速删除标题字幕。

Section 10.2 设置标题字幕属性

在会声会影中，用户可以对标题的字体、大小、颜色以及标题的区间与位置等属性进行设置，还可以设置字幕边框、文字背景和字幕阴影等属性。本节将详细介绍编辑标题属性的相关知识及操作方法。

10.2.1 设置标题区间与位置

在会声会影 2019 中，为了使标题字幕与视频同步播放，用户可根据需要调整标题字幕的区间长度与位置。下面介绍设置标题区间与位置的方法。

操作步骤 >> Step by Step

第 1 步 在时间轴视图中，选中添加到标题轨中的标题，将鼠标指针放在当前选中标题的一端，当指针呈双向箭头形状时，按住鼠标左键拖曳到合适的位置，如图 10-13 所示。

第 2 步 释放鼠标左键，即可改变标题的持续时间，这样即可完成设置标题区间的操作，如图 10-14 所示。

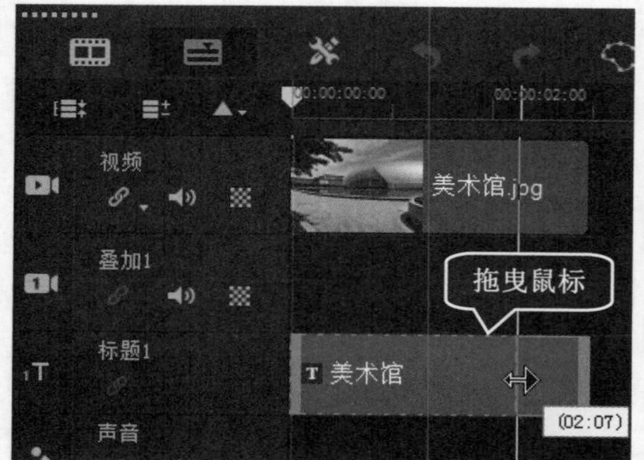

图 10-13

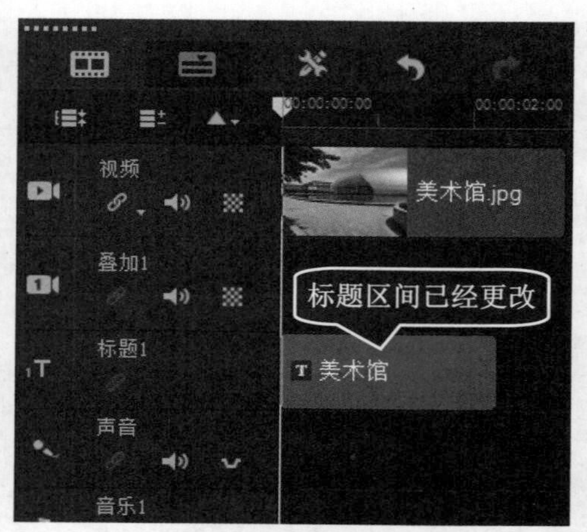

图 10-14

第 3 步 在时间轴视图中，选中需要移动的标题，将鼠标指针放在标题的上方，当鼠标指针呈四方箭头形状时，按住鼠标左键拖曳到合适的位置，如图 10-15 所示。

第 4 步 释放鼠标左键，即可改变标题的位置，这样即可完成设置标题位置的操作，如图 10-16 所示。

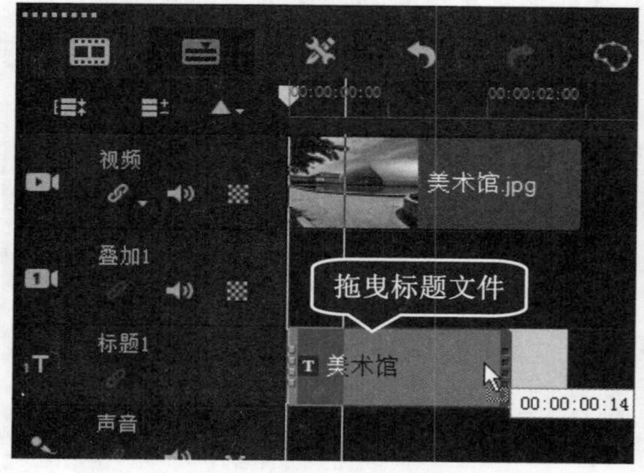

图 10-15

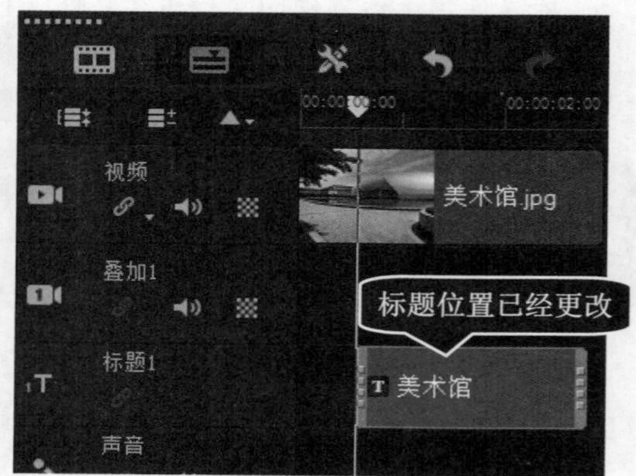

图 10-16

知识拓展

用户还可以在【编辑】面板中的【区间】区域，设置标题字幕的具体持续时间，此种方法能够更加精确地控制字幕的持续时间。

10.2.2 设置字体、大小和颜色

在会声会影 2019 的【编辑】面板中，用户可以根据需要对标题字幕的字体、大小和颜色进行修改。

配套素材路径：配套素材/第 10 章

素材文件名称：云彩.VSP、设置字体、大小和颜色.VSP

操作步骤 >> Step by Step

第 1 步 进入会声会影 2019 的编辑界面，打开名为“云彩”的项目文件，在标题轨中双击需要更改的标题字幕，如图 10-17 所示。

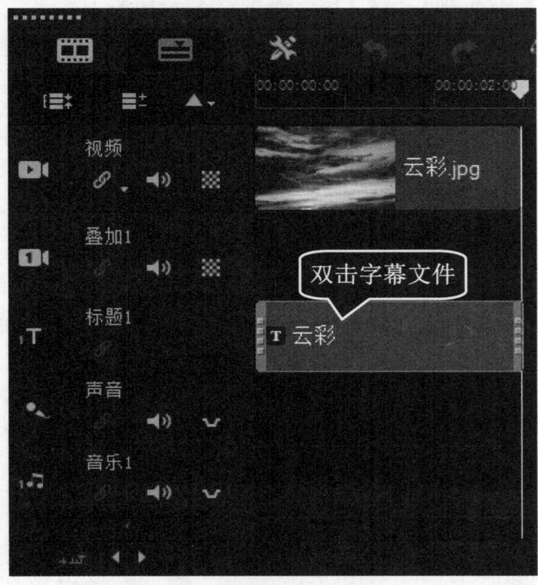

图 10-17

第 2 步 在【编辑】面板中，*1.* 单击【字体】右侧的下拉按钮，在弹出的下拉列表中选择【文鼎行楷碑体】选项，*2.* 在【字体大小】微调框中输入 90，*3.* 单击【色块】按钮，在弹出的颜色面板中选择红色，如图 10-18 所示。

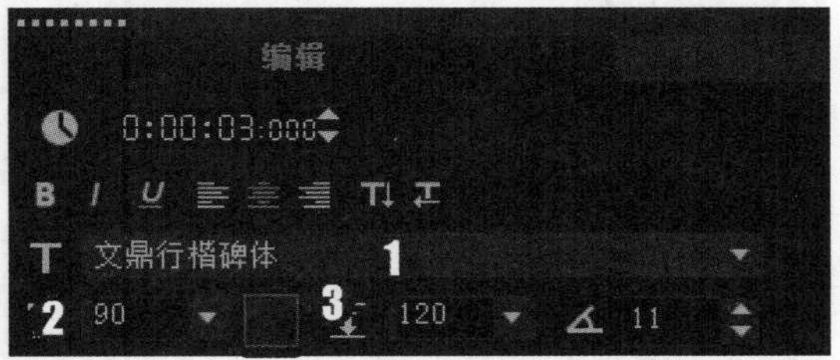

图 10-18

第 3 步 在导览面板中预览标题字幕效果，如图 10-19 所示。

图 10-19

10.2.3 设置行间距

在会声会影 2019 中，添加标题字幕的行间距，可以使字幕行与行之间显示更加清晰、整齐。下面介绍设置行间距的操作方法。

配套素材路径：配套素材/第 10 章

素材文件名称：荷塘月色.VSP、设置行间距.VSP

操作步骤 >> Step by Step

第 1 步 进入会声会影 2019 的编辑界面，打开名为“荷塘月色”的项目文件，在标题轨中双击需要更改的标题字幕，如图 10-20 所示。

第 2 步 在【编辑】面板中，单击【行间距】右侧的下拉按钮，在弹出的下拉列表框中选择 120 选项，如图 10-21 所示。

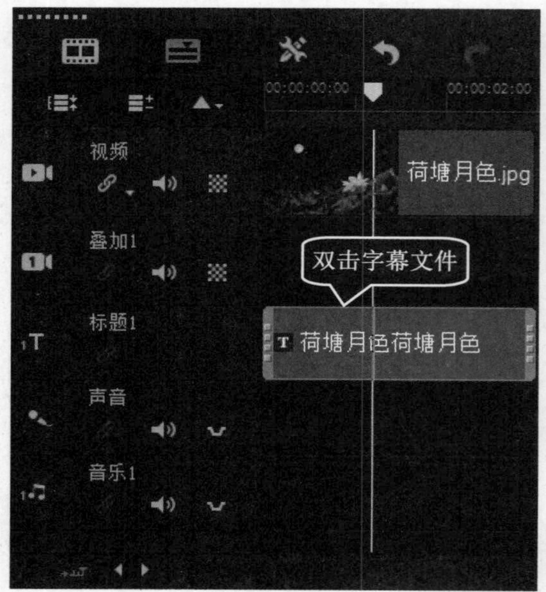

图 10-20

第 3 步 在导览面板中预览设置的行间距效果，如图 10-22 所示。

■ **指点迷津**

在会声会影 2019 中，行间距的取值范围为 60~999 之间的整数。

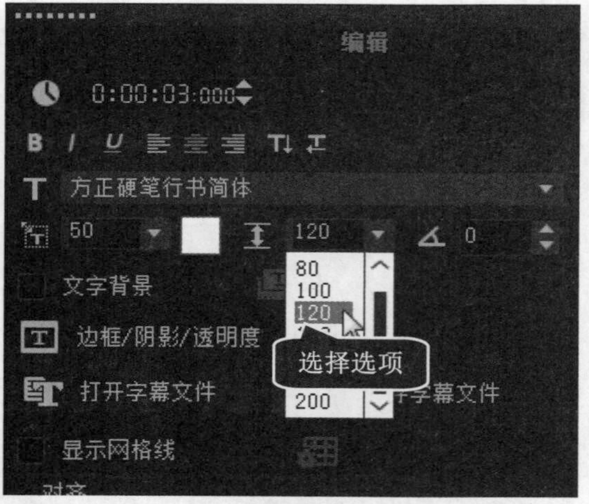

图 10-21

图 10-22

10.2.4 设置倾斜角度

在会声会影 2019 中，适当设置文本的倾斜角度，可以使标题更具艺术美感。下面介绍设置倾斜角度的方法。

配套素材路径：配套素材/第 10 章

素材文件名称：豚鼠.VSP、设置倾斜角度.VSP

操作步骤 >> **Step by Step**

第 1 步 进入会声会影 2019 的编辑界面，打开名为“豚鼠”的项目文件，在标题轨中双击需要更改的标题字幕，如图 10-23 所示。

第 2 步 在【编辑】面板中，在【按角度旋转】微调框中输入 20，如图 10-24 所示。

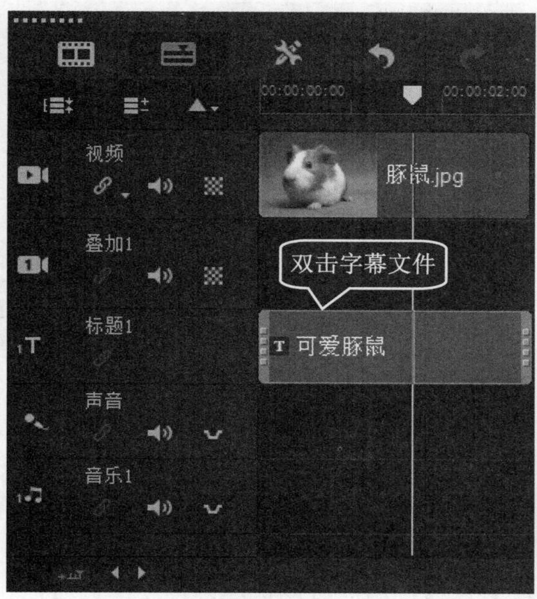

图 10-23

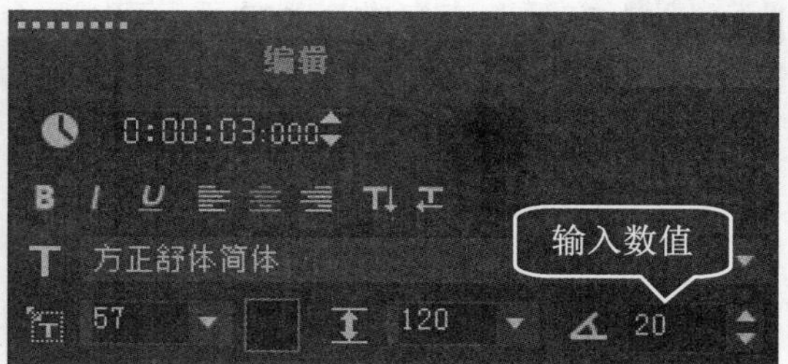

图 10-24

第 3 步 在导览面板中预览设置的倾斜效果，如图 10-25 所示。

图 10-25

10.2.5 更改文本显示方向

在会声会影 2019 中，用户可以根据需要更改标题字母的显示方向。下面介绍更改文本显示方向的方法。

配套素材路径：配套素材/第 10 章

素材文件名称：江南水乡.VSP、更改文本显示方向.VSP

操作步骤 >> Step by Step

第 1 步 进入会声会影 2019 的编辑界面，打开名为“江南水乡”的项目文件，在标题轨中双击需要更改的标题字幕，如图 10-26 所示。

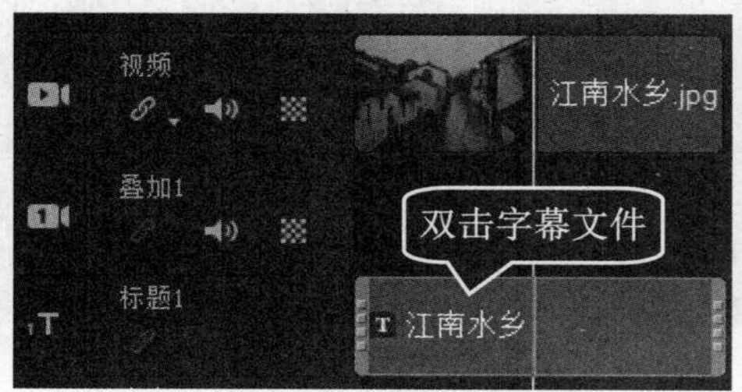

图 10-26

第 2 步 在【编辑】面板中单击【将方向更改为垂直】按钮，如图 10-27 所示。

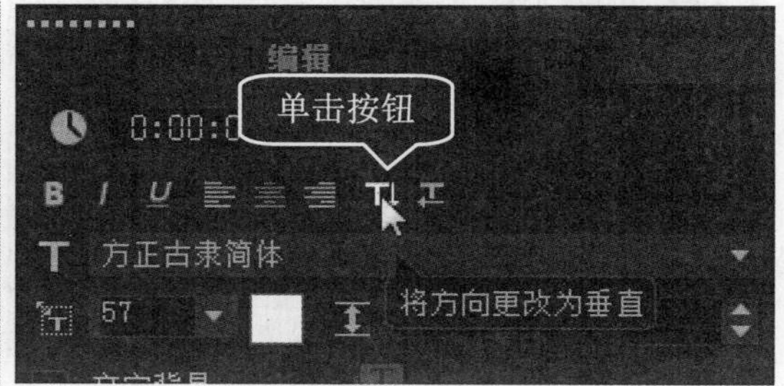

图 10-27

第 3 步 在预览窗口中查看效果，可以看到文本由水平方向改为垂直方向显示，通过以上步骤即可完成更改文本显示方向的操作，如图 10-28 所示。

■ 指点迷津

在会声会影 2019 中，将文本设置为垂直后，再次单击【将方向更改为垂直】按钮，即可设置文本方向为默认显示方式。

图 10-28

10.2.6 字幕边框和阴影

单击【编辑】面板上的【边框/阴影/透明度】按钮，用户可以快速为标题添加边框、改变透明度、改变柔和度或者添加阴影等。下面详细介绍设置字幕边框和阴影的操作方法。

配套素材路径：配套素材/第 10 章

素材文件名称：雪乡.VSP、设置字幕边框和阴影.VSP

操作步骤 >> Step by Step

第 1 步 进入会声会影 2019 的编辑界面，打开名为“雪乡”的项目文件，在标题轨中双击需要更改的标题字幕，如图 10-29 所示。

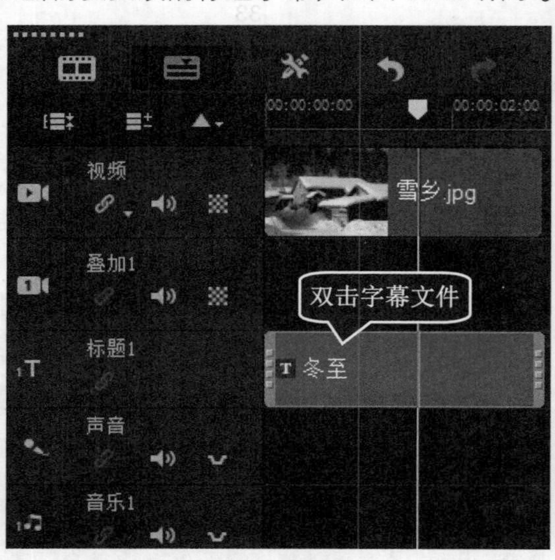

图 10-29

第 2 步 在【编辑】面板中单击【边框/阴影/透明度】按钮，如图 10-30 所示。

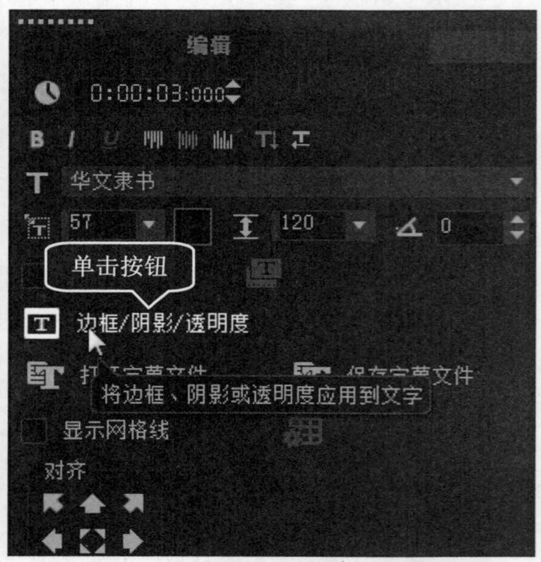

图 10-30

第 3 步 弹出【边框/阴影/透明度】对话框，***1.*** 在【边框】选项卡中选中【外部边界】复选框，***2.*** 设置参数，如图 10-31 所示。

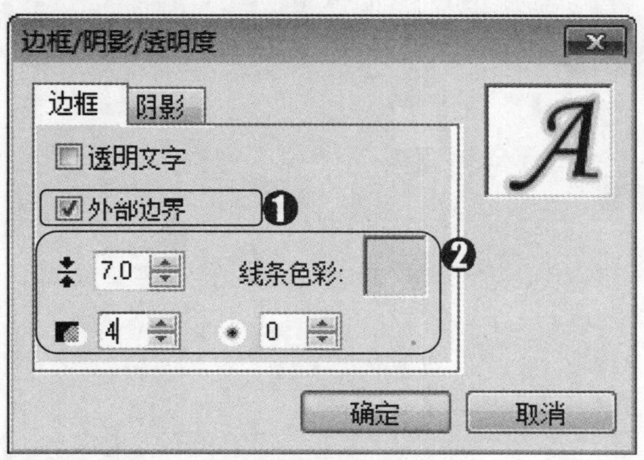

图 10-31

第 4 步 ***1.*** 切换到【阴影】选项卡，***2.*** 单击【下垂阴影】按钮，***3.*** 设置参数，***4.*** 单击【确定】按钮，如图 10-32 所示。

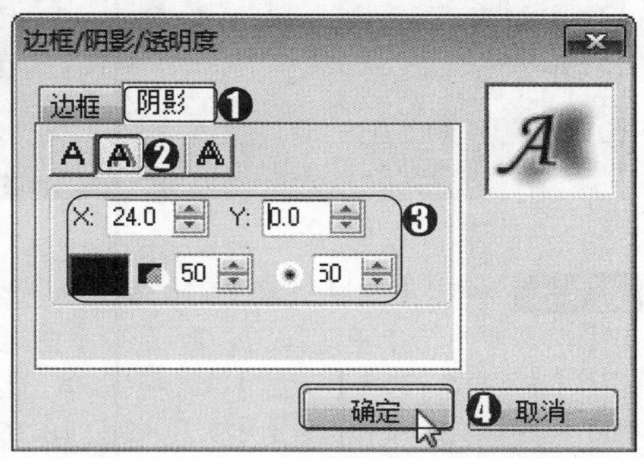

图 10-32

第 5 步 在预览窗口预览效果，通过以上步骤即可完成设置字幕边框与阴影效果的操作，如图 10-33 所示。

图 10-33

10.2.7 更改文本背景颜色

如果想更好地对标题加以强调，用户可以为标题添加背景衬托。在会声会影中，文字背景可以是单色、渐变的，并能调整其透明度。下面将详细介绍设置文字背景的方法。

配套素材路径：配套素材/第 10 章

素材文件名称：沙滩.VSP、更改文本背景颜色.VSP

操作步骤 >> Step by Step

第 1 步 进入会声会影 2019 的编辑界面，打开名为“沙滩”的项目文件，在标题轨中双击需要更改的标题字幕，如图 10-34 所示。

第 2 步 在【编辑】面板中，***1.*** 选中【文字背景】复选框，***2.*** 单击【自定义文字背景的属性】按钮，如图 10-35 所示。

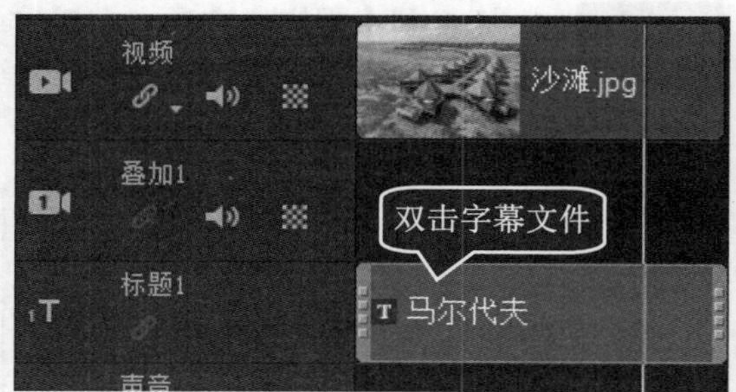

图 10-34

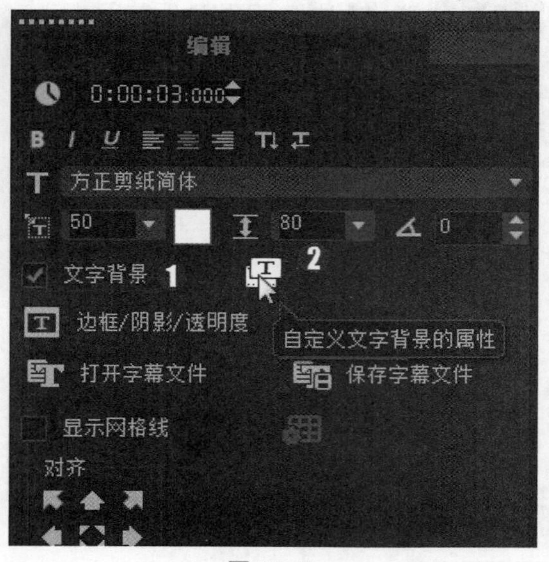

图 10-35

第 3 步 弹出【文字背景】对话框，**1.** 选中【与文本相符】单选按钮，**2.** 选择【曲边矩形】选项，**3.** 选中【单色】单选按钮，**4.** 选择一种颜色，**5.** 单击【确定】按钮，如图 10-36 所示。

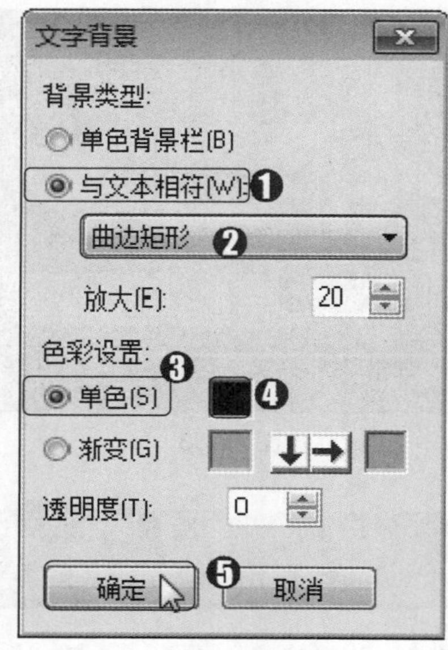

图 10-36

第 4 步 在预览窗口预览效果，通过以上步骤即可完成设置字幕边框与阴影效果的操作，如图 10-37 所示。

图 10-37

Section 10.3 专题课堂——静态和动态字幕特效

除了改变文字的字体、大小和角度等属性外，用户还可以为文字添加一些装饰性的元素，形成静态字幕特效。用户还可以为字幕添加动画效果，使字幕变得活泼动感。本节主要介绍制作静态和动态字幕特效的方法。

10.3.1 制作透明字幕

在会声会影 2019 中，通过设置标题字幕的透明度可以调整标题的可见度。下面介绍透明字幕的操作方法。

配套素材路径：配套素材/第 10 章

素材文件名称：体育场.VSP、透明字幕.VSP

操作步骤 >> Step by Step

第 1 步 进入会声会影 2019 的编辑界面，打开名为“体育场”的项目文件，在标题轨中双击需要更改的标题字幕，如图 10-38 所示。

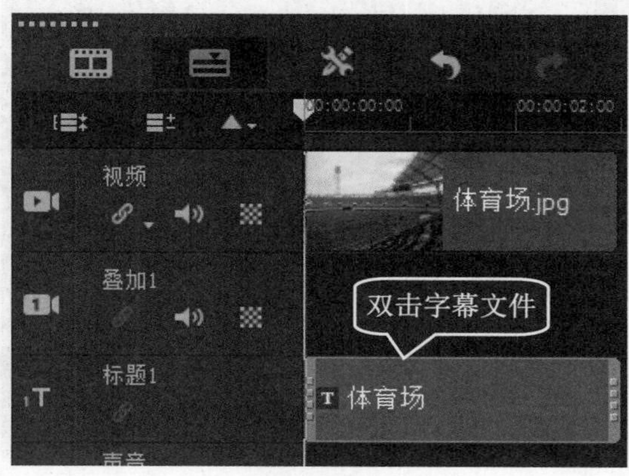

图 10-38

第 2 步 在【编辑】面板中，单击【边框/阴影/透明度】按钮，如图 10-39 所示。

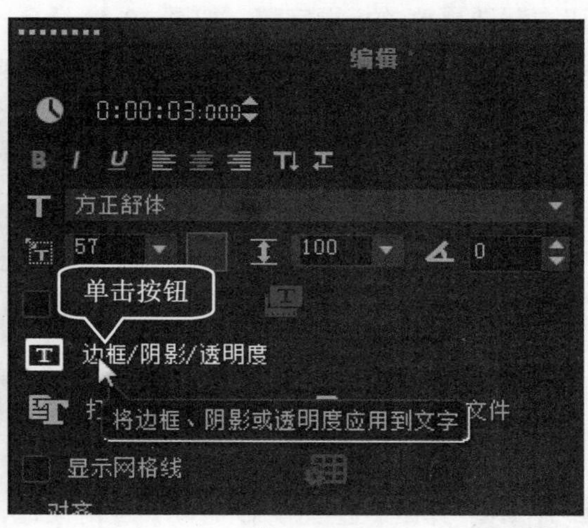

图 10-39

第 3 步 弹出【边框/阴影/透明度】对话框，*1.* 在【文字透明度】微调框中输入 20，*2.* 单击【确定】按钮，如图 10-40 所示。

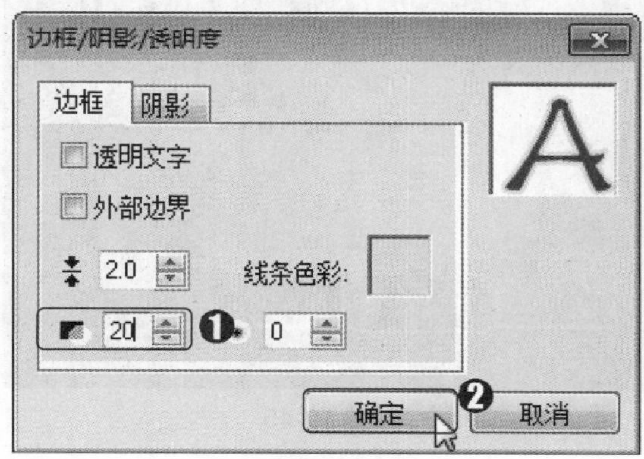

图 10-40

第 4 步 在预览窗口预览效果，如图 10-41 所示。

图 10-41

10.3.2 制作光晕字幕

在会声会影 2019 中，用户可以为标题字幕添加光晕效果，使其更加精彩夺目。下面介绍光晕字幕的操作方法。

配套素材路径：配套素材/第 10 章

素材文件名称：蛋糕.VSP、光晕字幕.VSP

操作步骤 >> **Step by Step**

第 1 步 进入会声会影 2019 的编辑界面，打开名为“蛋糕”的项目文件，在标题轨中双击需要更改的标题字幕，如图 10-42 所示。

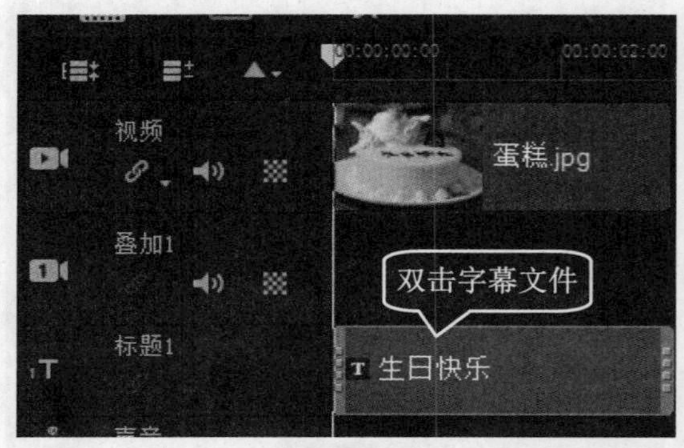

图 10-42

第 3 步 弹出【边框/阴影/透明度】对话框，*1.* 切换到【阴影】选项卡，*2.* 单击【光晕阴影】按钮，*3.* 设置【强度】为 9.0，*4.*设置【光晕阴影色彩】为白色，*5.* 单击【确定】按钮，如图 10-44 所示。

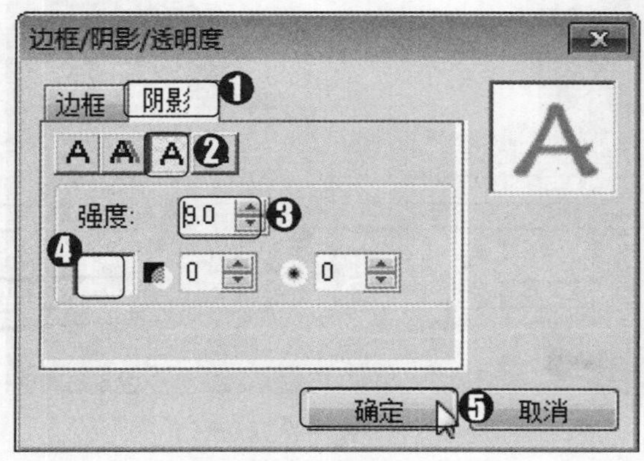

图 10-44

第 2 步 在【编辑】面板中，单击【边框/阴影/透明度】按钮，如图 10-43 所示。

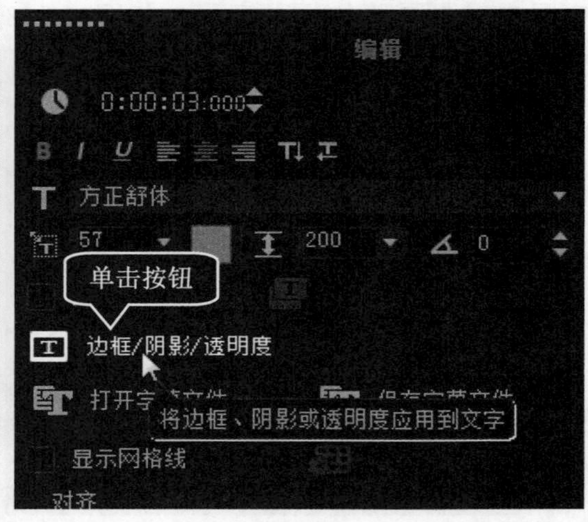

图 10-43

第 4 步 在预览窗口预览效果，如图 10-45 所示。

图 10-45

10.3.3 制作 MV 视频字幕特效

在会声会影 2019 中，用户可以为视频添加 MV 视频字幕特效。下面介绍制作 MV 视频字幕特效的方法。

配套素材路径：配套素材/第 10 章

素材文件名称：不说再见.VSP、MV 视频字幕特效.VSP

操作步骤 >> Step by Step

第 1 步 进入会声会影 2019 的编辑界面，打开名为“不说再见”的项目文件，单击【轨道管理器】按钮，如图 10-46 所示。

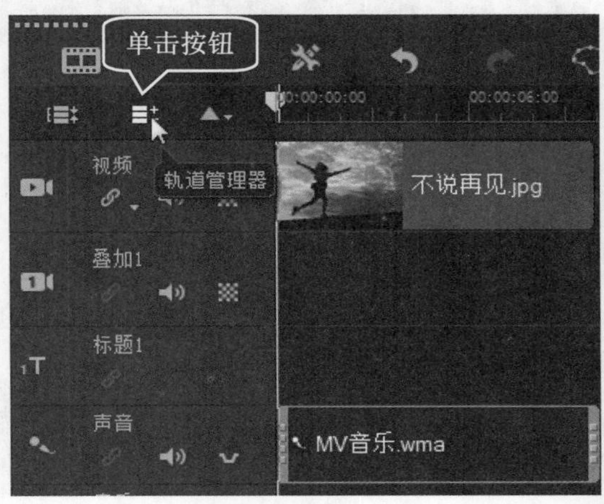

图 10-46

第 2 步 弹出【轨道管理器】对话框，*1.* 在【标题轨】列表框中选择 2 选项，*2.* 单击【确定】按钮，如图 10-47 所示。

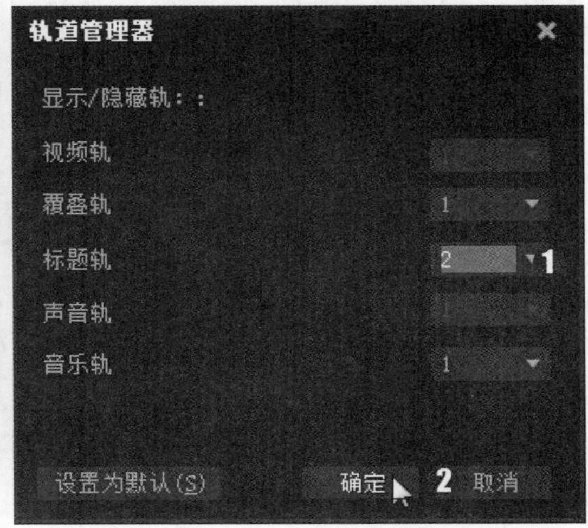

图 10-47

第 3 步 在标题轨 1 中添加歌词字幕文件，复制字幕文件到标题轨 2 中，如图 10-48 所示。

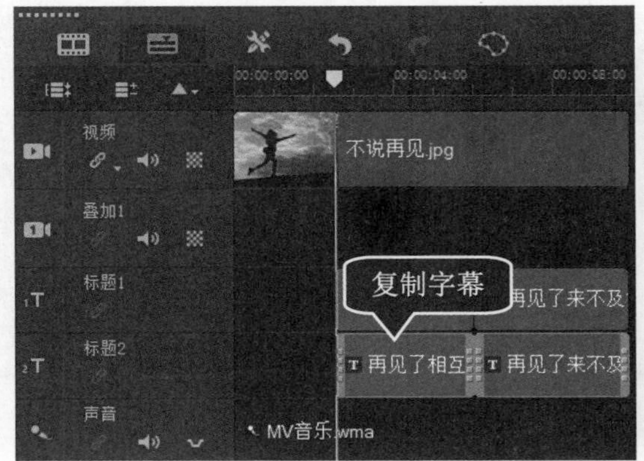

图 10-48

第 4 步 选择标题轨 2 中的第一个字幕文件，在【编辑】面板中设置颜色为红色，如图 10-49 所示。

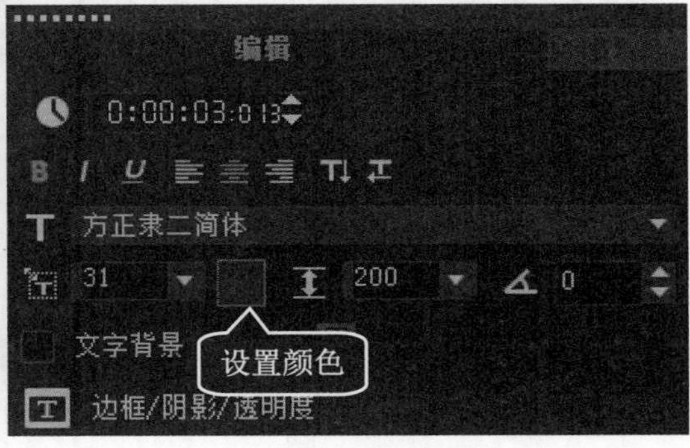

图 10-49

第 5 步 在【属性】面板中，**1.** 选中【动画】单选按钮，**2.** 选中【应用】复选框，**3.** 设置【选区动画类型】为【淡化】选项，**4.** 在下方选择一种预设样式，如图 10-50 所示。

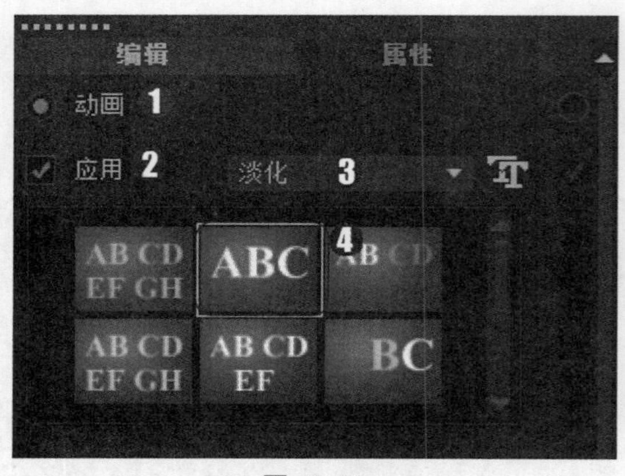

图 10-50

第 6 步 选中标题轨 2 中的第二个字幕文件，进行同样的设置，设置完成后单击导览面板中的【播放】按钮，即可查看设置的 MV 字幕特效，如图 10-51 所示。

图 10-51

10.3.4 制作语音字幕滚屏特效

在会声会影 2019 中，用户可以制作语音字幕滚屏特效，制作出影视作品中画外音的效果。下面介绍制作语音字幕滚屏特效的方法。

配套素材路径：配套素材/第 10 章

素材文件名称：岁月.VSP、语音字幕滚屏特效.VSP

操作步骤 >> Step by Step

第 1 步 进入会声会影 2019 的编辑界面，打开名为“岁月”的项目文件，在标题轨中双击需要更改的标题字幕，如图 10-52 所示。

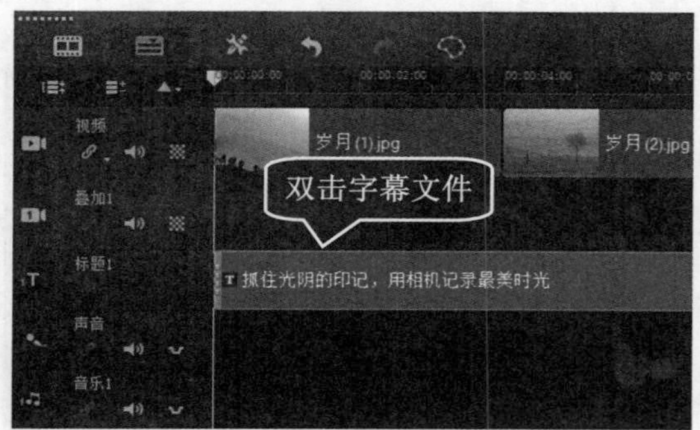

图 10-52

第 2 步 在【属性】面板中，**1.** 选中【动画】单选按钮，**2.** 选中【应用】复选框，**3.** 设置【选区动画类型】为【飞行】，**4.** 单击【自定义动画属性】按钮，如图 10-53 所示。

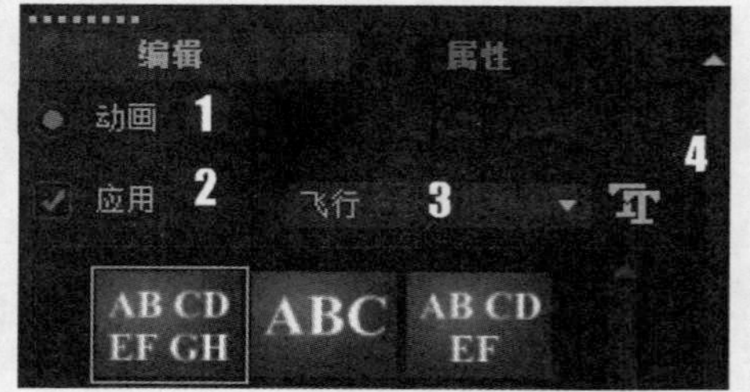

图 10-53

第 3 步 弹出【飞行动画】对话框，***1.*** 设置【进入】为从右侧进入，***2.***【离开】为从左侧离开，***3.*** 单击【确定】按钮，如图 10-54 所示。

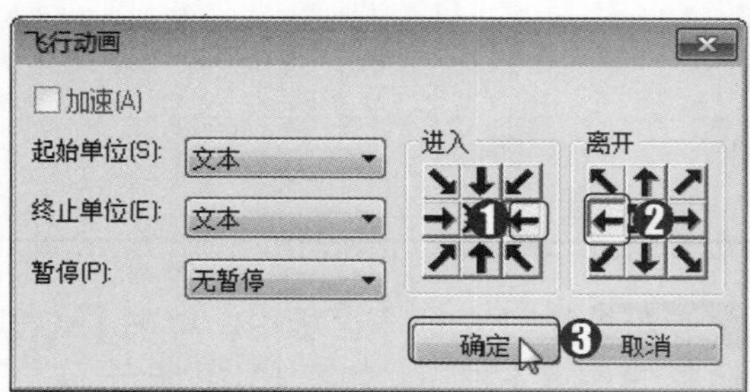

图 10-54

第 4 步 将时间线移至 00:00:01:01 的位置，在轨道空白处右击，在弹出的快捷菜单中选择【插入音频】→【到声音轨】命令，如图 10-55 所示。

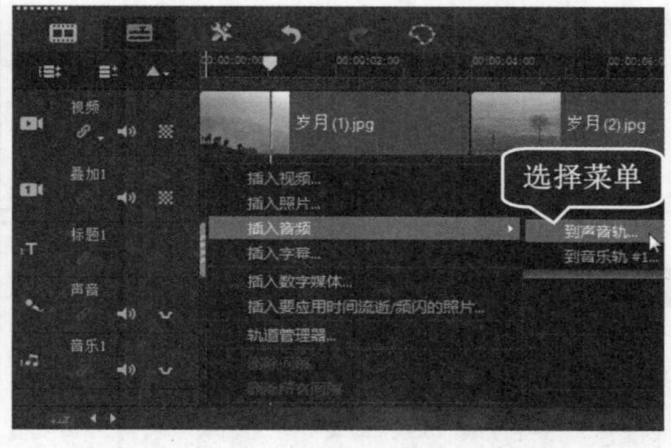

图 10-55

第 5 步 弹出【打开音频文件】对话框，***1.*** 选择文件所在位置，***2.*** 选中文件，***3.*** 单击【打开】按钮，如图 10-56 所示。

图 10-56

第 6 步 声音轨中已经插入了音频，如图 10-57 所示。

图 10-57

Section 10.4 实践经验与技巧

在本节的学习过程中，将侧重介绍和讲解与本章知识点有关的实践经验与技巧。主要内容包括制作下垂字幕、制作描边字幕、制作字幕弹跳运动效果、制作字幕扭曲变形效果等方面的知识与操作技巧。

10.4.1 制作下垂字幕

在会声会影 2019 中，为了让标题字幕更加美观，用户可以为标题字幕添加下垂阴影效果。下面介绍制作下垂字幕的方法。

配套素材路径：配套素材/第 10 章

素材文件名称：圣诞.VSP、下垂字幕.VSP

操作步骤 >> **Step by Step**

第 1 步 进入会声会影 2019 的编辑界面，打开名为“圣诞”的项目文件，在标题轨中双击需要更改的标题字幕，如图 10-58 所示。

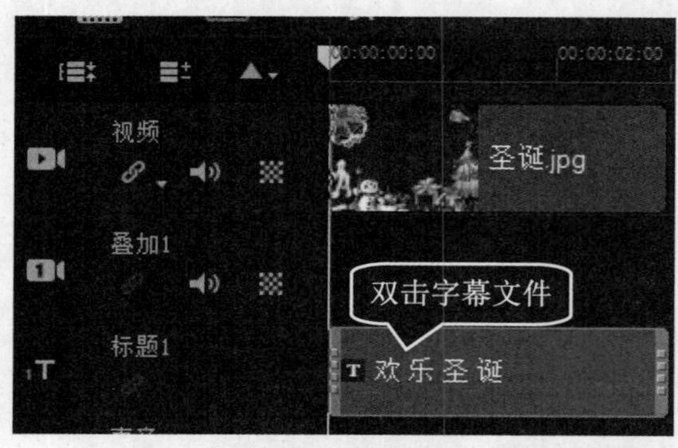

图 10-58

第 2 步 在【编辑】面板中，单击【边框/阴影/透明度】按钮，如图 10-59 所示。

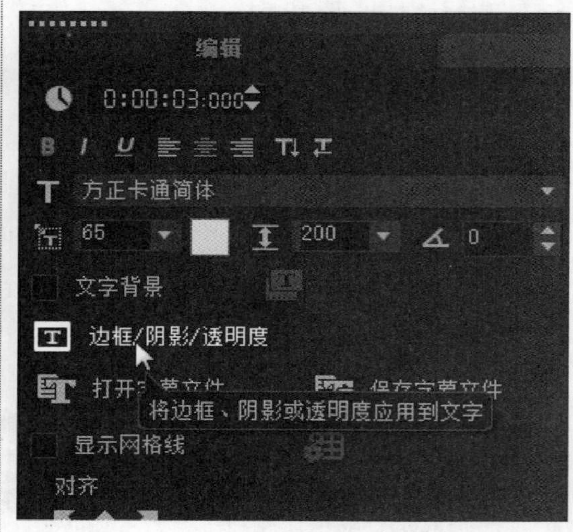

图 10-59

第 3 步 弹出【边框/阴影/透明度】对话框，***1.*** 切换到【阴影】选项卡，***2.*** 设置 X 与 Y 的参数，***3.*** 设置【下垂阴影色彩】为黑色，***4.*** 单击【确定】按钮，如图 10-60 所示。

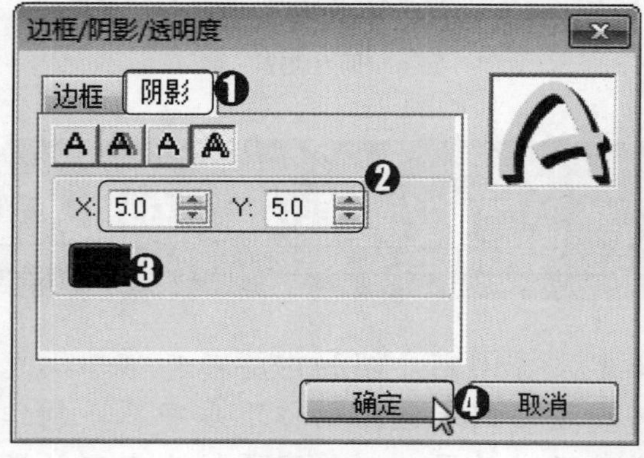

图 10-60

第 4 步 在导览窗口中即可查看下垂字幕效果，如图 10-61 所示。

图 10-61

10.4.2 制作描边字幕

在会声会影 2019 中，为了使标题字幕的样式丰富多彩，用户可以为标题字幕设置描边效果。下面介绍制作描边字幕的方法。

配套素材路径：配套素材/第 10 章

素材文件名称：约定.VSP、描边字幕.VSP

操作步骤 >> **Step by Step**

第 1 步 进入会声会影 2019 的编辑界面，打开名为“约定”的项目文件，在标题轨中双击需要更改的标题字幕，如图 10-62 所示。

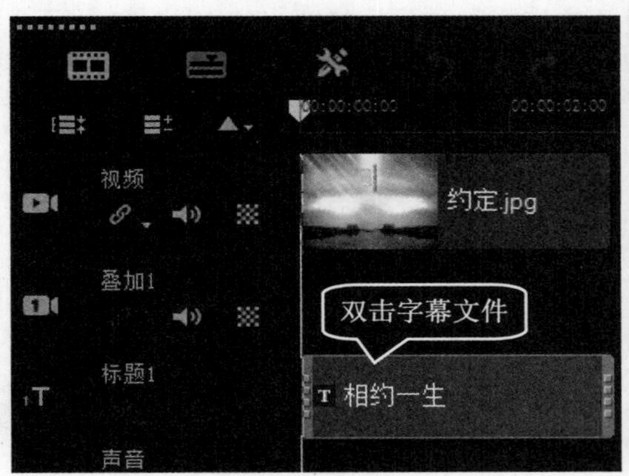

图 10-62

第 2 步 在【编辑】面板中，单击【边框/阴影/透明度】按钮，如图 10-63 所示。

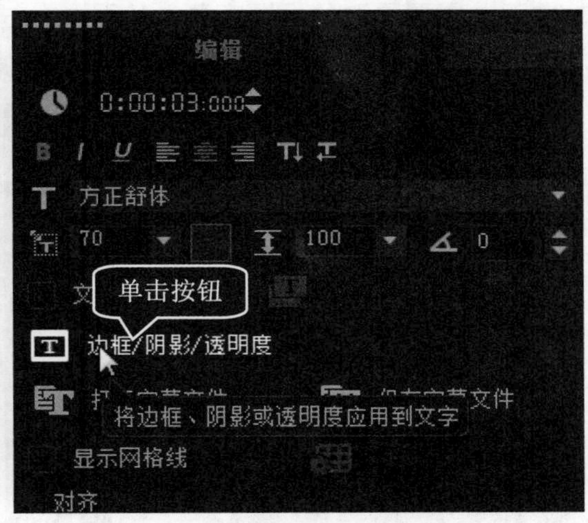

图 10-63

第 3 步 弹出【边框/阴影/透明度】对话框，***1.*** 设置【边框宽度】为 2，***2.***【线条色彩】为黄色，***3.*** 单击【确定】按钮，如图 10-64 所示。

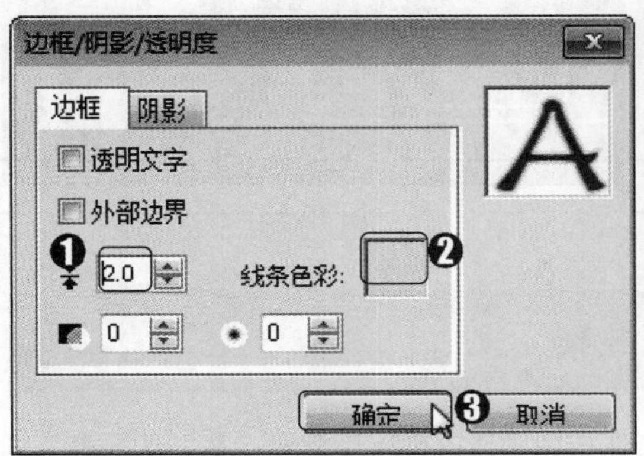

图 10-64

第 4 步 在导览窗口中即可查看下垂字幕效果，如图 10-65 所示。

图 10-65

10.4.3 制作字幕弹跳运动效果

在会声会影 2019 中，弹出效果是指可以使文字产生由画面上的某个分界线弹出现实的动画效果。下面介绍制作字幕弹跳运动效果的方法。

配套素材路径：配套素材/第 10 章

素材文件名称：小镇美景.VSP、字幕弹跳.VSP

操作步骤 >> **Step by Step**

第 1 步 进入会声会影 2019 的编辑界面，打开名为“小镇美景”的项目文件，在标题轨中双击需要更改的标题字幕，如图 10-66 所示。

图 10-66

第 3 步 在预览窗口中查看字幕弹出效果，通过以上步骤即可完成制作字幕弹跳运动的效果，如图 10-68 所示。

第 2 步 在【属性】面板中，***1.*** 选中【动画】单选按钮，***2.*** 选中【应用】复选框，***3.*** 设置【选区动画类型】为【弹出】选项，***4.*** 在下方选择一种预设样式，如图 10-67 所示。

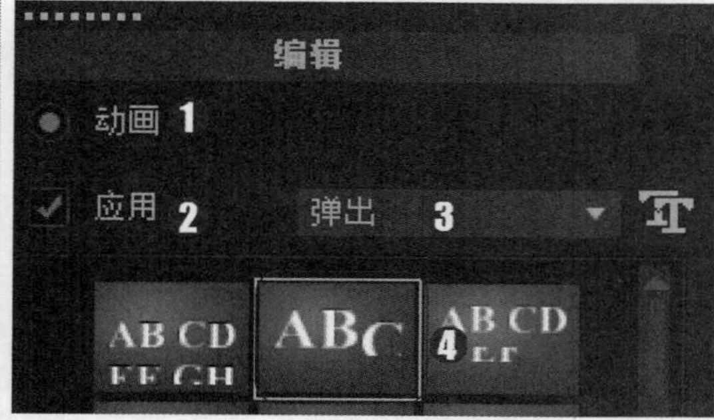

图 10-67

图 10-68

10.4.4 制作字幕扭曲变形效果

在会声会影 2019 中，用户可以为字幕文件添加“往内挤压”滤镜，从而使字幕文件获得变形动画效果。下面介绍制作字幕扭曲变形效果的方法。

配套素材路径：配套素材/第 10 章

素材文件名称：村落.VSP、字幕扭曲.VSP

操作步骤 >> **Step by Step**

第 1 步 进入会声会影 2019 的编辑界面，打开名为“村落”的项目文件，如图 10-69 所示。

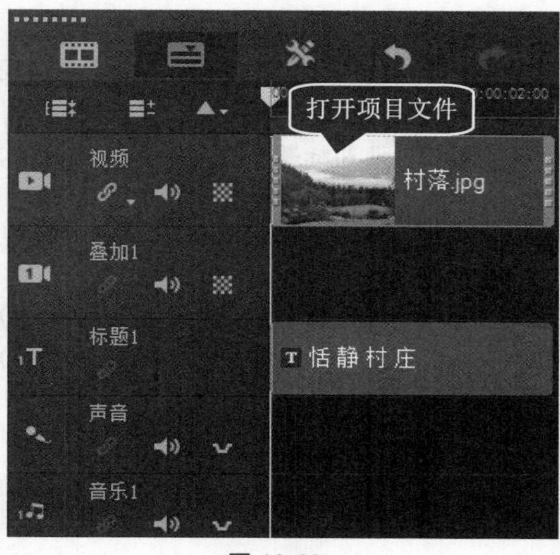

图 10-69

第 2 步 在库面板中，***1.*** 选择【滤镜】选项，***2.*** 选择【三维纹理映射】选项，***3.*** 选择【往内挤压】滤镜，如图 10-70 所示。

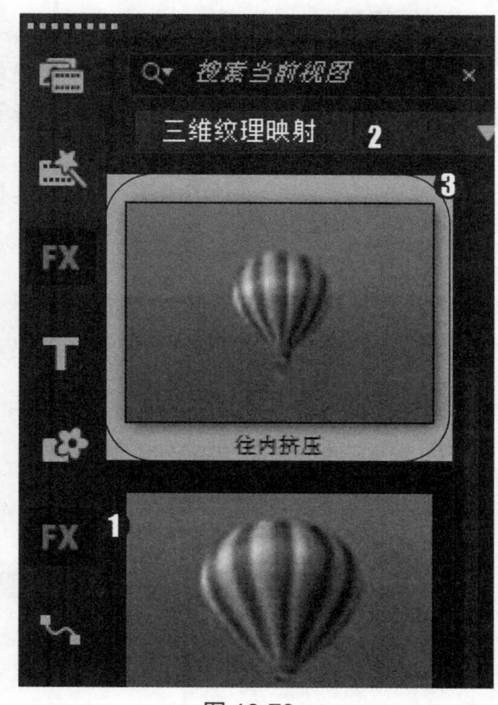

图 10-70

第 3 步 按住鼠标左键拖曳滤镜至标题轨中的字幕上，可以看到字幕素材上出现“FX”标志，表示已经添加了滤镜，如图 10-71 所示。

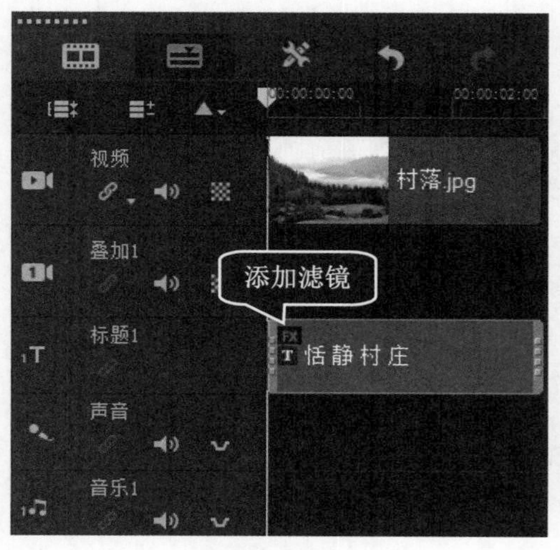

图 10-71

第 4 步 在预览窗口中预览添加的挤压效果，如图 10-72 所示。

图 10-72

Section 10.5 思考与练习

通过对本章内容的学习，读者可以掌握制作视频字幕特效的基本知识以及一些常见的操作方法，在本节中将针对本章知识点进行相关知识测试，以达到巩固与提高的目的。

1. 填空题

(1) 在会声会影中，用户可以对标题的__________、大小、__________，标题的区间与位置等属性进行设置，还可以设置字幕边框、文字背景和字幕阴影等属性。

(2) 用户还可以在【编辑】面板中的__________区域，设置标题字幕的具体持续时间，此种方法能够更加精确地控制字幕的持续时间。

2. 判断题

(1) 用户只能按键盘上的 Delete 键来删除标题字幕。 (　　)

(2) 在会声会影中，文字背景只可以是单色。 (　　)

3. 思考题

(1) 如何添加标题字幕？

(2) 如何设置标题字幕的倾斜角度？

制作视频音乐特效

本章要点

- 音频的基本操作
- 修整音频素材
- 混音器
- 制作音频特效

本章主要介绍了音频的基本操作、修整音频素材、混音器和制作音频特效方面的知识与技巧，在本章的最后还针对实际的工作需求，讲解了制作长回声效果、应用【体育场】【放大】和【混响】音频滤镜的方法。通过对本章内容的学习，读者可以掌握制作视频音乐特效方面的知识，为深入学习会声会影 2019 知识奠定基础。

Section 11.1 音频的基本操作

影视作品是一门声画艺术，音频是决定视频作品是否成功的重要元素之一，音频也是一部影片的灵魂，掌握音频的一些基本操作，可以为影片增光添彩。本节将详细介绍音频的基本操作方法。

11.1.1 从素材库中添加现有的音频

添加素材库中的音频是最常用的添加音频素材的方法，会声会影 2019 提供了多种不同类型的音频素材，用户可以根据需要从素材库中选择素材。下面介绍从素材库中添加现有音频的方法。

配套素材路径：配套素材/第 11 章

素材文件名称：雨过天晴.jpg、从素材库添加音频.VSP

操作步骤 >> Step by Step

第 1 步 进入会声会影 2019 的编辑界面，在视频轨中插入名为“雨过天晴”的图像素材，如图 11-1 所示。

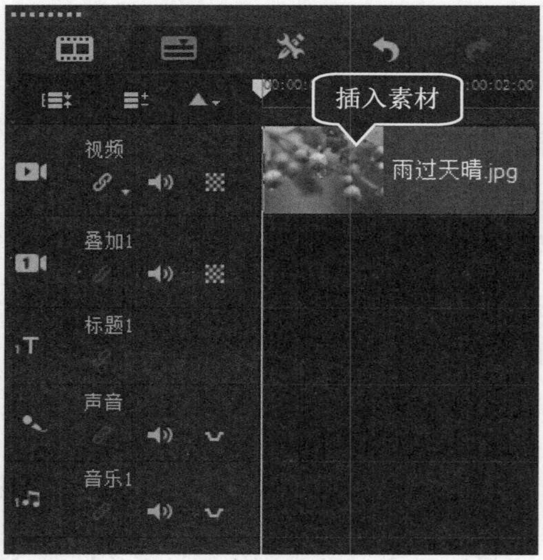

图 11-1

第 3 步 按住鼠标左键并拖曳音频素材至声音轨中的适当位置，如图 11-3 所示。

第 2 步 在【媒体】素材库中，***1.*** 单击【显示音频文件】按钮，***2.*** 选择名为“SP-S02”的音频素材，如图 11-2 所示。

图 11-2

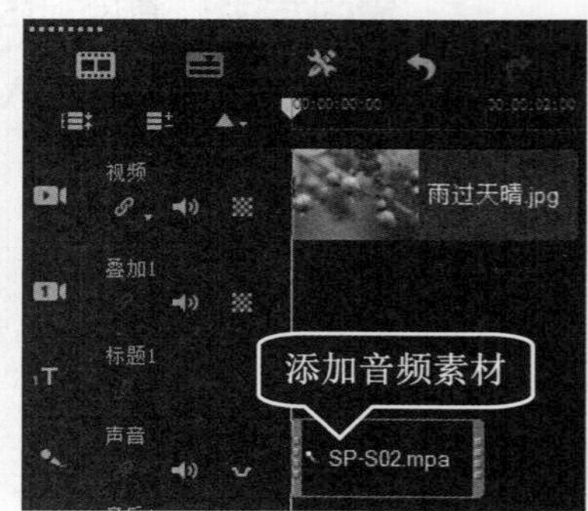

图 11-3

知识拓展

在会声会影 2019 的【媒体】素材库中，显示素材库中的音频素材后，可以单击【导入媒体文件】按钮，在弹出的【浏览媒体文件】对话框中选择需要的音频文件，单击【打开】按钮，即可将需要的音频素材添加至【媒体】素材库中。

11.1.2 从硬盘文件夹中添加音频

在会声会影 2019 中，可以将硬盘中的音频文件直接添加到当前的声音轨或音乐轨中。下面介绍从硬盘文件夹中添加音频的方法。

配套素材路径：配套素材/第 11 章

素材文件名称：牵手.jpg、牵手.mp3、从硬盘文件添加音频.VSP

操作步骤 >> **Step by Step**

第 1 步 进入会声会影 2019 的编辑界面，在视频轨中插入名为“牵手”的图像素材，用鼠标右击时间轴空白处，在弹出的快捷菜单中选择【插入音频】→【到声音轨】命令，如图 11-4 所示。

图 11-4

第 2 步 弹出【打开音频文件】对话框，*1.* 选择文件所在位置，*2.* 选中音频文件，*3.* 单击【打开】按钮，如图 11-5 所示。

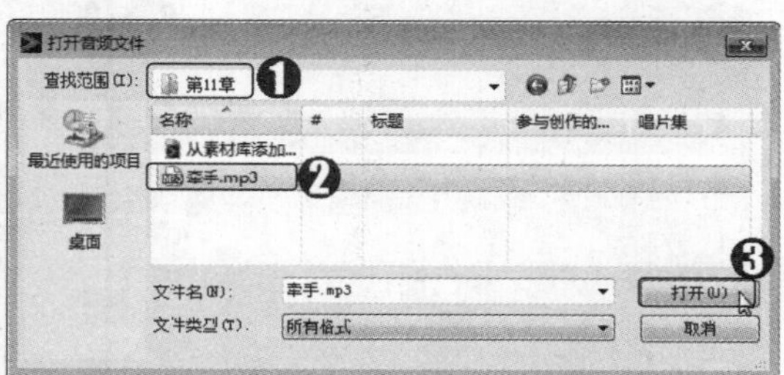

图 11-5

第 3 步 通过以上步骤即可完成从硬盘文件夹中添加音频的操作，如图 11-6 所示。

图 11-6

11.1.3 添加自动音乐

自动音乐是会声会影 2019 自带的一个音频素材库，同一个音乐有许多变化的风格供用户选择，从而使素材更加丰富。下面介绍添加自动音乐的方法。

配套素材路径：配套素材/第 11 章

素材文件名称：花苞.jpg、花苞.VSP、添加自动音乐.VSP

操作步骤 >> Step by Step

第 1 步 进入会声会影 2019 的编辑界面，打开名为“花苞”的项目文件，单击【自动音乐】按钮，如图 11-7 所示。

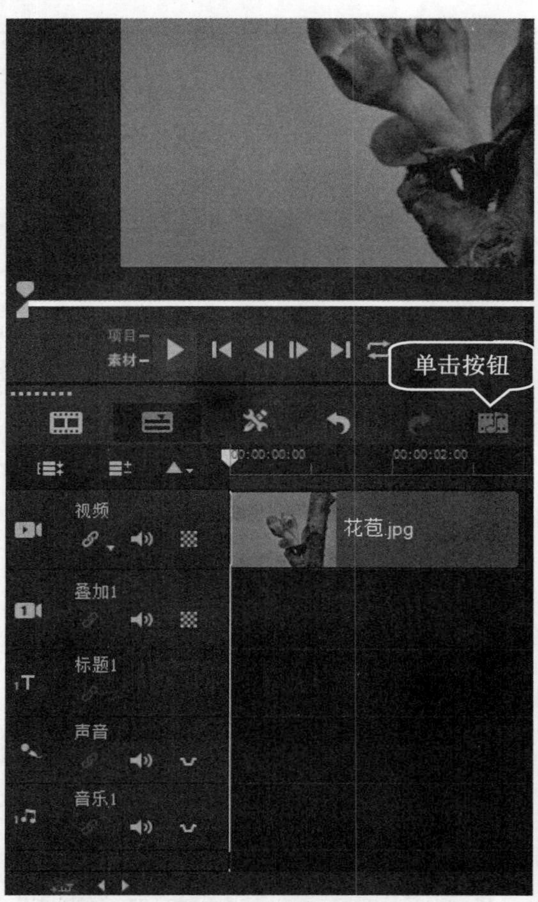

图 11-7

第 2 步 打开【自动音乐】面板，***1.*** 在【类别】列表框中选择第一个选项，***2.*** 在【歌曲】列表框中选择第二个选项，***3.*** 在【版本】列表框中选择第三个选项，***4.*** 单击【添加到时间轴】按钮，如图 11-8 所示。

图 11-8

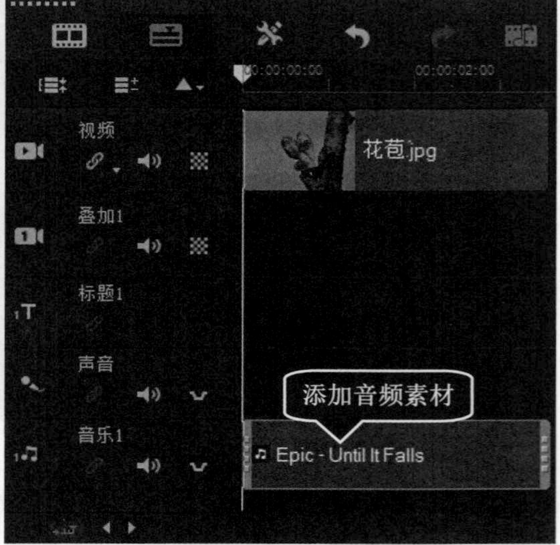

图 11-9

第 3 步 可以看到，时间轴中已经添加了音频素材。通过以上步骤即可完成添加自动音乐的操作，如图 11-9 所示。

11.1.4 录制画外音

在会声会影 2019 中，用户还可以使用会声会影软件录制画外音。下面介绍录制画外音的方法。

操作步骤 >> Step by Step

第 1 步 进入会声会影 2019 的编辑界面，在时间轴面板中单击【录制/捕获选项】按钮，如图 11-10 所示。

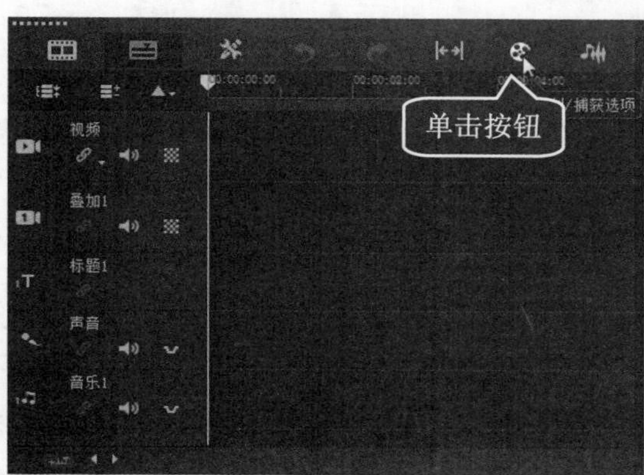

图 11-10

第 2 步 打开【录制/捕获选项】对话框，单击【画外音】按钮，如图 11-11 所示。

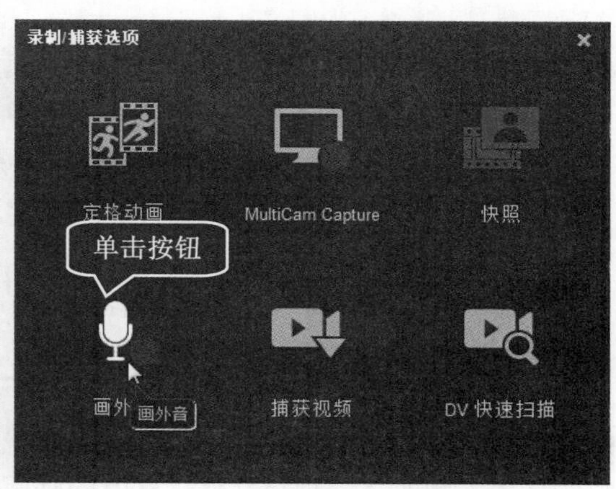

图 11-11

第 3 步 弹出【调整音量】对话框，单击【开始】按钮，如图 11-12 所示。

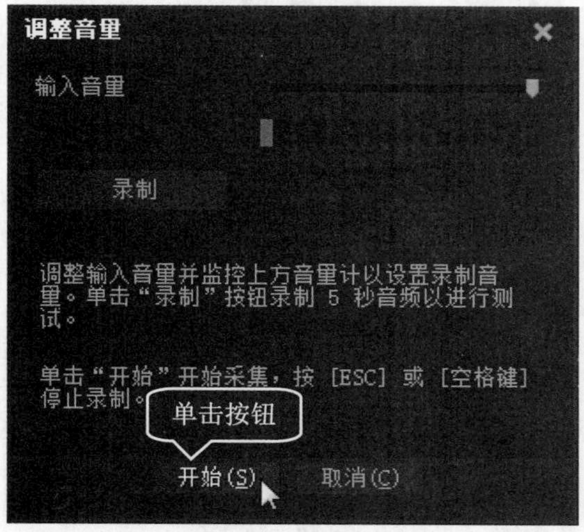

图 11-12

第 4 步 开始录音，录制完成后按 Esc 键停止录制，录制的音频即可添加至声音轨中，如图 11-13 所示。

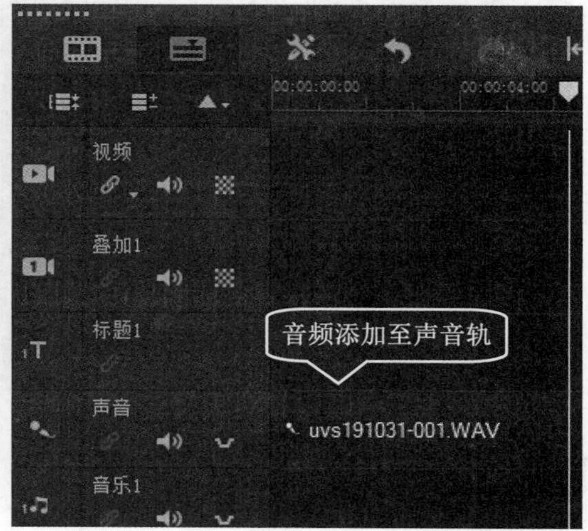

图 11-13

Section 11.2 修整音频素材

在会声会影 2019 中，如果用户对添加的音频素材不满意，可以对音频进行调整，如设置淡入淡出、调节音量、使用音量调节线控制音量、调节左右声道等操作。本节将详细介绍调整音频的相关知识及操作方法。

11.2.1 设置淡入淡出

淡入淡出是一种在视频编辑中常用的音频编辑效果，使用这种效果可以避免音乐的突然出现和消失，从而使音乐能够自然地过渡。下面将介绍设置淡入淡出的方法。

配套素材路径：配套素材/第 11 章

素材文件名称：秋收.jpg、秋收.VSP、设置淡入淡出.VSP

操作步骤 >> Step by Step

第 1 步 进入会声会影 2019 的编辑界面，打开名为“秋收”的项目文件，在时间轴面板中单击【混音器】按钮，切换至混音器视图，如图 11-14 所示。

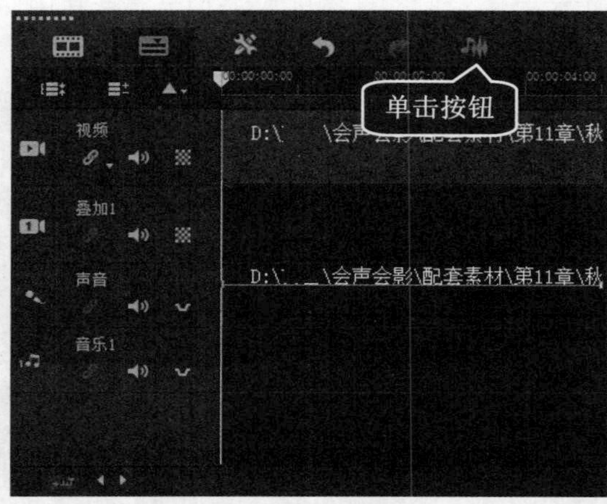

图 11-14

第 3 步 通过以上步骤即可为音频添加淡入淡出的效果，在声音轨中显示添加的关键帧，如图 11-16 所示。

第 2 步 在【属性】面板中，*1.* 单击【淡入】按钮，*2.* 单击【淡出】按钮，如图 11-15 所示。

图 11-15

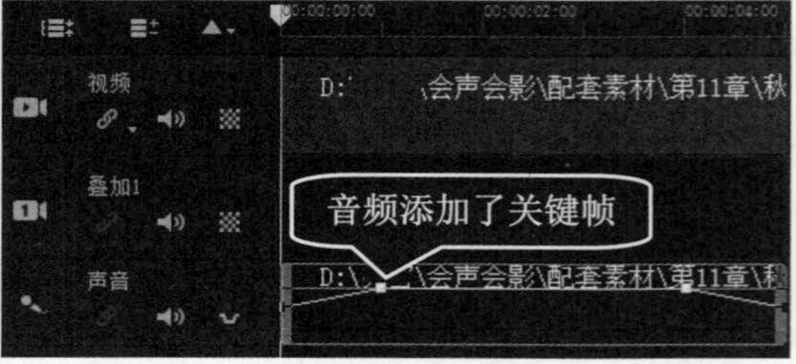

图 11-16

知识拓展

在会声会影 2019 中，用户也可以用鼠标右击混音器视图中的音频素材，在弹出的快捷菜单中选择【淡入音频】或【淡出音频】命令，为视频快速添加淡入与淡出的效果。

11.2.2 调节整段音频音量

在会声会影 2019 中，调节整段素材音量时可分别选择时间轴中的各个轨，然后在选项面板中对相应的音量控制选项进行调节。下面介绍调节整段音频音量的方法。

配套素材路径：配套素材/第 11 章

素材文件名称：花.jpg、花.VSP、调节整段音频音量.VSP

操作步骤 >> Step by Step

第 1 步 进入会声会影 2019 的编辑界面，打开名为“花”的项目文件，在时间轴面板中双击音频文件，如图 11-17 所示。

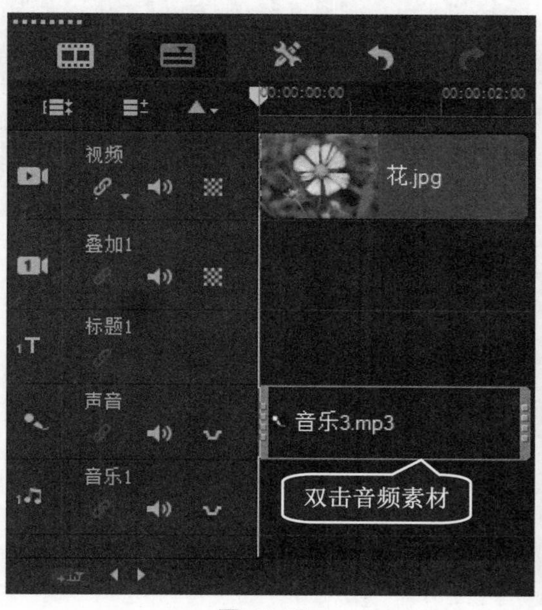

图 11-17

第 2 步 打开【音乐和声音】面板，*1.* 单击【素材音量】右侧的下三角按钮，*2.* 在弹出的面板中拖曳滑块至 287 的位置，即可调整素材音量，如图 11-18 所示。

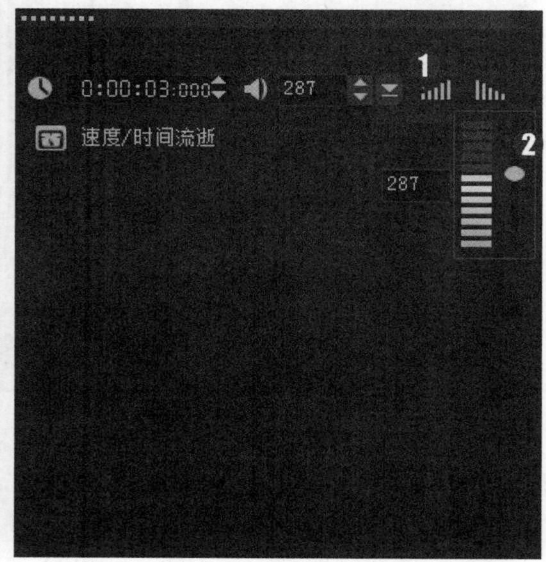

图 11-18

11.2.3 使用音量调节线

除了使用音频混合器控制声音的音量变化外，用户还可以直接在相应的音频轨上使用音量调节线控制不同位置的音量。下面详细介绍使用音量调节线的操作方法。

配套素材路径：配套素材/第 11 章

素材文件名称：远望.jpg、远望.VSP、使用音量调节线.VSP

操作步骤 >> Step by Step

第 1 步 进入会声会影 2019 的编辑界面，打开名为“远望”的项目文件，在时间轴面板中单击【混音器】按钮进入混音器视图，将鼠标指针移至音频文件中间的音量调节线上，按住鼠标左键向上拖曳至合适位置后，释放鼠标左键，即可添加关键帧点，如图 11-19 所示。

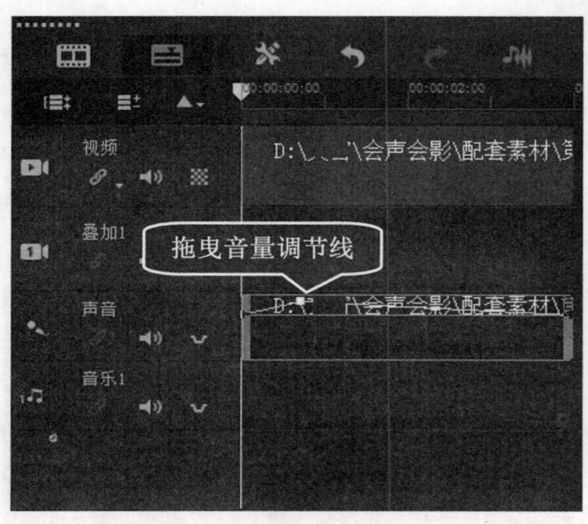

图 11-19

第 2 步 将光标移至另一个位置，按住鼠标左键向下拖曳至合适位置后，释放鼠标左键，即可添加第 2 个关键帧点。通过以上步骤即可完成使用音量调节线调节音量的操作，如图 11-20 所示。

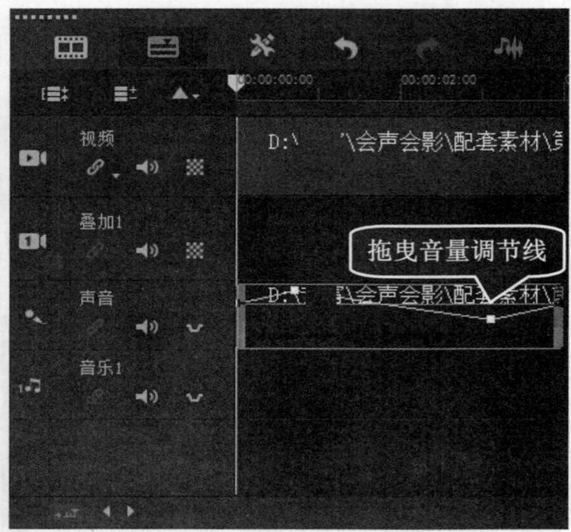

图 11-20

11.2.4 调整音频播放速度

在会声会影 2019 中，用户可以设置音乐的速度和时间流逝，使它能够与影片更好地配合。下面介绍调整音频播放速度的方法。

配套素材路径：配套素材/第 11 章

素材文件名称：古城.jpg、古城.VSP、调整音频播放速度.VSP

操作步骤 >> Step by Step

第 1 步 进入会声会影 2019 的编辑界面，打开名为“古城”的项目文件，在声音轨中双击音频文件，如图 11-21 所示。

第 2 步 在【音乐和声音】面板中单击【速度/时间流逝】按钮，如图 11-22 所示。

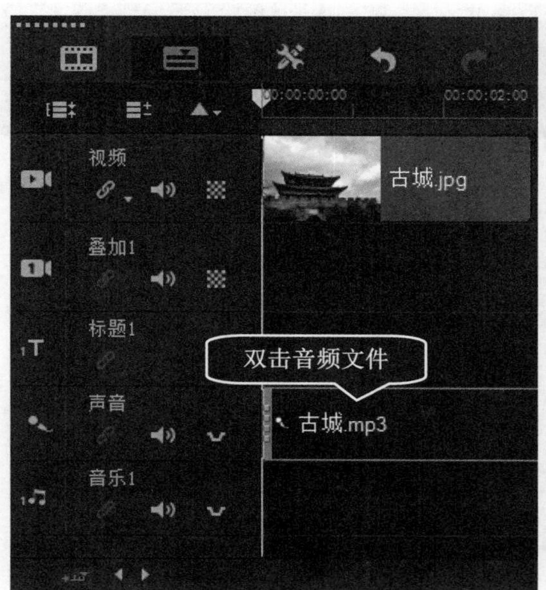

图 11-21

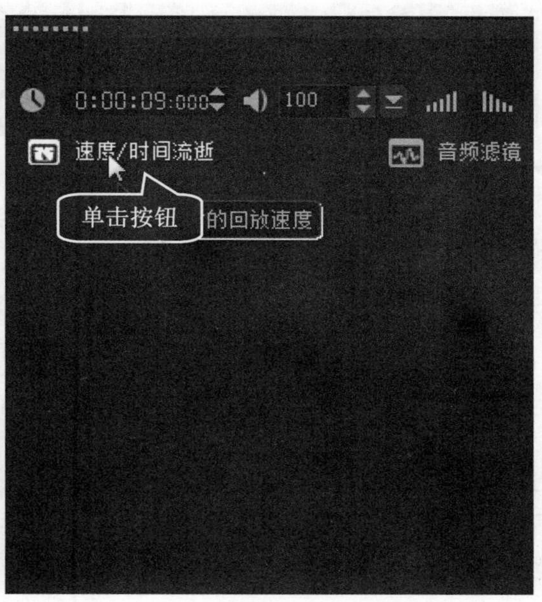

图 11-22

第 3 步 弹出【速度/时间流逝】对话框，***1.*** 设置【新素材区间】为 0:0:4:0，***2.*** 单击【确定】按钮，如图 11-23 所示。

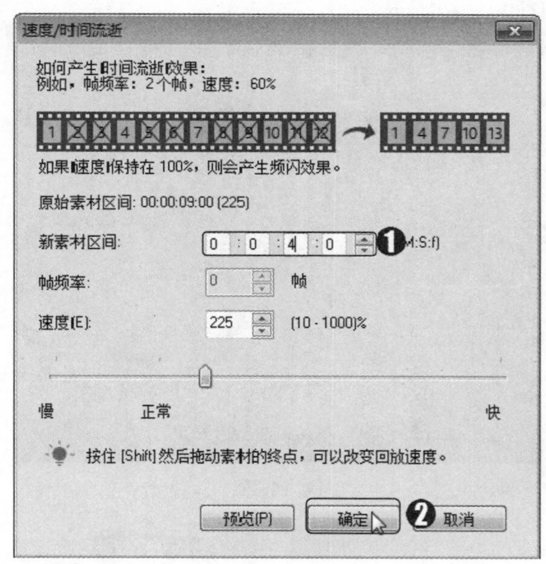

图 11-23

第 4 步 音频的速度已经调整完成。通过以上步骤即可完成调整音频播放速度的操作，如图 11-24 所示。

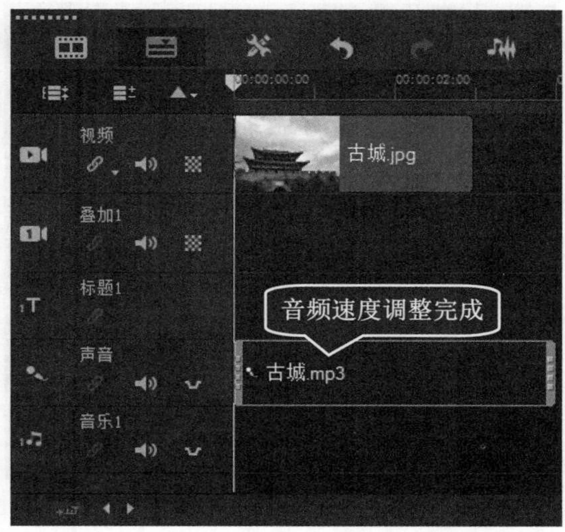

图 11-24

知识拓展

在【速度/时间流逝】对话框中，还可以手动拖曳【速度】下方的滑块至合适位置，释放鼠标左键，也可以调整音频素材的速度/时间流逝。

Section 11.3 混音器

在会声会影 2019 中，混音器可以动态调整音量调节线，它允许在播放影片项目的同时，实时调整某个轨道素材任意一点的音量，非常方便使用。本节主要介绍 5 种使用混音器的技巧。

11.3.1 选择音轨

在会声会影 2019 中使用混音器调节音量前，首先需要选择要调节音量的音轨。下面介绍选择音轨的方法。

操作步骤 >> Step by Step

第 1 步 在时间轴面板中单击【混音器】按钮，进入混音器视图，如图 11-25 所示。

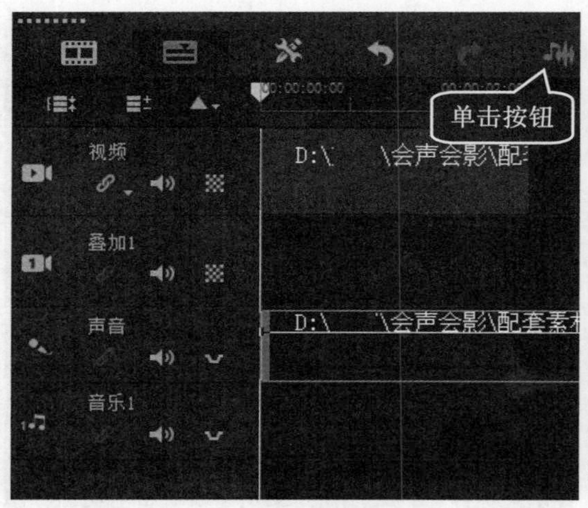

图 11-25

第 2 步 在【环绕混音】面板中单击【声音轨】按钮，即可选中要调节的音频轨道，如图 11-26 所示。

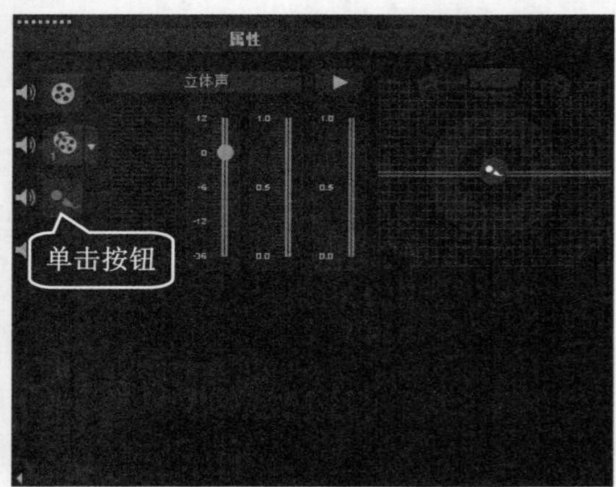

图 11-26

11.3.2 播放并实时调节音量

在会声会影 2019 的混音器视图中，播放音频文件时用户可以对某个轨道上的音频进行音量的调节。下面介绍播放并实时调节音量的方法。

配套素材路径：配套素材/第 11 章

素材文件名称：岁月静好.jpg、岁月静好.VSP、播放并实时调节音量.VSP

操作步骤 >> Step by Step

第 1 步 进入会声会影 2019 的编辑界面，打开名为“岁月静好”的项目文件，*1.* 选择声音轨中的音频文件，*2.* 单击【混音器】按钮，切换至混音器视图，如图 11-27 所示。

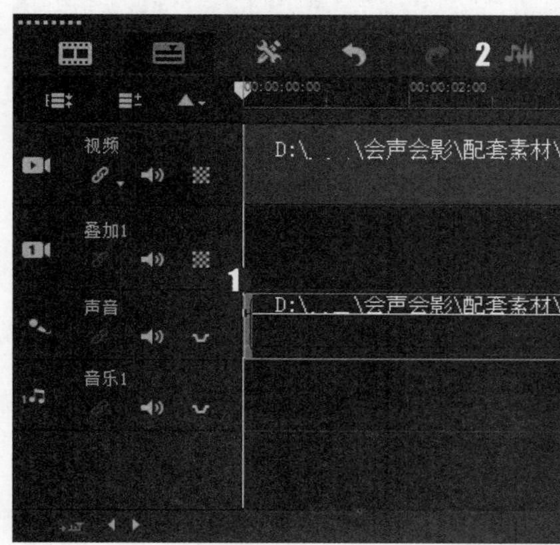

图 11-27

第 2 步 在【环绕混音】面板中，*1.* 单击【播放】按钮，开始试听音频效果，*2.* 单击【音量】按钮，并向下拖曳至-9.0 的位置，如图 11-28 所示。

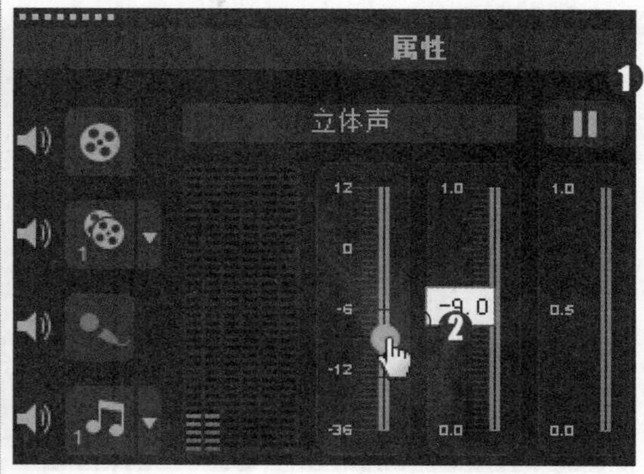

图 11-28

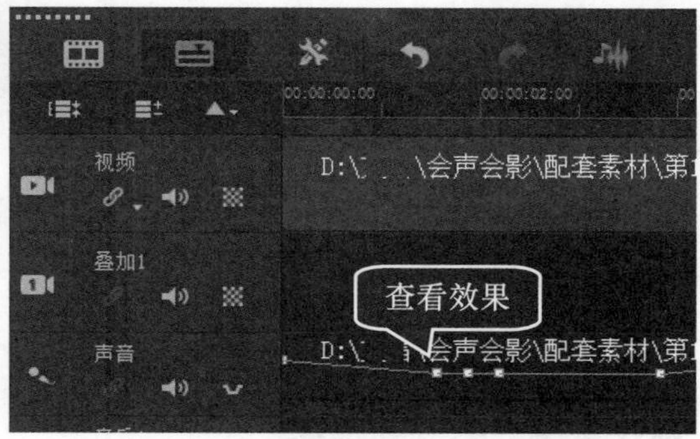

图 11-29

第 3 步 通过以上步骤即可完成播放并实时调节音量的操作，在声音轨中可以查看音频调节效果，如图 11-29 所示。

知识拓展

混音器是一种动态调整音量调节线的方式，它允许在播放影片项目的同时，实时调整音乐轨道素材任意一点的音量。

11.3.3 将音量调节线恢复原始状态

在会声会影 2019 中，使用混音器调节音乐轨道素材的音量后，如果用户不满意其效果，可以将其恢复至原始状态。下面介绍将音量调节线恢复至原始状态的方法。

配套素材路径：配套素材/第 11 章

素材文件名称：沙漠.jpg、沙漠.VSP、将音量调节线恢复原始状态.VSP

操作步骤 >> Step by Step

第 1 步 进入会声会影 2019 的编辑界面，打开名为“沙漠”的项目文件，单击【混音器】按钮，切换至混音器视图，用鼠标右击音频文件，在弹出的快捷菜单中选择【重置音量】命令，如图 11-30 所示。

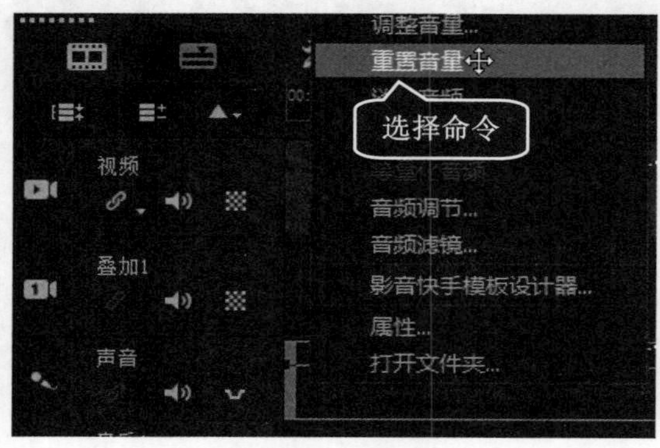

图 11-30

第 2 步 可以看到音量调节线恢复至原始状态，通过以上步骤即可完成将音量调节线恢复原始状态的操作，如图 11-31 所示。

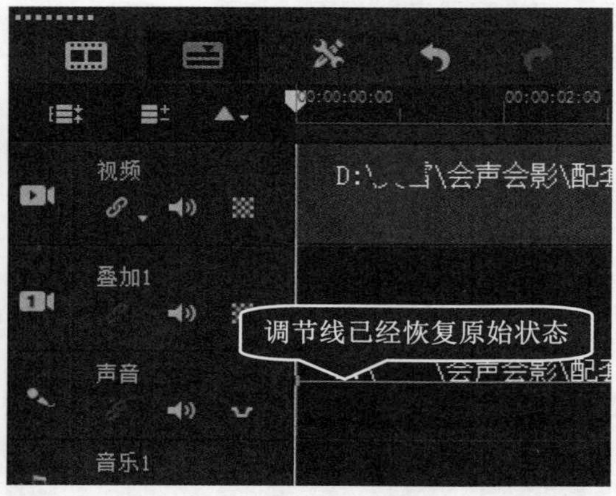

图 11-31

11.3.4 调节左右声道大小

在会声会影 2019 中，用户还可以根据需要调整音频左、右声道的大小，调整音量后播放试听会有所变化。下面介绍调节左、右声道大小的方法。

配套素材路径：配套素材/第 11 章

素材文件名称：骆驼.jpg、骆驼.VSP、调节左右声道大小.VSP

操作步骤 >> Step by Step

第 1 步 进入会声会影 2019 的编辑界面，打开名为“骆驼”的项目文件，切换至混音器视图，如图 11-32 所示。

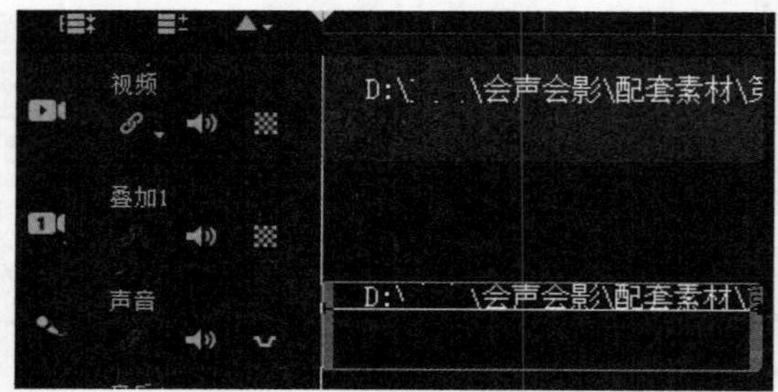

图 11-32

第 2 步 在【环绕混音】选项面板中，***1.*** 单击【播放】按钮，***2.*** 按住右侧窗口中的滑块并向右拖曳，如图 11-33 所示。

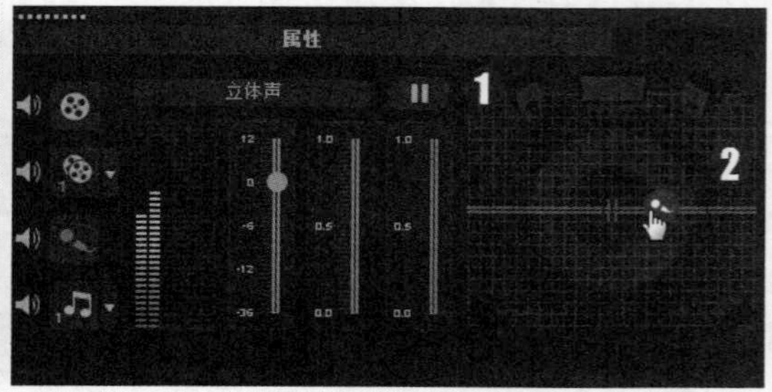

图 11-33

第 3 步 在【环绕混音】选项面板中，***1.***单击【播放】按钮，***2.*** 按住右侧窗口中的滑块并向左拖曳，如图 11-34 所示。

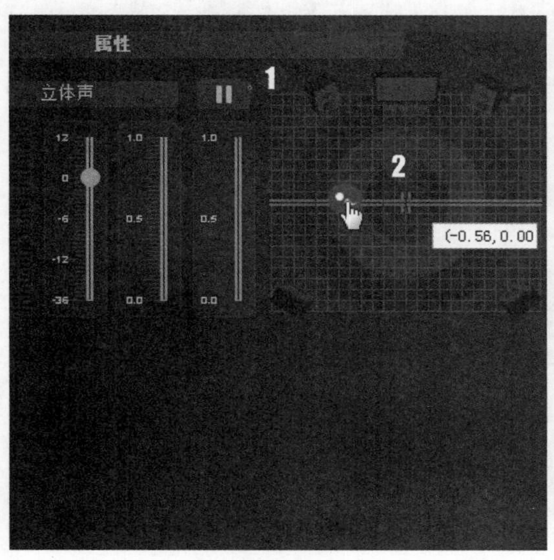

图 11-34

第 4 步 通过以上步骤即可完成调整声道音量大小的操作，在时间轴面板中可查看调整后的效果，如图 11-35 所示。

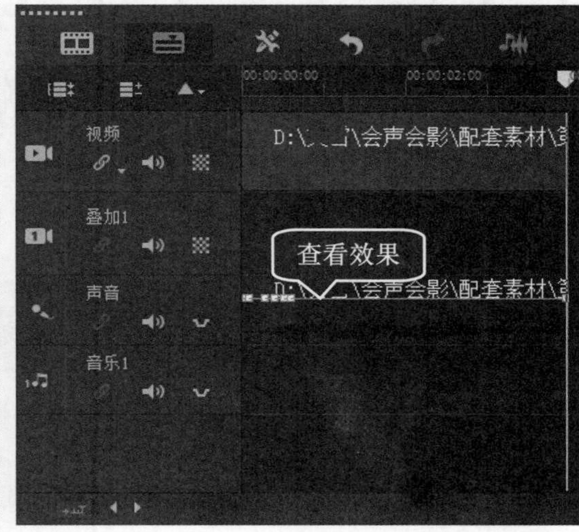

图 10-35

11.3.5 设置轨道音频静音

在会声会影 2019 中进行视频编辑时，有时为了在混音时听清楚某个轨道素材的声音，可以将其他轨道的素材声音调为静音模式。下面介绍设置轨道音频静音的方法。

配套素材路径：配套素材/第 11 章

素材文件名称：远望.jpg、远望.VSP、设置轨道音频静音.VSP

操作步骤 >> Step by Step

第 1 步 进入会声会影 2019 的编辑界面，打开名为“远望”的项目文件，切换至混音器视图，如图 11-36 所示。

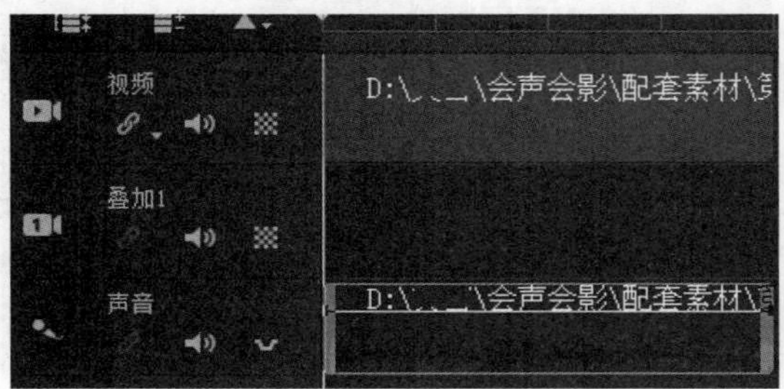

图 11-36

第 2 步 在【环绕混音】选项面板中，单击【声音轨】按钮左侧的声音图标，即可设置轨道静音，如图 11-37 所示。

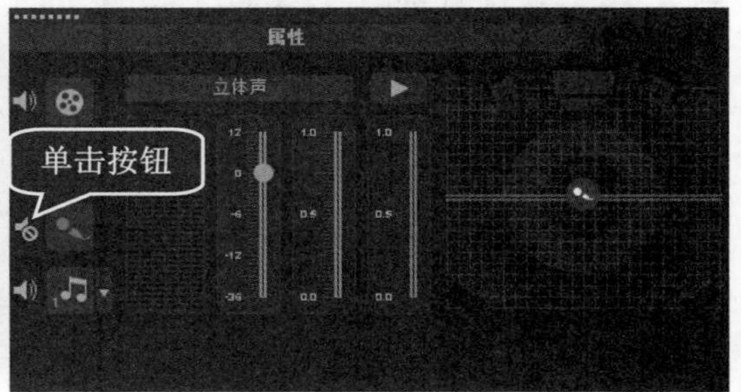

图 11-37

Section 11.4 专题课堂——制作音频特效

在会声会影 2019 中，用户可以将音频滤镜添加到声音轨或音乐轨的音频素材上，制作音频特效。本节主要详细介绍去除背景音中的噪声、背景声音等量化以及变音声效的制作方法。

11.4.1 去除背景音中的噪声

在会声会影 2019 中，用户可以使用音频滤镜去除背景声音中的噪声。下面介绍去除背景音中噪声的方法。

配套素材路径：配套素材/第 11 章

素材文件名称：背景音.mp4、去除背景音中的噪声.VSP

操作步骤 >> **Step by Step**

第 1 步 进入会声会影 2019 的编辑界面，在时间轴面板中插入名为“背景音”的视频素材，如图 11-38 所示。

图 11-38

第 2 步 在库面板中，***1.*** 选择【滤镜】选项，***2.*** 单击【显示音频滤镜】按钮，***3.*** 选择【删除噪音】滤镜，如图 11-39 所示。

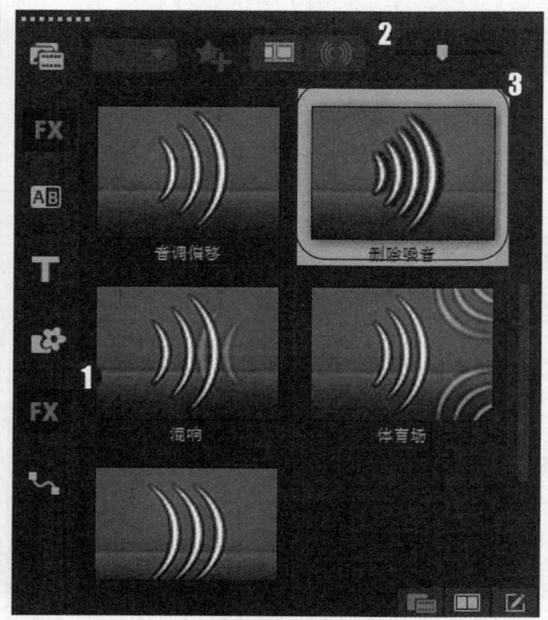

图 11-39

第 3 步 按住鼠标左键并拖曳滤镜至视频轨中的视频素材中，释放鼠标左键，即可为视频添加音频滤镜，如图 11-40 所示。

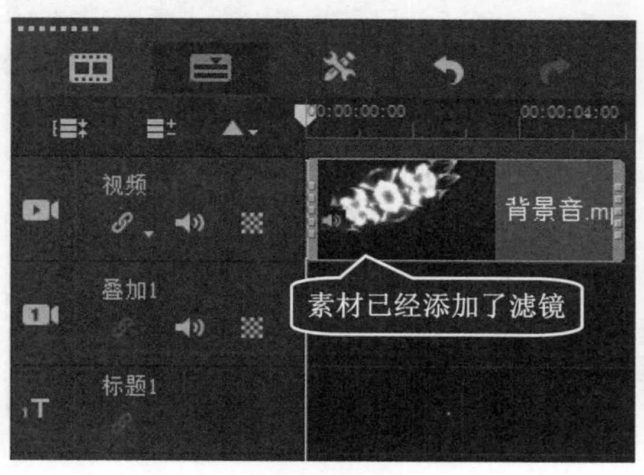

图 11-40

第 4 步 在预览窗口中单击【播放】按钮，试听添加的音频效果，如图 11-41 所示。

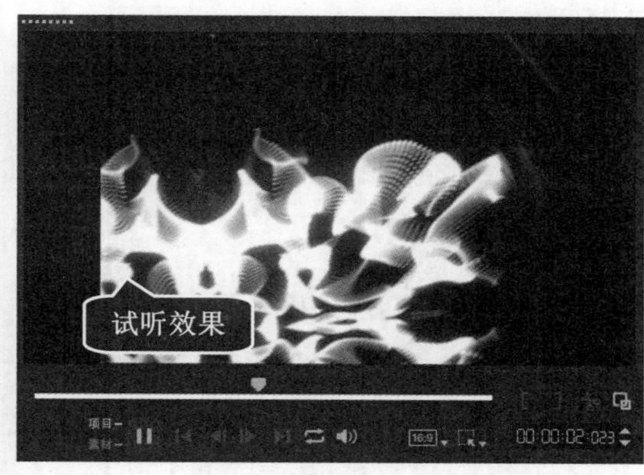

图 11-41

11.4.2 背景声音等量化

在会声会影 2019 中，等量化音频可自动平衡一组所选音频和视频素材的音量级别，无论音频的音量过大还是过小，等量化音频可确保所有素材之间的音量范围保持一致。下面介绍设置背景声音等量化的方法。

配套素材路径：配套素材/第 11 章

素材文件名称：天空.VSP、背景声音等量化.VSP

操作步骤 >> **Step by Step**

第 1 步 进入会声会影 2019 的编辑界面，打开名为“天空”的项目文件，如图 11-42 所示。

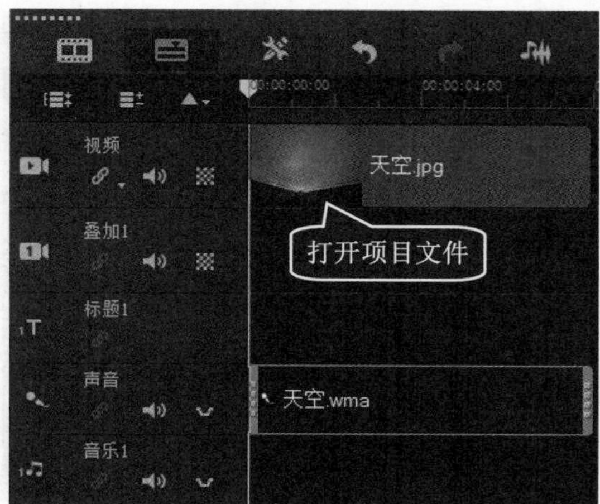

图 11-42

第 2 步 在库面板中，***1.*** 选择【滤镜】选项，***2.*** 单击【显示音频滤镜】按钮，***3.*** 选择【等量化】滤镜，如图 11-43 所示。

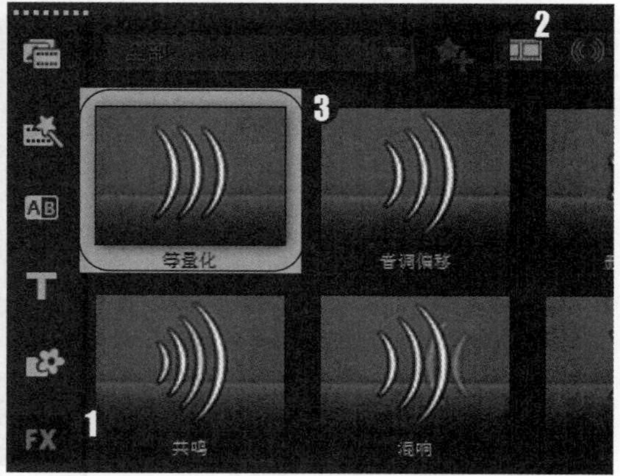

图 11-43

第 3 步 按住鼠标左键并拖曳滤镜至声音轨中的音频素材中，释放鼠标左键，即可为音频添加音频滤镜，如图 11-44 所示。

图 11-44

第 4 步 在预览窗口中单击【播放】按钮，试听添加的音频效果，如图 11-45 所示。

图 11-45

11.4.3 变音声效

在会声会影 2019 中，用户可以为视频制作变音声效。下面介绍制作变音声效的操作方法。

配套素材路径：配套素材/第 11 章

素材文件名称：公园.VSP、变音声效.VSP

操作步骤 >> Step by Step

第 1 步 进入会声会影 2019 的编辑界面，打开名为“公园”的项目文件，双击音频素材，如图 11-46 所示。

图 11-46

第 2 步 在【音乐和声音】面板中，单击【音频滤镜】按钮，如图 11-47 所示。

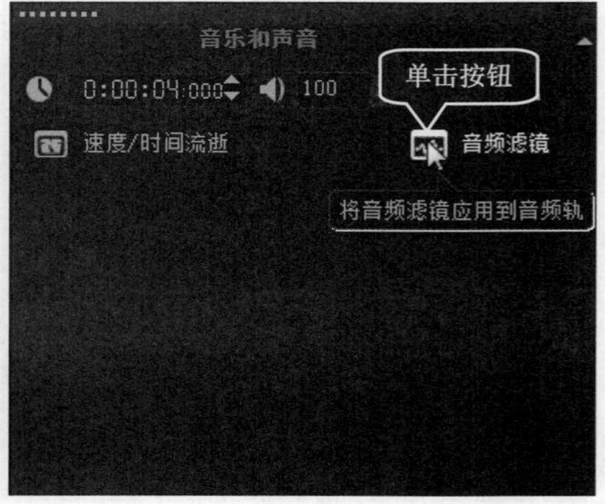

图 11-47

第 3 步 弹出【音频滤镜】对话框，在【可用滤镜】列表框中选择【音调偏移】选项，单击【添加】按钮，将【音调偏移】滤镜添加至【已用滤镜】列表框中，单击【选项】按钮，如图 11-48 所示。

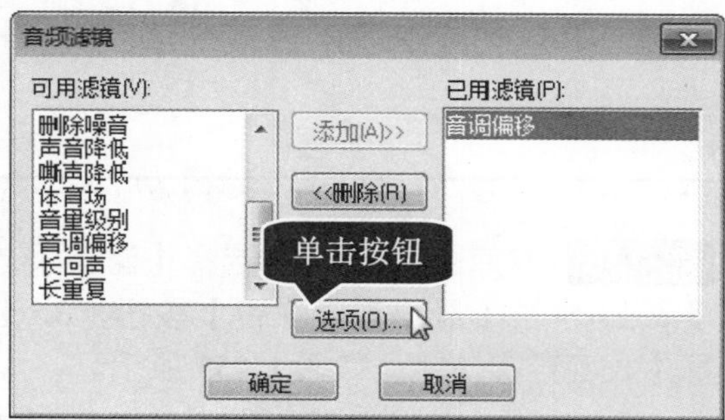

图 11-48

第 5 步 音频已经添加了滤镜，如图 11-50 所示。

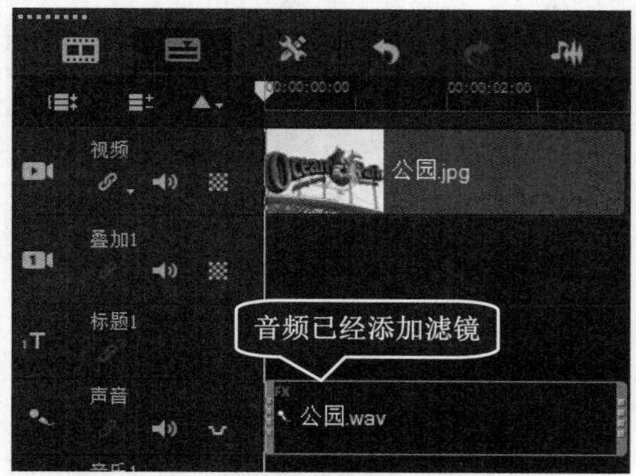

图 11-50

第 4 步 弹出【音调偏移】对话框，*1.* 拖动滑块至-6 位置处，*2.* 单击【确定】按钮，如图 11-49 所示。

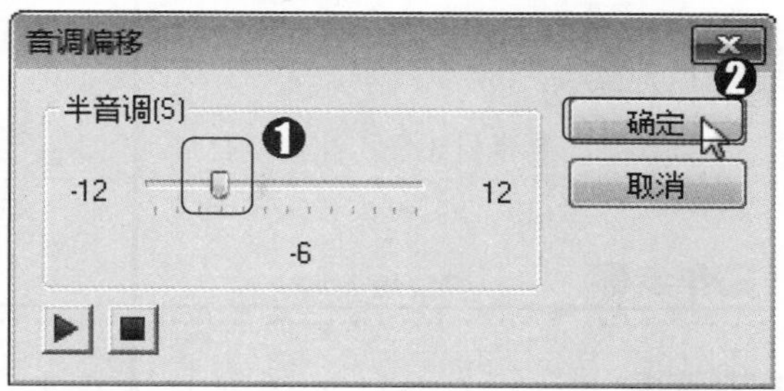

图 11-49

第 6 步 在预览窗口中单击【播放】按钮，试听添加的音频效果，如图 11-51 所示。

图 11-51

Section 11.5 实践经验与技巧

在本节的学习过程中，将侧重介绍和讲解与本章知识点有关的实践经验与技巧，主要内容包括制作长回声效果、应用【体育场】音频滤镜、应用【放大】音频滤镜以及应用【混响】音频滤镜等方面的知识与操作技巧。

11.5.1 制作长回声效果

使用【长回声】滤镜可以为音频素材添加长回声效果。下面将详细介绍制作长回声效果的操作方法。

配套素材路径：配套素材/第 11 章

素材文件名称：音乐 3.mp3、长回声效果.VSP

操作步骤 >> Step by Step

第 1 步 进入会声会影 2019 的编辑界面，在声音轨中插入名为“音乐 3”的音频素材，如图 11-52 所示。

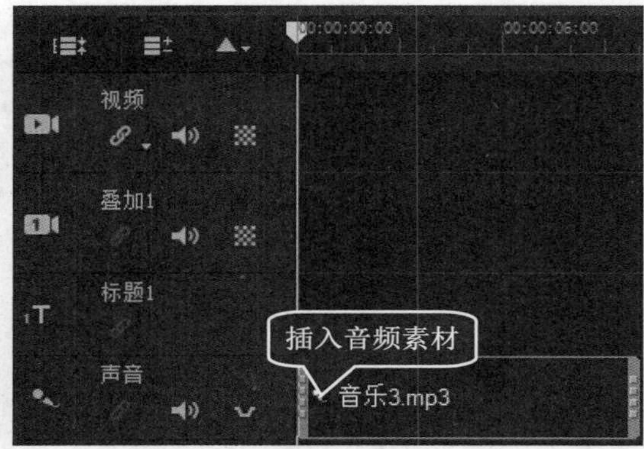

图 11-52

第 2 步 在库面板中，***1.*** 选择【滤镜】选项，***2.*** 单击【显示音频滤镜】按钮，***3.*** 选择【长回声】滤镜，如图 11-53 所示。

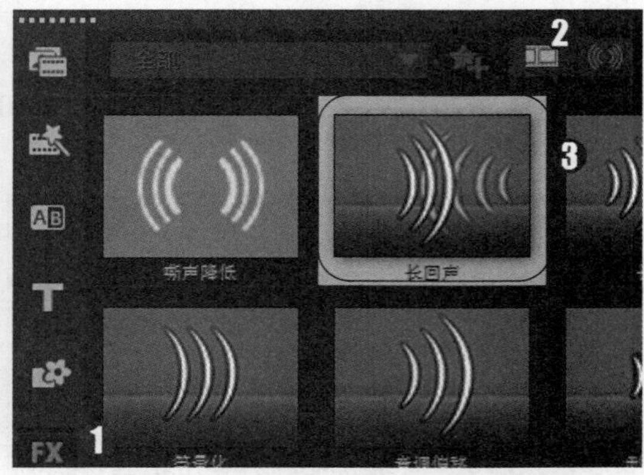

图 11-53

第 3 步 按住鼠标左键并拖曳滤镜至视频轨中的音频素材中，释放鼠标左键，即可为音频添加音频滤镜，如图 11-54 所示。

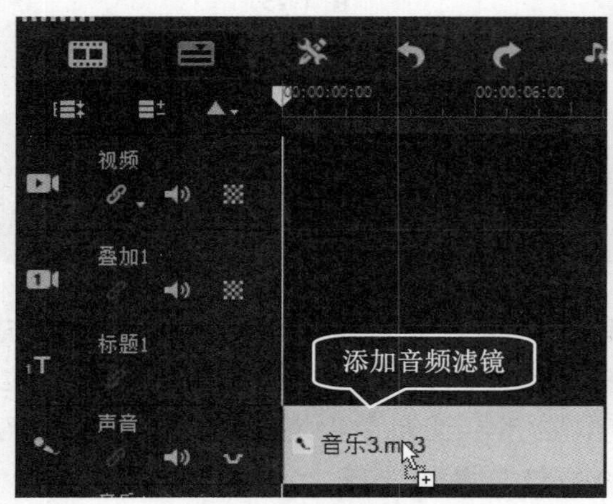

图 11-54

第 4 步 在预览窗口中单击【播放】按钮，试听添加的音频效果，如图 11-55 所示。

图 11-55

11.5.2 应用【体育场】音频滤镜

“体育场”音频滤镜主要用于模拟体育场环境空旷回音的效果。下面将详细介绍应用【体育场】音频滤镜的操作方法。

配套素材路径：配套素材/第 11 章

素材文件名称：音乐 3.mp3、体育场滤镜.VSP

操作步骤 >> Step by Step

第 1 步 进入会声会影 2019 的编辑界面，在声音轨中插入名为“音乐 3”的音频素材，如图 11-56 所示。

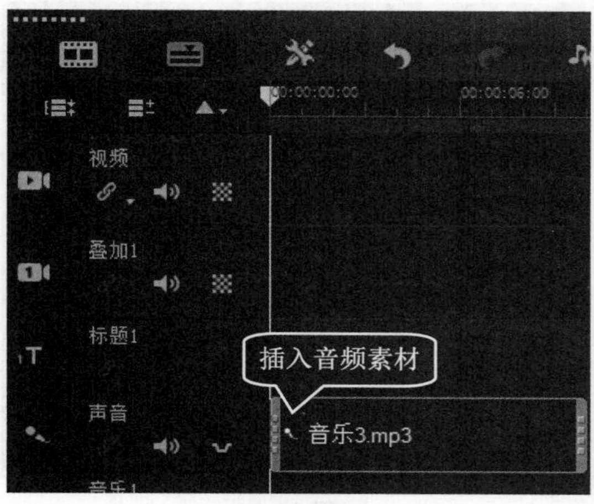

图 11-56

第 2 步 在库面板中，***1.*** 选择【滤镜】选项，***2.*** 单击【显示音频滤镜】按钮，***3.*** 选择【体育场】滤镜，如图 11-57 所示。

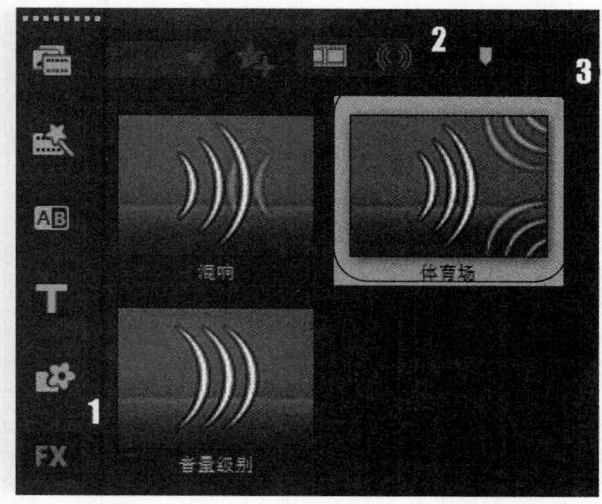

图 11-57

第 3 步 按住鼠标左键并拖曳滤镜至视频轨中的音频素材中，释放鼠标左键，即可为音频添加音频滤镜，如图 11-58 所示。

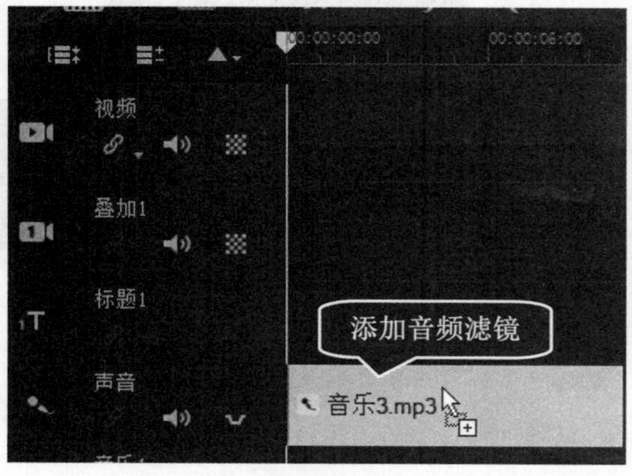

图 11-58

第 4 步 在预览窗口中单击【播放】按钮，试听添加的音频效果，如图 11-59 所示。

图 11-59

11.5.3 应用【放大】音频滤镜

【放大】音频滤镜主要用于对音频素材的音量进行放大处理。下面将详细介绍应用【放大】音频滤镜的操作方法。

配套素材路径：配套素材/第 11 章

素材文件名称：音乐 3.mp3、放大滤镜.VSP

操作步骤 >> **Step by Step**

第 1 步 进入会声会影 2019 的编辑界面，在声音轨中插入名为“音乐 3”的音频素材，如图 11-60 所示。

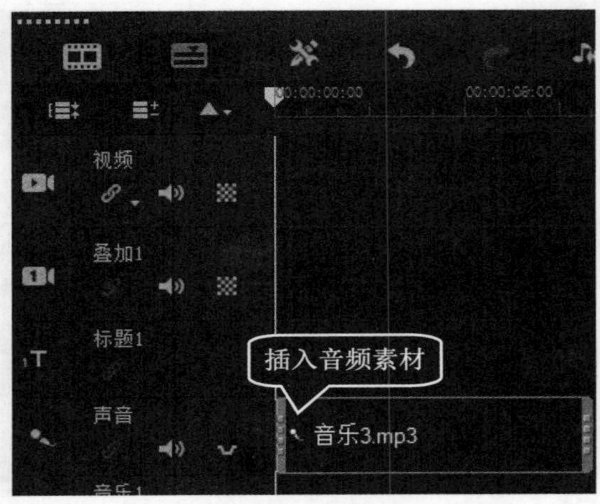

图 11-60

第 2 步 在库面板中，*1.* 选择【滤镜】选项，*2.* 单击【显示音频滤镜】按钮，*3.* 选择【放大】滤镜，如图 11-61 所示。

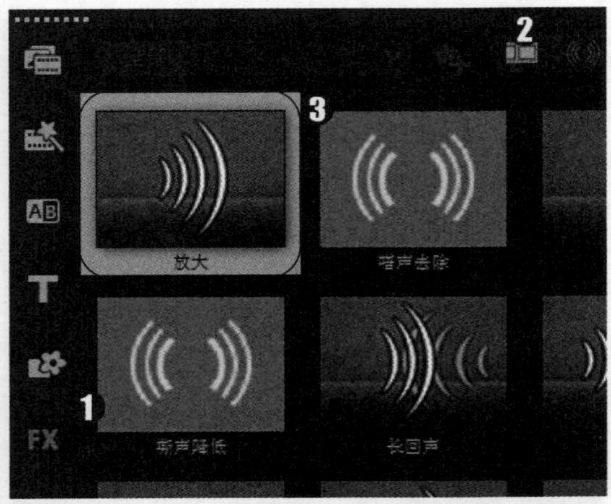

图 11-61

第 3 步 按住鼠标左键并拖曳滤镜至视频轨中的音频素材中，释放鼠标左键，即可为音频添加音频滤镜，如图 11-62 所示。

图 11-62

第 4 步 在预览窗口中单击【播放】按钮，试听添加的音频效果，如图 11-63 所示。

图 11-63

11.5.4 应用【混响】音频滤镜

用户还可以为音频素材添加混响滤镜效果。下面介绍为音频素材添加混响滤镜效果的操作方法。

配套素材路径：配套素材/第 11 章

素材文件名称：音乐 3.mp3、混响滤镜.VSP

操作步骤 >> Step by Step

第 1 步 进入会声会影 2019 的编辑界面，在声音轨中插入名为“音乐 3”的音频素材，如图 11-64 所示。

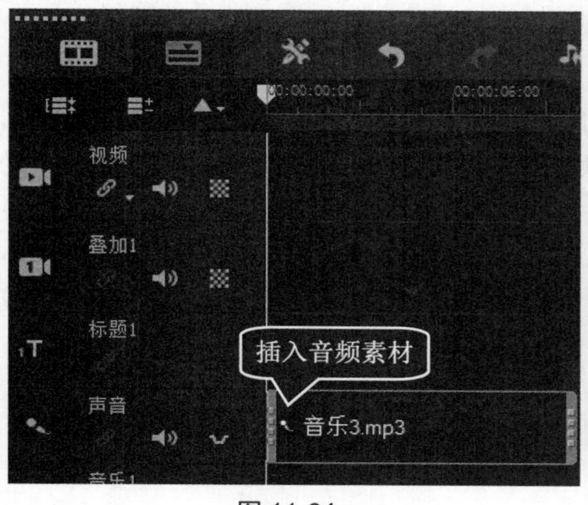

图 11-64

第 2 步 在库面板中，*1.* 选择【滤镜】选项，*2.* 单击【显示音频滤镜】按钮，*3.* 选择【混响】滤镜，如图 11-65 所示。

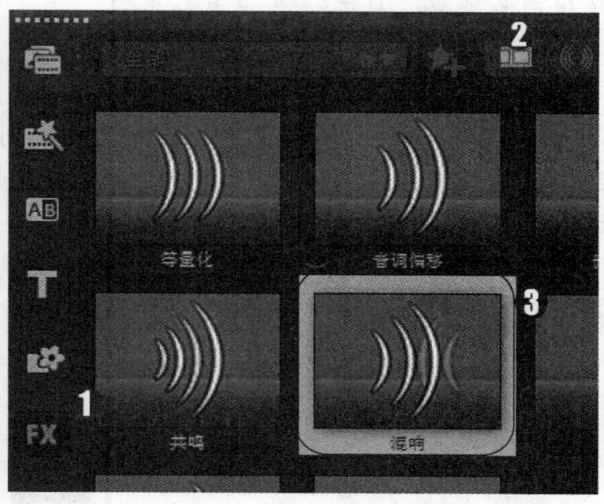

图 11-65

第 3 步 按住鼠标左键并拖曳滤镜至视频轨中的音频素材中，释放鼠标左键，即可为音频添加音频滤镜，如图 11-66 所示。

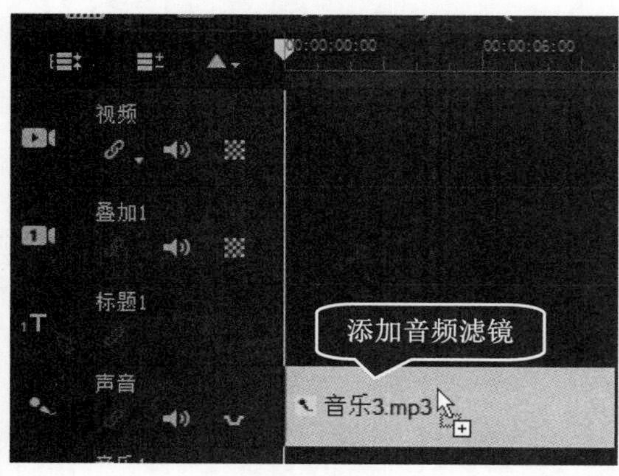

图 11-66

第 4 步 在预览窗口中单击【播放】按钮，试听添加的音频效果，如图 11-67 所示。

图 11-67

Section 11.6 思考与练习

通过对本章内容的学习，读者可以掌握制作视频音乐特效的基本知识以及一些常见的操作方法。在本节中将针对本章知识点进行相关知识测试，以达到巩固与提高的目的。

1. 填空题

(1) 在会声会影 2019 中，如果用户对添加的音频素材不满意，可以对音频进行一些调整，如设置__________、__________、使用音量调节线控制音量、调节左右声道等操作。

(2) __________是会声会影 2019 自带的一个音频素材库，同一个音乐有许多变化的风格供用户选择，从而使素材更加丰富。

2. 判断题

(1) 在会声会影 2019 中，用户也可以用鼠标右击混音器视图中的音频素材，在弹出的快捷菜单中选择【淡入音频】或【淡出音频】命令，即可为视频快速添加淡入与淡出的效果。 ( )

(2) 在【速度/时间流逝】对话框中，还可以手动拖曳【速度】下方的滑块至合适位置，释放鼠标左键，也可以调整音频素材的速度/时间流逝。 ( )

3. 思考题

(1) 如何使用音量调节线？

(2) 如何去除背景音中的噪声？

第12章

影片的输出与共享

本章要点

- ❖ 输出设置
- ❖ 输出影片
- ❖ 输出与分享视频

本章主要介绍了输出设置、输出影片和输出与分享视频方面的知识与技巧，在本章的最后还针对实际的工作需求，讲解了输出部分区间媒体文件、单独输出项目中的声音、输出 MPEG 视频文件和输出 WMV 视频文件的方法。通过对本章内容的学习，读者可以掌握影片的输出与共享方面的知识，为深入学习会声会影 2019 知识奠定基础。

Section 12.1 输出设置

影片项目制作完成后，接下来就是进行输出和共享的操作了，在进行这些操作前，用户首先需要对输出进行一些设置，以便让后面的工作有序进行。本节将详细介绍输出设置的相关知识及操作方法。

12.1.1 认识【共享】面板

在会声会影 2019 中，在项目文件中添加视频、图像、音频素材以及转场效果后，单击【步骤】设置界面中的【共享】标签，用户即可在【共享】面板中渲染项目，并完成输出影片的操作。下面介绍【共享】面板参数设置方面的知识，如图 12-1 所示。

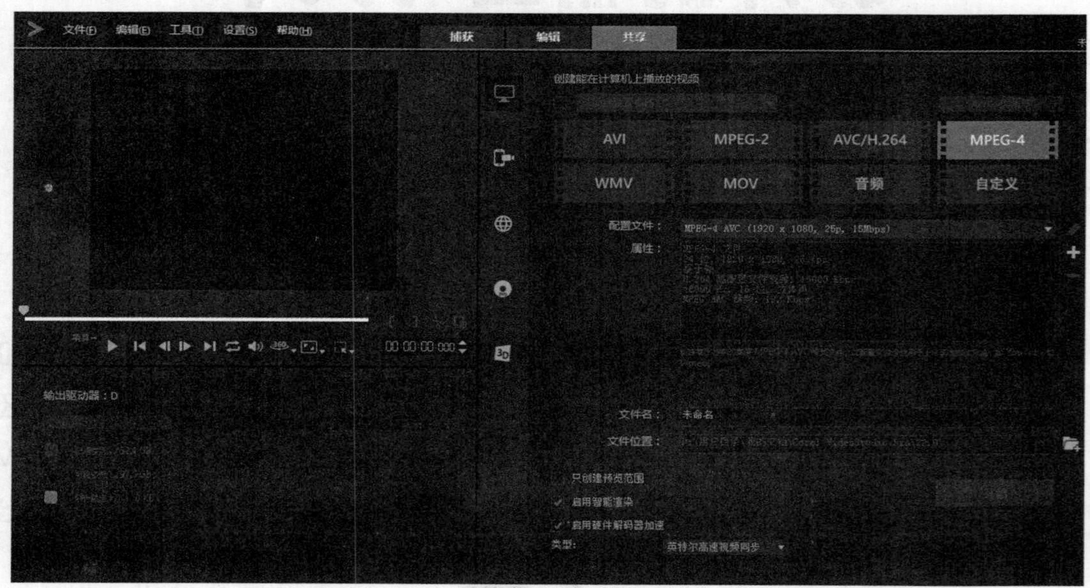

图 12-1

➢ 【计算机】按钮：单击此按钮将影片保存为可在计算机上播放的文件格式，也可以使用此选项，将视频声轨保存为音频文件。

➢ 【设备】按钮：单击此按钮将影片保存为可在移动设备、游戏机或相机上播放的文件格式。

➢ 【网络】按钮：单击此按钮将影片直接上传至 YouTube、Facebook、Flickr 或 Vimeo。影片以用户所选网站的最佳格式保存。

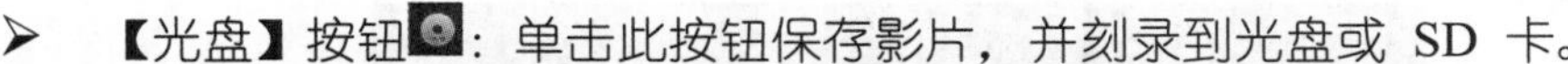

➢ 【光盘】按钮：单击此按钮保存影片，并刻录到光盘或 SD 卡。

➢ 【3D 影片】按钮：单击此按钮将影片保存为 3D 回放格式。

12.1.2　选择渲染种类

视频制作完成后，想要与朋友们共享，就要渲染出来。会声会影 2019 渲染的种类很多，要想渲染首先要切换到软件上方的【共享】选项卡，然后在下方的左侧选项中有计算机、设备、网络、DVD、3D 影片 5 种方式。

1　计算机

使用【计算机】选项渲染出的视频可以在计算机上播放，主要是 AVI、MPEG-4、MOV、WMV、音频以及自定义等形式。画质最好的当属 AVI，但是渲染之后文件太大；MOV 渲染之后的文件最小，但是画质相对比较弱；而 MPEG-4 则比较居中。一般建议使用自定义设置，可以自行选择格式。如果只渲染音乐素材，直接选择音频或 WMV 即可，图 12-2 所示。

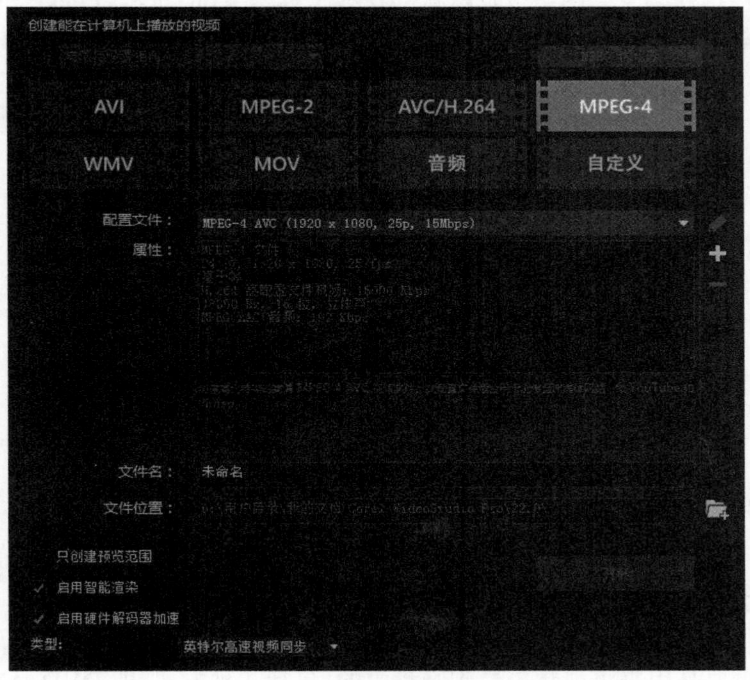

图 12-2

2　设备

设备的渲染主要是在移动设备如手机，或者摄像机上播放，包括 DV、HDV 和移动设备，根据自己的设备选择即可，如图 12-3 所示。

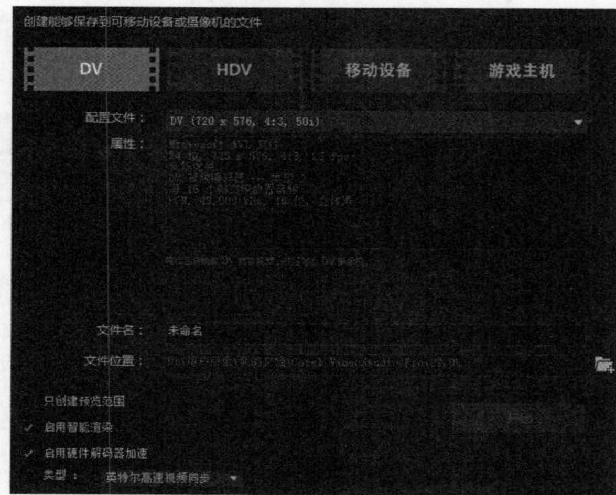

图 12-3

3 网络

网络是直接将视频发到网络上，默认的在线平台是 YouTube、Flickr 和 Vimeo。因为国内不支持这些平台，所以这个功能对于国内的用户来说并没有什么用，如图 12-4 所示。

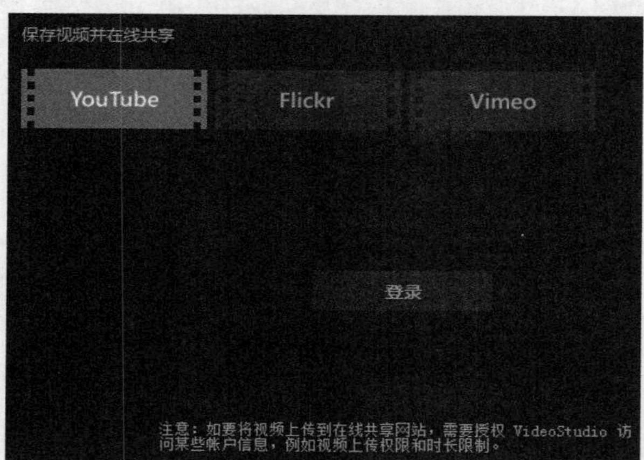

图 12-4

4 光盘

这个选项主要是用来将视频刻录到光盘中的，包括 4 种方式，即 DVD、AVCHD、Blu-ray 和 SD 卡，如图 12-5 所示。

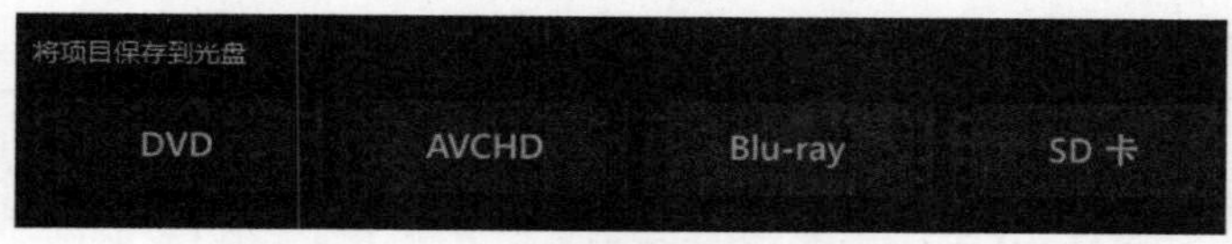

图 12-5

5 3D 影片

这里主要是渲染出 3D 效果的视频，前面制作的 3D 效果视频就可以选择这一渲染方式，包括 MPEG-2、AVC/H.264、WMV，效果是立体和双重叠影视频文件，可以选择【红蓝】或者【并排】右侧的深度进行调整，如图 12-6 所示。

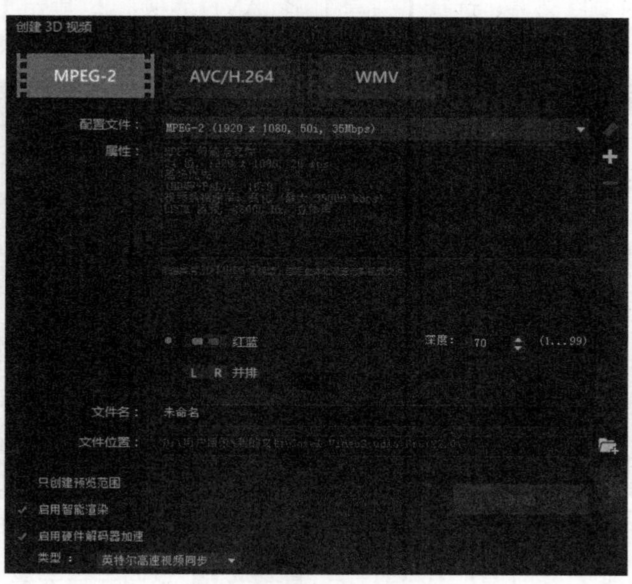

图 12-6

当以上设置都完成后，除了网络和 DVD，其他方式需要设置文件名和保存位置，然后单击【开始】按钮，文件就会开始渲染。

Section 12.2 输出影片

本节主要介绍使用会声会影 2019 渲染输出视频与音频的各种操作方法，主要包括输出 AVI、MP4、WMV 和 MOV 等格式的视频，希望读者熟练掌握本节视频与音频的输出技巧。

12.2.1 输出 AVI 视频文件

AVI 主要应用在多媒体光盘上，用来保存电视、电影等各种影像信息，其优点是兼容性好、图像质量好，但输出的尺寸和容量偏大。下面详细介绍输出 AVI 视频文件的操作方法。

配套素材路径：配套素材/第 12 章

素材文件名称：铜像.VSP、铜像.avi

操作步骤 >> Step by Step

第 1 步 进入会声会影 2019 的编辑界面，打开名为“铜像”的项目文件，选择【共享】保签，如图 12-7 所示。

图 12-7

第 2 步 切换至【共享】步骤面板，***1.*** 选择 AVI 选项，***2.*** 单击【文件位置】右侧的【浏览】按钮，如图 12-8 所示。

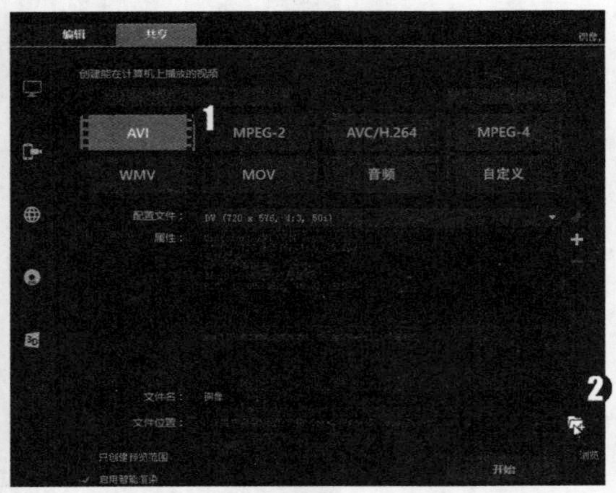

图 12-8

第 3 步 弹出【浏览】对话框，***1.*** 选择准备保存的位置，***2.*** 在【文件名】文本框中输入名称，***3.*** 单击【保存】按钮，如图 12-9 所示。

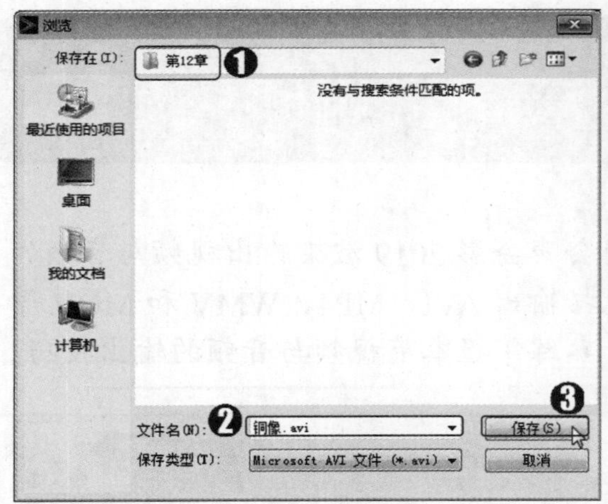

图 12-9

第 4 步 返回会声会影【共享】步骤面板，单击下方的【开始】按钮，开始渲染视频文件，如图 12-10 所示。

图 12-10

第 5 步 显示渲染进度，需要等待一段时间，如图 12-11 所示。

第 6 步 弹出 Corel VideoStudio 对话框，单击【确定】按钮即可完成输出 AVI 视频文件的操作，如图 12-12 所示。

图 12-11

图 12-12

12.2.2 输出 MP4 视频文件

MP4 全称为 MPEG-4 Part 14，是一种使用 MPEG-4 的多媒体电脑档案格式，文件格式名为.mp4，MP4 格式的优点是应用广泛，这种格式在大多数播放软件、非线性编辑软件以及智能手机中都能播放。

在会声会影 2019 中输出 MP4 视频文件的方法非常简单。下面详细介绍输出 MP4 视频文件的操作方法。

配套素材路径：配套素材/第 12 章

素材文件名称：雕塑.VSP、雕塑.mp4

操作步骤 >> Step by Step

第 1 步 进入会声会影 2019 的编辑界面，打开名为“雕塑”的项目文件，选择【共享】选项卡，如图 12-13 所示。

图 12-13

第 2 步 切换至【共享】选项卡，***1.*** 选择 MPEG-4 选项，***2.*** 单击【文件位置】右侧的【浏览】按钮，如图 12-14 所示。

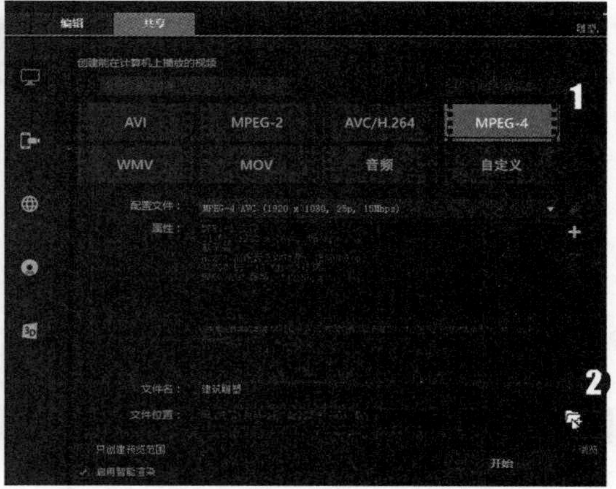

图 12-14

第 3 步 弹出【浏览】对话框，***1.*** 选择准备保存的位置，***2.*** 在【文件名】文本框中输入名称，***3.*** 单击【保存】按钮，如图 12-15 所示。

第 4 步 返回会声会影【共享】步骤面板，单击下方的【开始】按钮，开始渲染视频文件，如图 12-16 所示。

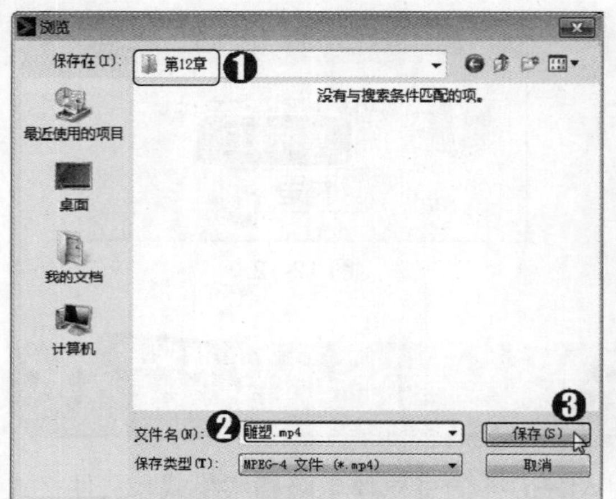

图 12-15

第 5 步 显示渲染进度，需要等待一段时间，如图 12-17 所示。

图 12-17

图 12-16

第 6 步 弹出 Corel VideoStudio 对话框，单击【确定】按钮即可完成输出 MP4 视频文件的操作，如图 12-18 所示。

图 12-18

12.2.3 输出 MOV 视频文件

MOV 格式是指 Quick Time 格式，是苹果(Apple)公司创立的一种视频格式。下面详细介绍输出 MOV 视频文件的方法。

配套素材路径：配套素材/第 12 章

素材文件名称：倒影.VSP、倒影.mov

操作步骤 >> Step by Step

第 1 步 进入会声会影 2019 的编辑界面，打开名为“倒影”的项目文件，选择【共享】标签，如图 12-19 所示。

第 2 步 切换至【共享】设置界面，***1.*** 选择 MOV 选项，***2.*** 单击【文件位置】右侧的【浏览】按钮，如图 12-20 所示。

图 12-19

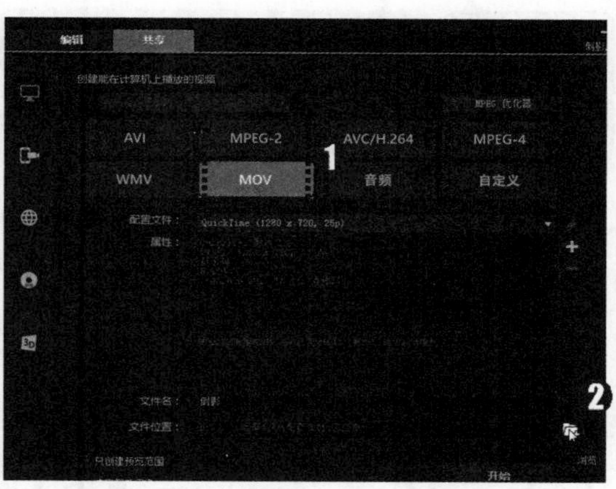

图 12-20

第 3 步 弹出【浏览】对话框，*1.* 选择准备保存的位置，*2.* 在【文件名】文本框中输入名称，*3.* 单击【保存】按钮，如图 12-21 所示。

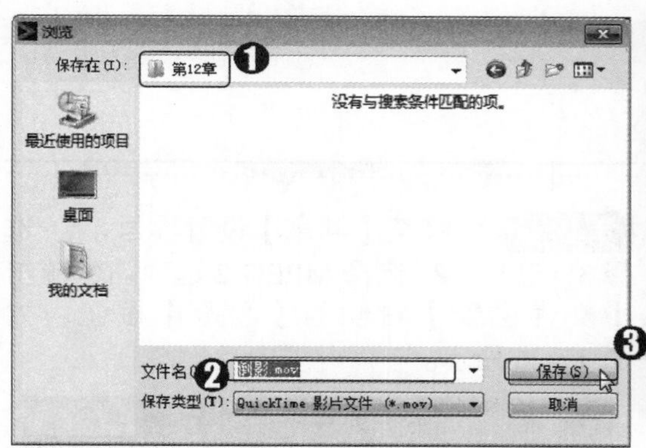

图 12-21

第 4 步 返回会声会影【共享】步骤面板，单击下方的【开始】按钮，开始渲染视频文件，如图 12-22 所示。

图 12-22

第 5 步 显示渲染进度，需要等待一段时间，如图 12-23 所示。

图 12-23

第 6 步 弹出 Corel VideoStudio 对话框，单击【确定】按钮即可完成输出 MOV 视频文件的操作，如图 12-24 所示。

图 12-24

知识拓展

在【共享】选项卡中选择【自定义】选项，然后在【格式】下拉列表中选择【QuickTime 影片文件 *.mov】选项，也可以输出 MOV 格式的视频。

Section 12.3 专题课堂——输出与分享视频

在会声会影 2019 中，用户可以将相应的视频文件输出为 3D 视频文件，还可以将输出的文件分享到新媒体平台，如微信公众号和新浪微博等。本节主要介绍输出与分享视频的操作方法。

12.3.1 输出 3D 视频文件

在会声会影 2019 中，可以将相应的视频文件输出为 3D 视频文件，主要包括 MPEG 格式、WMV 格式和 MVC 格式等。下面以输出 MPEG 格式的 3D 文件为例，介绍输出 3D 视频文件的方法。

配套素材路径：配套素材/第 12 章

素材文件名称：建筑.VSP、建筑.m2t

操作步骤 >> Step by Step

第 1 步 进入会声会影 2019 的编辑界面，打开名为"建筑"的项目文件，选择【共享】标签，如图 12-25 所示。

图 12-25

第 2 步 切换至【共享】设置界面，***1.*** 选择 3D 选项，***2.*** 选择 MPEG-2 选项，***3.*** 单击【文件位置】右侧的【浏览】按钮，如图 12-26 所示。

图 12-26

第 3 步 弹出【浏览】对话框，***1.*** 选择准备保存文件的位置，***2.*** 在【文件名】文本框中输入名称，***3.*** 单击【保存】按钮，如图 12-27 所示。

第 4 步 返回会声会影【共享】设置界面，单击下方的【开始】按钮，开始渲染视频文件，如图 12-28 所示。

图 12-27

图 12-28

第 5 步 显示渲染进度，需要等待一段时间，如图 12-29 所示。

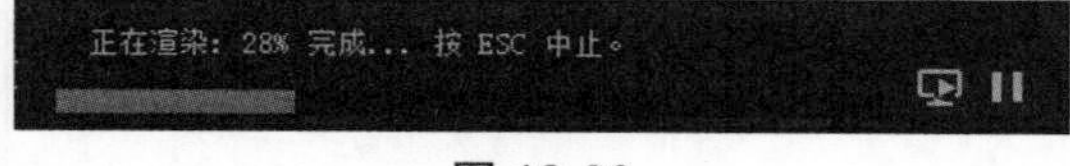

图 12-29

第 6 步 弹出 Corel VideoStudio 对话框，单击【确定】按钮即可完成输出 3D 视频文件的操作，如图 12-30 所示。

图 12-30

12.3.2 在微信公众平台上传并发布视频

微信公众号是目前非常火的一个自媒体平台，很多企业、商家都会通过微信公众号进行宣传、获利。本节介绍在微信公众平台上传并发布视频的方法。

操作步骤 >> Step by Step

第 1 步 进入微信公众号后台，*1.* 在【素材管理】页面中选择【视频】选项，*2.* 单击【添加】按钮，如图 12-31 所示。

第 2 步 进入【添加视频】界面，单击【上传视频】按钮，如图 12-32 所示。

图 12-31

第 3 步 弹出【打开】对话框，*1.* 选择准备保存文件的位置，*2.* 选择文件，*3.* 单击【打开】按钮，如图 12-33 所示。

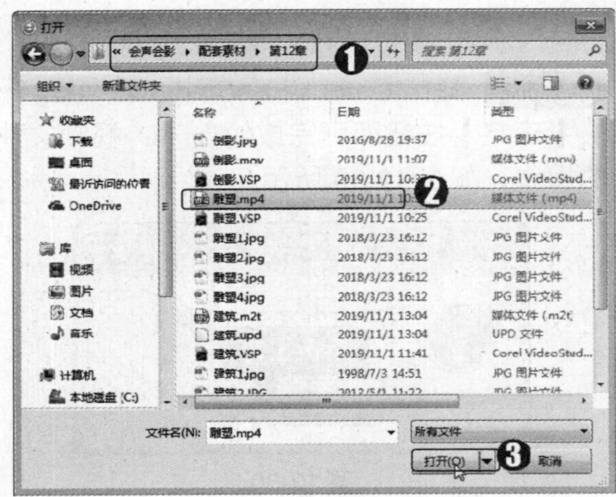

图 12-33

第 5 步 返回【素材管理】页面，显示视频正在转码、刷新等待，当视频状态变为“已通过”时，即可在平台发布该视频，如图 12-35 所示。

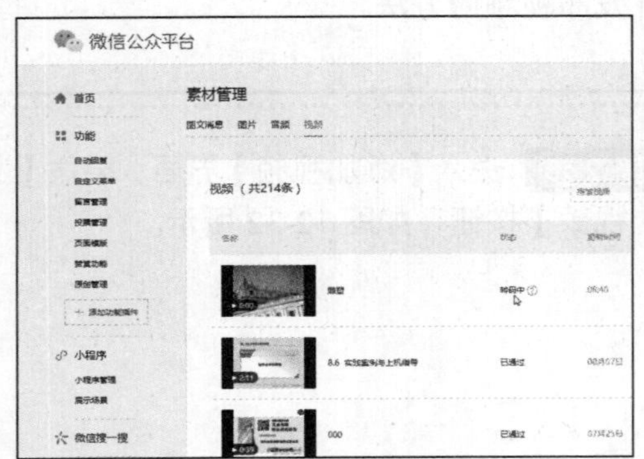

图 12-35

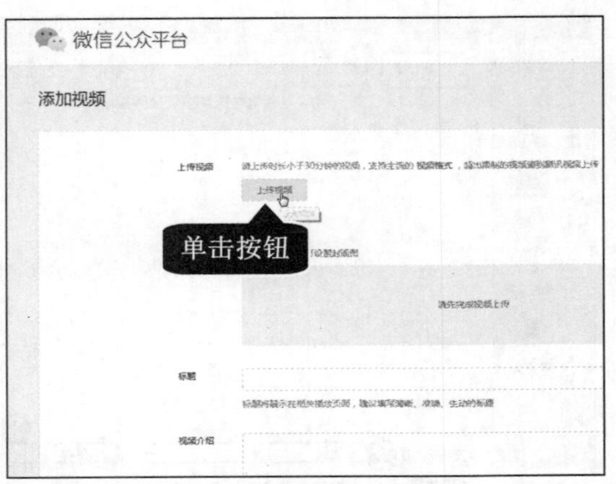

图 12-32

第 4 步 上传成功后单击【保存】按钮，如图 12-34 所示。

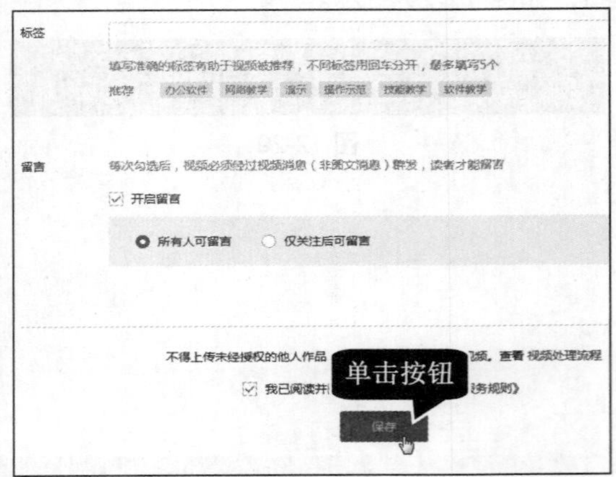

图 12-34

第 6 步 在【素材管理】页面中切换到【图文消息】选项卡，单击【新建图文素材】按钮，如图 12-36 所示。

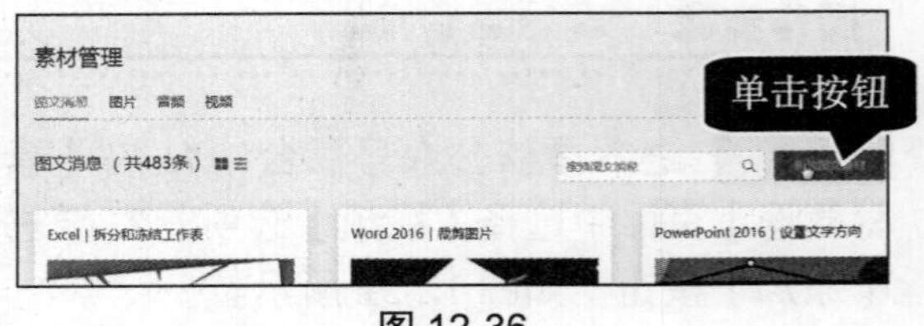

图 12-36

第 7 步 进入图文素材编辑页面，单击【视频】按钮，如图 12-37 所示。

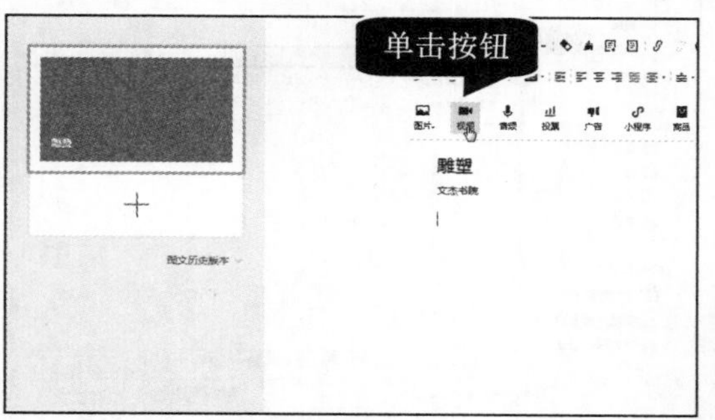

图 12-37

第 8 步 弹出【选择视频】对话框，***1.*** 选择刚刚上传的视频，***2.*** 单击【确定】按钮，如图 12-38 所示。

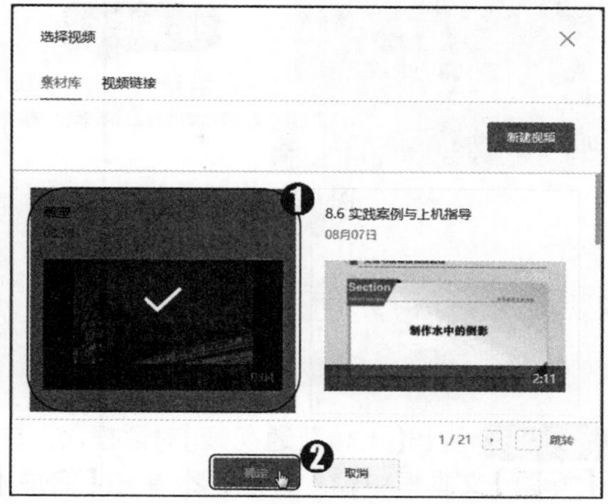

图 12-38

第 9 步 视频已经插入到图文消息中，单击下方的【保存并群发】按钮，通过扫描二维码的方式即可将图文消息发送出去，如图 12-39 所示。

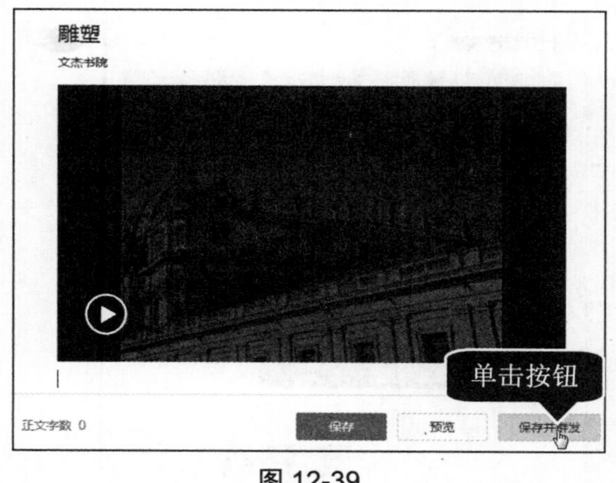

图 12-39

12.3.3 上传视频至新浪微博

微博是时下非常流行的一种社交工具，用户可以将自己制作的视频文件与微博好友一起分享。下面介绍上传视频至新浪微博的方法。

操作步骤 >> Step by Step

第 1 步 打开浏览器进入新浪微博首页，登录新浪微博账号，在个人中心页面上单击【视频】按钮，如图 12-40 所示。

第 2 步 弹出【打开】对话框，***1.*** 选择视频文件，***2.*** 单击【打开】按钮，如图 12-41 所示。

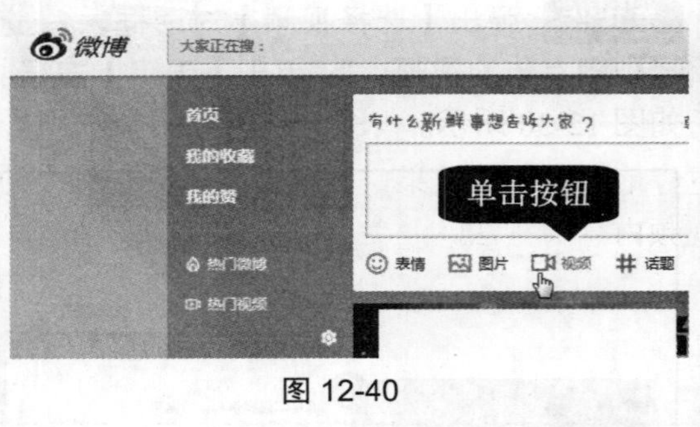

图 12-40

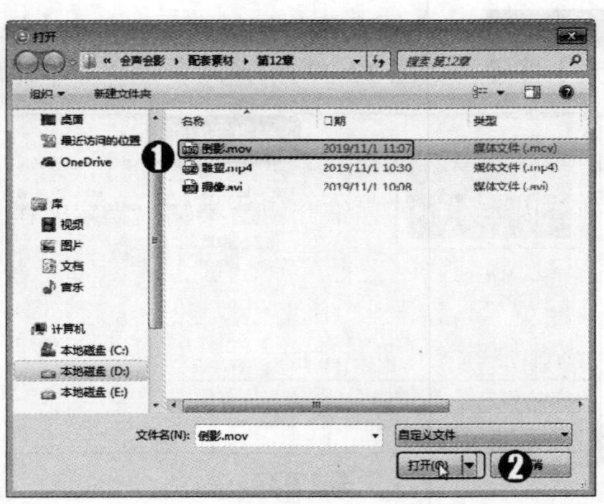

图 12-41

第 3 步 弹出【上传普通视频】对话框，*1.* 在【标题】文本框中输入标题，*2.* 单击【完成】按钮，如图 12-42 所示。

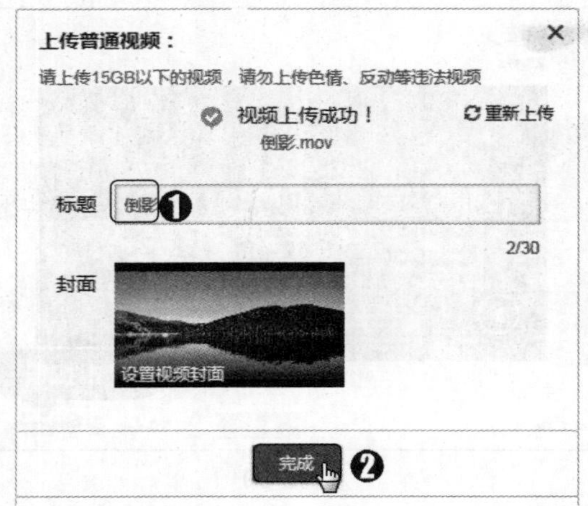

图 12-42

第 4 步 视频上传完成，单击【发布】按钮即可完成上传视频至新浪微博的操作，如图 12-43 所示。

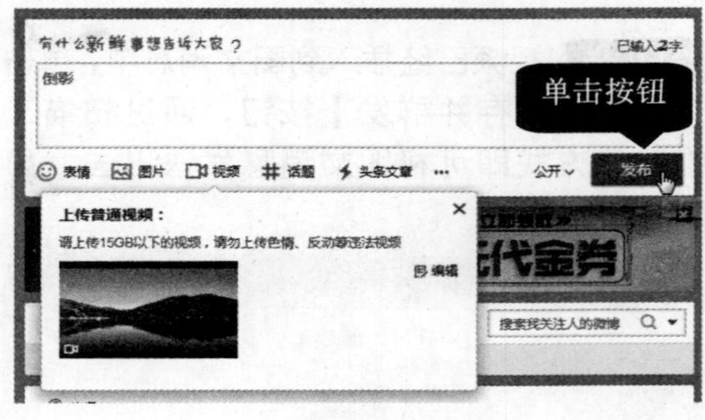

图 12-43

Section 12.4 实践经验与技巧

在本节的学习过程中，将侧重介绍和讲解与本章知识点有关的实践经验与技巧，主要内容将包括输出部分区间媒体文件、单独输出项目中的声音、输出 MPEG 视频文件、输出 WMV 视频文件等方面的知识与操作技巧。

12.4.1　输出部分区间媒体文件

在会声会影 2019 中渲染视频时，为了更好地查看视频效果，常常需要渲染视频中的部分内容。下面详细介绍渲染输出指定范围视频内容的方法。

配套素材路径：配套素材/第 12 章

素材文件名称：公路.mpg、公路.mp4

操作步骤 >> Step by Step

第 1 步 进入会声会影 2019 的编辑界面，在视频轨中插入名为“公路”的视频素材，*1.* 拖曳时间标记至 00:00:01:00 的位置，*2.* 单击【开始标记】按钮，如图 12-44 所示。

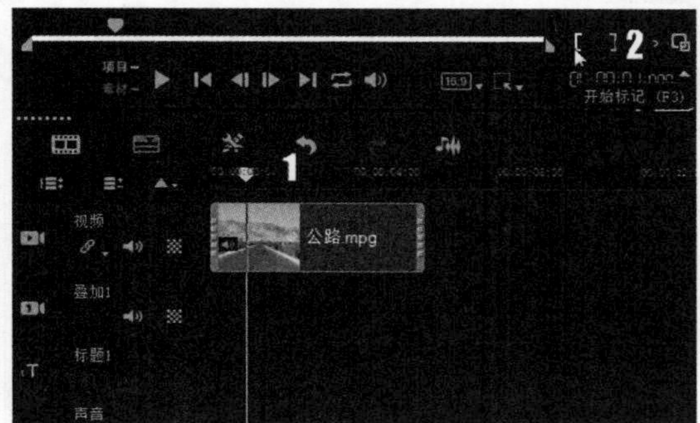

图 12-44

第 2 步 *1.* 拖曳时间标记至 00:00:05:00 的位置，*2.* 单击【结束标记】按钮，如图 12-45 所示。

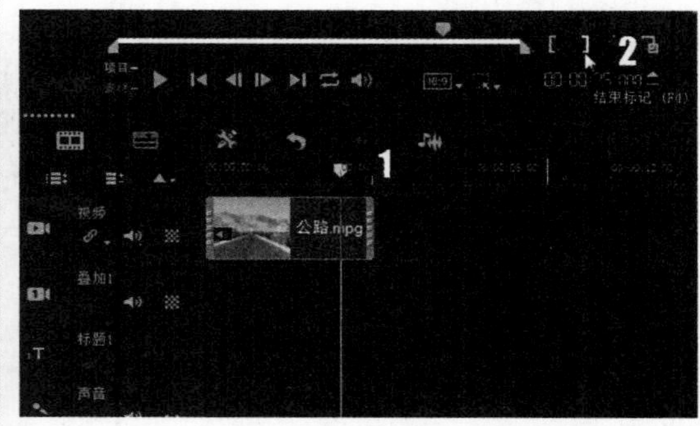

图 12-45

第 3 步 *1.* 选择【共享】标签，切换至【共享】设置界面，*2.* 选择 MPEG-4 选项，*3.* 单击【浏览】按钮，如图 12-46 所示。

图 12-46

第 4 步 弹出【浏览】对话框，*1.* 选择准备保存的位置，*2.* 在【文件名】文本框中输入名称，*3.* 单击【保存】按钮，如图 12-47 所示。

图 12-47

第 5 步 返回会声会影【共享】步骤面板，单击下方的【开始】按钮，开始渲染视频文件，如图 12-48 所示。

图 12-48

第 6 步 显示渲染进度，需要等待一段时间，如图 12-49 所示。

图 12-49

第 7 步 弹出 Corel VideoStudio 对话框，单击【确定】按钮即可完成输出部分区间媒体文件的操作，如图 12-50 所示。

图 12-50

12.4.2 单独输出项目中的声音

WAV 格式是微软公司开发的一种声音文件格式，又称为波形声音文件。下面介绍单独输出项目中的声音的方法。

配套素材路径：配套素材/第 12 章

素材文件名称：湖面.mpg、湖面.wav

操作步骤 >> Step by Step

第 1 步 进入会声会影 2019 的编辑界面，打开名为“湖面”的项目文件，选择【共享】标签，如图 12-51 所示。

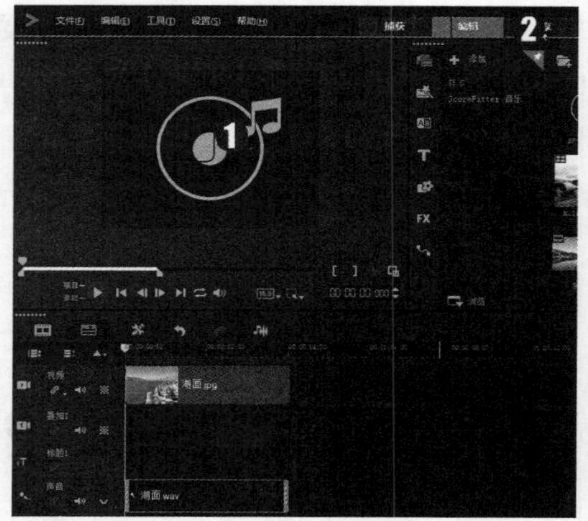

图 12-51

第 2 步 切换至【共享】设置界面，*1.* 选择【音频】选项，2. 单击【格式】右侧的下三角按钮，在弹出的下拉列表中选择【Microsoft WAV 文件】选项，*3.* 单击【文件位置】右侧的【浏览】按钮，如图 12-52 所示。

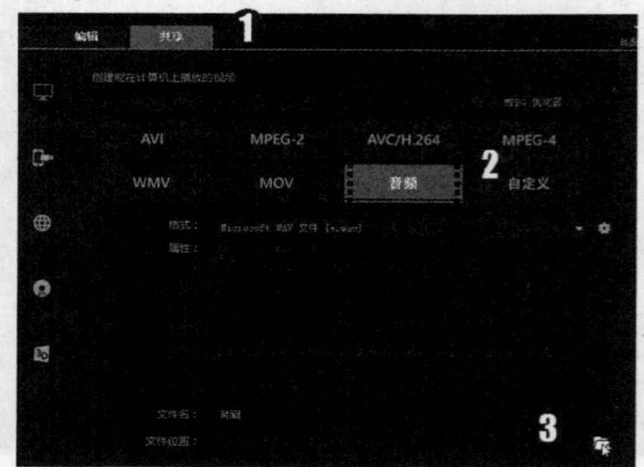

图 12-52

第 3 步 弹出【浏览】对话框，*1.* 选择准备保存文件的位置，*2.* 在【文件名】文本框中输入名称，*3.* 单击【保存】按钮，如图 12-53 所示。

图 12-53

第 5 步 显示渲染进度，需要等待一段时间，如图 12-55 所示。

图 12-55

第 4 步 返回会声会影【共享】设置界面，单击下方的【开始】按钮，开始渲染视频文件，如图 12-54 所示。

图 12-54

第 6 步 弹出 Corel VideoStudio 对话框，单击【确定】按钮即可完成单独输出音频文件的操作，如图 12-56 所示。

图 12-56

12.4.3 输出 MPEG 视频文件

在影视后期输出中，有许多视频文件需要输出 MPEG 格式，网络上很多视频文件的格式也是 MPEG 格式的。下面介绍输出 MPEG 视频文件的方法。

配套素材路径：配套素材/第 12 章

素材文件名称：栏杆.VSP、栏杆.mpg

操作步骤 >> Step by Step

第 1 步 进入会声会影 2019 的编辑界面，打开名为“栏杆”的项目文件，选择【共享】选项卡，如图 12-57 所示。

第 2 步 切换至【共享】设置界面，*1.* 选择 MPEG-2 选项，*2.* 单击【文件位置】右侧的【浏览】按钮，如图 12-58 所示。

图 12-57

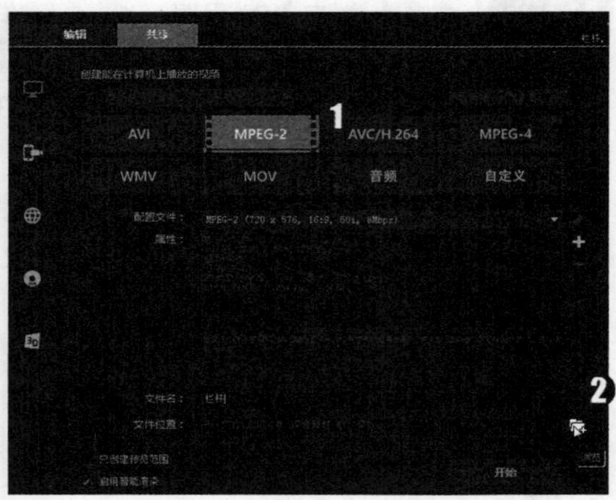

图 12-58

第 3 步 弹出【浏览】对话框，*1.* 选择准备保存文件的位置，*2.* 在【文件名】文本框中输入名称，*3.* 单击【保存】按钮，如图 12-59 所示。

图 12-59

第 4 步 返回会声会影【共享】设置界面，单击下方的【开始】按钮，开始渲染视频文件，如图 12-60 所示。

图 12-60

第 5 步 显示渲染进度，需要等待一段时间，如图 12-61 所示。

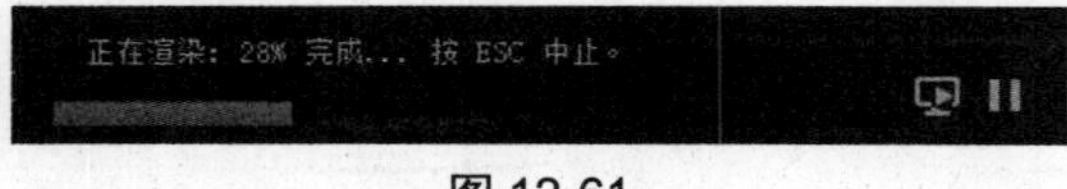

图 12-61

第 6 步 弹出 Corel VideoStudio 对话框，单击【确定】按钮即可完成输出 MPEG 视频文件的操作，如图 12-62 所示。

图 12-62

12.4.4 输出 WMV 视频文件

WMV 视频格式在互联网中使用非常频繁，深受广大用户喜爱。下面介绍输出 WMV 视频文件的方法。

配套素材路径：配套素材/第 12 章

素材文件名称：祝寿.VSP、祝寿.mpg

操作步骤 >> **Step by Step**

第 1 步 进入会声会影 2019 的编辑界面，打开名为“祝寿”的项目文件，选择【共享】标签，如图 12-63 所示。

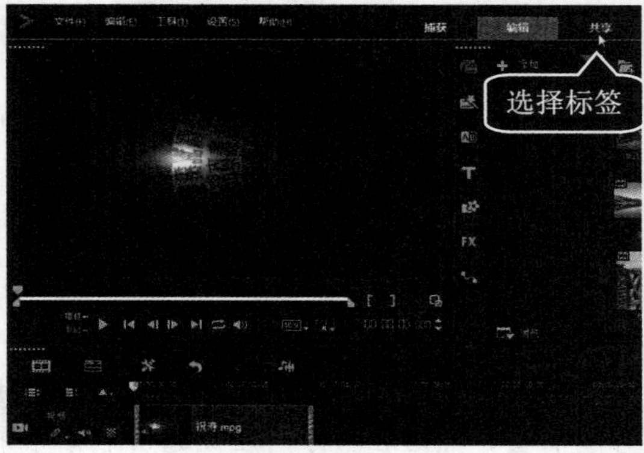

图 12-63

第 2 步 切换至【共享】设置界面，***1.*** 选择 WMV 选项，***2.*** 单击【文件位置】右侧的【浏览】按钮，如图 12-64 所示。

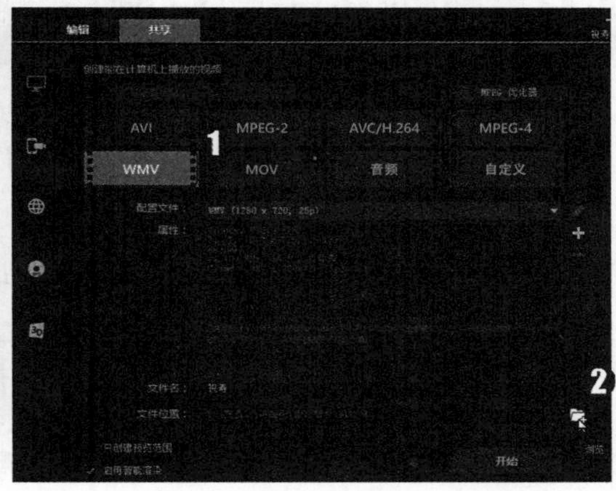

图 12-64

第 3 步 弹出【浏览】对话框，***1.*** 选择准备保存文件的位置，***2.*** 在【文件名】文本框中输入名称，***3.*** 单击【保存】按钮，如图 12-65 所示。

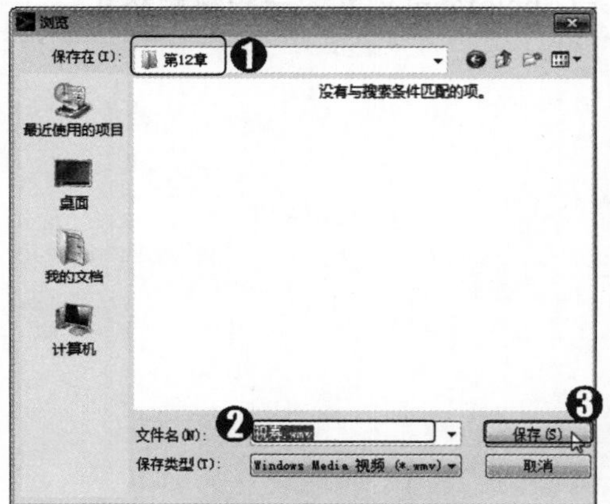

图 12-65

第 4 步 返回会声会影【共享】设置界面，单击下方的【开始】按钮，开始渲染视频文件，如图 12-66 所示。

图 12-66

第 5 步 显示渲染进度，需要等待一段时间，如图 12-67 所示。

图 12-67

第 6 步 弹出 Corel VideoStudio 对话框，单击【确定】按钮即可完成输出 WMV 视频文件的操作，如图 12-68 所示。

图 12-68

Section 12.5 思考与练习

通过对本章内容的学习，读者可以掌握输出与共享影片的基本知识以及一些常见的操作方法，在本节中将针对本章知识点进行相关知识测试，以达到巩固与提高的目的。

1. 填空题

(1) 在【共享】设置界面中选择 3D 选项，可以将视频刻录到光盘中，主要有 4 种方式：__________、AVCHD、Blu-ray 和__________。

(2) 视频制作完成之后，想要与朋友们共享，就要渲染出来，会声会影 2019 渲染的种类很多，要想渲染首先要选择软件上方的【共享】标签，然后在下方的左侧选项中有计算机、__________、__________、DVD、3D 影片 5 种方式。

2. 判断题

(1) 画质最好的当属 MOV，但是渲染之后文件太大；AVI 渲染之后的文件最小，但是画质相对比较弱。 (　　)

(2) MP4 格式是指 Quick Time 格式，是苹果(Apple)公司创立的一种视频格式。 (　　)

3. 思考题

(1) 如何输出 AVI 视频文件？

(2) 如何输出 3D 视频文件？

思考与练习答案

第1章

1. 填空题

(1) NTSC 制式、PAL 制式

(2) 普通清晰度、标准清晰度

2. 判断题

(1) 对

(2) 错

3. 思考题

(1) AVI 是由微软公司所研发的视频格式，其优点是允许影像的视频部分和音频部分交错在一起同步播放，调用方便、图像质量好，缺点是文件体积过于庞大。

(2) 如果新增无缝转场与色彩矫正效果、镜头校正工具、智能代理编辑功能、标准化音频、音频闪避功能、双窗口控件功能以及智能指南功能。

第2章

1. 填空题

(1) 文件、工具、帮助

(2) 转场、滤镜、音频

(3) 移动、编辑

2. 判断题

(1) 对

(2) 对

(3) 错

3. 思考题

(1) 在菜单栏中，执行【文件】→【新建项目】命令，通过以上步骤即可完成新建项目文件的操作。

(2) 在菜单栏中，执行【文件】→【智能包】命令。

弹出 Corel VideoStudio 对话框，单击【是】按钮。

弹出【另存为】对话框，选择项目保存位置，在【文件名】文本框中输入名称，单击【保存】按钮。

弹出【智能包】对话框，在【文件夹路径】文本框中输入路径，在【项目文件夹名】文本框中输入名称，在【项目文件名】文本框中输入名称，单击【确定】按钮即可完成将项目保存为智能包的操作。

(3) 在菜单栏中，执行【文件】→【另存为】命令。

弹出【另存为】对话框，选择项目保存位置，在【文件名】文本框中输入名称，单击【保存】按钮即可完成保存项目文件的操作。

第3章

1. 填空题

(1) 媒体、转场、路径

(2) 重命名素材文件、删除素材文件

2. 判断题

(1) 对

(2) 错

3. 思考题

(1) 新建项目，在素材库的左侧选择【即时项目】选项。

显示库导航面板，在面板中选择【完

成】选项。

在右侧素材库中单击并拖动 IP-02 模板至时间轴面板中。

“完成”项目模板插入至视频轨中，单击导览面板中的【播放】按钮，预览模板效果。

(2) 在素材库面板中鼠标右击准备删除的素材文件，在弹出的快捷菜单中选择【删除】菜单项。

弹出 Corel VideoStudio 对话框，单击【是】按钮。

素材文件已经被删除，通过以上步骤即可完成删除素材文件的操作。

第4章

1. 填空题

(1) 【捕获视频】按钮、【定格动画】按钮

(2) DV 摄像机、苹果手机、iPad

2. 判断题

(1) 对

(2) 错

3. 思考题

(1) 在【捕获视频】面板中，单击【抓拍快照】按钮。

此时，在【捕获视频】面板上方会显示刚刚抓拍的图像，并且已经被保存在指定的文件夹中。

(2) 在【定格动画】对话框中单击【导入】按钮。

弹出【导入图像】对话框，选择图像所在位置，选中图像，单击【打开】按钮。

返回到【定格动画】对话框中，可以看到选择的图像已被添加到定格动画项目中，这样即可完成将图像导入定格动画项目的操作。

第5章

1. 填空题

(1) Ctrl+C

(2) 仅略图

2. 判断题

(1) 错

(2) 对

3. 思考题

(1) 在【时间轴】面板中，右击准备进行分离的视频素材，在弹出的快捷菜单中选择【音频】→【分离音频】命令。

在【时间轴】面板中，可以看到选择的视频素材已经分离出视频和音频文件，这样即可完成分离视频与音频的操作。

(2) 启动会声会影 2019，在视频轨中插入一幅图像素材“小船”，选中该素材。

在【素材库】面板中单击【显示选项面板】按钮，打开选项面板，选择【编辑】选项卡，选中【摇动和缩放】单选按钮，单击单选按钮下方的下拉按钮，在弹出的下拉列表中选择所需的样式。

执行上述操作后，在导览面板中单击【播放】按钮，预览默认摇动和缩放效果，通过以上步骤即可完成使用默认摇动和缩放效果的操作。

第6章

1. 填空题

(1) “通过修整栏剪辑视频”“通过时间轴剪辑视频”

(2) 被选取

2. 判断题

(1) 对

(2) 对

3. 思考题

(1) 进入会声会影 2019 的编辑界面，在视频轨中插入视频素材。

在【选项】面板中，选择【滤镜】选项，切换至【滤镜】素材库，选择【暗房】选项，选择【自动曝光】滤镜。

弹出【场景】对话框，单击【扫描】按钮，稍等片刻，扫描出场景，单击【确定】按钮。

可以看到在时间轴面板中显示按照场景分割的视频素材。

(2) 进入会声会影 2019 的编辑界面，在视频轨中插入素材，拖曳鼠标指针移至预览窗口右下方的修整标记上，当鼠标指针呈双向箭头形状时，按住鼠标左键的同时向左拖曳修整标记至 00:00:04:000 的位置。

释放鼠标左键，可以看到视频已经缩短至 4 秒钟，通过以上步骤即可完成使用修整栏剪辑视频的操作。

第 7 章

1. 填空题

(1) 【收藏夹】
(2) “交叉淡化”

2. 判断题

(1) 对
(2) 错

3. 思考题

(1) 进入会声会影 2019 的编辑界面，在时间轴面板中插入素材。

在【选项】面板中，选择【转场】按钮，单击素材库上方的【对视频应用随机效果】按钮。

可以看到在时间轴面板中，两个素材之间已经插入了一个转场效果。

在导览面板中单击【播放】按钮查看插入的随机转场效果。

(2) 进入会声会影 2019 的编辑界面，在故事板中插入名为“四季变换”的项目文件，选择“春”与“夏”图像素材之间的转场效果。

在【选项】面板中，选择【转场】选项，选择【爆裂】转场效果。

按住鼠标左键并将转场效果拖曳至“春”与“夏”两图片素材之间，可以看到转场效果已经改变。

在导览面板中单击【播放】按钮即可查看效果，通过以上步骤即可完成替换转场效果的操作。

第 8 章

1. 填空题

(1) 【选项】 【删除滤镜】
(2) 色彩平衡、偏色效果

2. 判断题

(1) 对
(2) 对

3. 思考题

(1) 进入会声会影 2019 的编辑界面，在故事板中插入图像素材。

在【选项】面板中，选择【转场】按钮，单击素材库上方的【对视频应用随机效果】按钮。

按住鼠标左键并将滤镜效果拖曳至故事板中的图像素材上。

在导览面板中单击【播放】按钮预览效果。

(2) 进入会声会影 2019 的编辑界面，在故事板中插入图像素材。

在【选项】面板中，选择【滤镜】选项，切换至【滤镜】素材库，选择【特殊】选项，选择【气泡】滤镜。

按住鼠标左键并将滤镜效果拖曳至故事板中的图像素材上。

在【属性】面板中，单击【自定义滤镜】按钮。

弹出【气泡】对话框，选择第一个关键帧，设置【大小】为 15。

选择最后一个关键帧，设置【大小】为 20，单击【确定】按钮。

在导览面板中单击【播放】按钮预览设置的自定义滤镜效果，通过以上步骤即可完成自定义滤镜的操作。

第 9 章

1. 填空题

(1) 覆叠

(2) 位置、形状

2. 判断题

(1) 对

(2) 错

3. 思考题

(1) 进入会声会影 2019 的编辑界面，打开项目文件。

在【效果】面板中单击【遮罩和色度键】按钮。

进入相应选项面板，取消勾选【应用覆叠选项】复选框，在【透明度】微调框中输入 60。

再勾选【应用覆叠选项】复选框。

在预览窗口中查看设置透明度后的覆叠特效，通过以上步骤即可完成设置覆叠对象透明度的操作。

(2) 进入会声会影 2019 的编辑界面，打开项目文件，选择覆叠素材。

在【效果】面板中单击【遮罩和色度键】按钮。

进入相应选项面板，勾选【应用覆叠选项】复选框，单击【类型】右侧的下拉按钮，在弹出的列表中选择【遮罩帧】选项，在右侧选择【花瓣遮罩】样式。

在预览窗口中预览设置的遮罩效果。

第 10 章

1. 填空题

(1) 字体、颜色

(2) 【区间】

2. 判断题

(1) 错

(2) 错

3. 思考题

(1) 进入会声会影 2019 的编辑界面，在时间轴中插入图像素材。

在库选项面板中选择【标题】选项，切换至【标题】选项卡，可以看到在预览窗口中出现“双击这里可以添加标题。”字样。

在预览窗口中双击鼠标左键，出现文本输入框，使用输入法输入内容。

在完成输入后，调整字幕的位置并预览创建的标题字幕效果，通过以上步骤即可完成添加标题字幕的操作。

(2) 进入会声会影 2019 的编辑界面，打开名为“豚鼠”的项目文件，在标题轨中双击需要更改的标题字幕。

在【编辑】选项面板中，在【按角度旋转】数值框中输入 20。

在导览面板中预览设置的倾斜效果。

第 11 章

1. 填空题

(1) 淡入淡出、调节音量

(2) 自动音乐

2. 判断题

(1) 对

(2) 对

3. 思考题

(1) 进入会声会影 2019 的编辑界面，打开项目文件，在时间轴面板中单击【混音器】按钮进入混音器视图，将鼠标指针移至音频文件中间的音量调节线上，按住鼠标左键并向上拖曳至合适位置后，释放鼠标左键，即可添加关键帧点。

将光标移至另一个位置，按住鼠标左键向下拖曳至合适位置后，释放鼠标左键，即可添加第 2 个关键帧点，通过以上步骤即可完成使用音量调节线调节音量的操作。

(2) 进入会声会影 2019 的编辑界面，在时间轴面板中插入名为“背景音”的视频素材。

在库面板中，选择【滤镜】选项，单击【显示音频滤镜】按钮，选择【删除噪音】滤镜。

按住鼠标左键并拖曳滤镜至视频轨中的视频素材中，释放鼠标左键，即可为视频添加音频滤镜。

在预览窗口中单击【播放】按钮，试听添加的音频效果。

第 12 章

1. 填空题

(1) 设备、网络

(2) DVD、SD 卡

2. 判断题

(1) 错　　(2) 错

3. 思考题

(1) 进入会声会影 2019 的编辑界面，打开项目文件，选择【共享】标签。

切换至【共享】设置界面，选择 AVI 选项，单击【文件位置】右侧的【浏览】按钮。

弹出【浏览】对话框，选择准备保存的位置，在【文件名】文本框中输入名称，单击【保存】按钮。

返回会声会影【共享】设置界面，单击下方的【开始】按钮，开始渲染视频文件。

显示渲染进度，需要等待一段时间。

弹出 Corel VideoStudio 对话框，单击【确定】按钮即可完成输出 AVI 视频文件的操作。

(2) 进入会声会影 2019 的编辑界面，打开项目文件，选择【共享】标签。

切换至【共享】设置界面，选择 3D 选项，选择 MPEG-2 选项，单击【文件位置】右侧的【浏览】按钮。

弹出【浏览】对话框，选择准备保存的位置，在【文件名】文本框中输入名称，单击【保存】按钮。

返回会声会影【共享】设置界面，单击下方的【开始】按钮，开始渲染视频文件。

显示渲染进度，需要等待一段时间。

弹出 Corel VideoStudio 对话框，单击【确定】按钮即可完成输出 3D 视频文件的操作。